延續一、二版好評示 讚聲連連

「在我所涉獵的書籍裡，本書以最好的方式闡明程式設計的觀念。」

— Sandra Henry-Stocker，《IT World》專欄作家

「如果你選擇本書作為你開始 JavaScript 之旅的起點，它將帶領你快速學習大量的技術資訊，並且領略程式設計的智慧。」

— Michael J. Ross，網頁開發人員暨科技資訊網站《Slashdot》貢獻者

「和本書相遇後，我成為更好的建築師、作家、心靈導師和開發人員，它應該跟雕塑家 Flannagan 和程式設計師 Crockford 的著作一起放在相同的展示架上。」

— Angus Croll，社群網站《Twitter》開發人員

「不論你想學習哪種程式語言，還是正處於程式設計的哪個階段，本書都會是你最佳的引導書籍。」

— Jan Lehnardt，社群《Hoodie》共同創辦人暨 JSConf 歐洲區組織者

「每次有人問我『怎樣才能學好 JavaScript？』我就會推薦本書。」

— Chris Williams，JSConf 美國組織者

「在我看過的 JavaScript 主題書裡，本書是寫得最好的書籍之一。」

— Rey Bango，jQuery 團隊成員暨微軟客戶端 / 網頁社群專案經理

「就 JavaScript 學習來說，本書確實是非常優秀的入門指引，不僅如此，最棒的是它還適用於整個程式設計領域。」

— Ben Nadel，軟體開發公司《Epicenter Consulting》軟體主任工程師

「一本很棒的程式學習書，不僅適合對 JavaScript 零經驗的學習者，也值得推薦給完全沒有程式設計經驗的新手。」

— Nicholas Zakas，《*High Performance JavaScript*》、

《*The Principles of Object-Oriented JavaScript*》作者

「如果你是 JavaScript 新手，我會推薦你第一步先入手這本書，仔細看看 Marijn Haverbeke 對這項程式語言的介紹。」

—英國 CNET 媒體公司

精通
JavaScript
導入現代程式設計原則

Eloquent JavaScript, Third Edition

第三版

目錄

3
函式   47

6
物件的秘密   109

7
實作專案：宅配機器人   129

10
模組 183

11
非同步程式設計 197

12
實作專案：自創一個小型的程式語言   221

PART II：瀏覽器   235

13
Javascript 與瀏覽器   237

14
文件物件模型   247

15
事件處理   269

18
HTTP 與表單   339

19
實作專案：小畫家線上版   363

PART III：NODE 開發環境   383

20
伺服器端開發環境：NODE.JS 入門   385

21
實作專案：技能交流網站   405

22
提升 JavaScript 效能的技巧   425

解題提示   443

獻給 *Lotte* 和 *Jan*

「當我們以為自己是依照自身規劃的目的進行系統開發，相信一切正照著我們的想像進行，但是……電腦真的跟我們想的不一樣。它只能投射出我們想法中非常微小的一部份：這部分主要是貢獻在邏輯、順序、規則和清晰度。」

— Ellen Ullman，
《*Close to the Machine: Technophilia and its Discontents*》作者

前言

本書的目的是教你如何對電腦下指令。在這個年代，電腦的存在就跟螺絲起子一樣普遍，但相較於螺絲起子，電腦當然是十分複雜的東西，要讓它們依照我們的意願行動，並非總是那麼容易。

如果你想要借助電腦完成的工作任務，是屬於常見而且易於理解的那一類，例如，讓電腦顯示電子郵件或充當計算機，目前電腦上都有適合的應用程式可以幫助你處理這類的工作，你只要開啟應用程式即可。然而，針對那些特定或是開放性的工作任務，或許就沒有現成的應用程式可以直接使用。

這就是程式設計出場的時刻。**程式設計**就是指建立**程式**的動作 —— 利用一組精確的指令，告訴電腦該做什麼事，而且，因為電腦是一隻笨拙又頑冥不靈的野獸，所以程式設計的過程基本上十分乏味又令人沮喪。

幸好，如果你能克服並且接受現實情況就是如此，當你思考如何讓這些笨拙的機器幫你處理工作時，或許還能享受絞盡腦汁所帶來的樂趣。程式設計是一件十分有意義的事，原本手動處理要做到地老天荒的工作，有了程式的幫助，可以讓你在短短幾秒內快速完成。程式設計不僅能讓電腦這項工具完成以前做不到的事，還能就抽象思考方面，提供一種很棒的練習方式。

絕大部分的程式設計都是利用**程式語言**編寫而成，程式語言是一種人造語言，其創造目的是用來對電腦下指令。有趣的一點是，我們發現和電腦溝通時，最有效的做法是大量借用人類彼此之間溝通的方式。電腦語言和人類語言一樣，允許以新的方式將單字和片語組合在一起，從而創造出表達新概念的機會。

以文字語言作為人類與電腦互動的介面曾經蔚為風潮，例如，1980 年代的 BASIC 和 1990 年代的 DOS 命令提示字元。大部分的方法現在已經被視覺介面所取代，這種介面雖然易於學習，但提供的自由度較低。電腦語言依舊存在，只要你知道該去哪裡找它們。當今每一個網頁瀏覽器裡，都有內建像 JavaScript 這樣的程式語言，因此幾乎所有設備都能使用。

本書希望幫助你對這種程式語言擁有足夠的熟悉度，讓你能用程式語言創造出有用和有趣的事物。

程式設計的基本原則

除了說明 JavaScript 的相關知識，本書還會介紹程式設計的基本原則。說真的，程式設計很難。雖然基本規則很簡單也很清楚，但是建立在這些基本規則之上的程式，往往會因為導入程式自身的規則與複雜度，而變得更為複雜。某種程度上，寫程式這件事就像是在建立你自己的迷宮，而你可能會在建造過程裡迷失其中。

閱讀本書時，有時會陷入令人相當沮喪的情況。如果你是程式新手，會有很多新知識等你去消化。然後，大部分的知識都需要你結合其他方法來進行組合。

學習過程中是否需要投入額外的努力，取決於你自己。在你奮力掙扎著跟上本書的內容時，千萬不要先對自己的能力下任何結論。一切都會順利，你只需要堅持下去。遇到挫折時，請讓自己休息一下，然後再重新閱讀某些內容，確定自己看了也理解範例程式和練習題。學習是相當艱苦的工作，但你學到的一切都將成為你的知識，而且會讓後續的學習變得更加容易。

> 如果行動沒有收穫，那就搜集情報；
> 如果搜集情報也沒有收穫，那就乾脆睡大覺。
>
> — Ursula K. Le Guin，《黑暗的左手（三版）》作者

程式有許多面向。你可以說程式是程式設計師輸入的一段文字，也可以說程式是一種引導電腦完成工作的力量，它是電腦記憶體裡的資料，卻能控制同一塊記憶體上所要執行的動作。如果要試著以我們熟悉的事物來比喻程式，往往不足，很難找到適合的比喻。表面上勉強適合的比喻是，程式就像是一台機器，通常會包含大量的個別零件，而且會運作整體事物；我們必須思考出某些方法，讓這些零件互相連結，而且對整體運作做出貢獻。

電腦這個實體機器掌管了許多無形的機器，其本身只會傻傻地做簡單的事。電腦之所以如此有用的原因在於，它們能以令人無法置信的速度，快速完成許多工作。程式的作用是巧妙地將大量簡單的動作結合在一起，以完成非常複雜的事情。

程式的工作是建立想法，不需要建構成本而且沒有重量，只要手指在鍵盤上敲敲打打就能輕易發展出程式。

但是，程式如果缺乏照顧，任其發展，程式大小和複雜度會失去控制，甚至會讓程式開發者感到困惑。因此，程式設計最主要的問題是，在我們能掌控的範圍內發展程式。程式運作時很美，程式設計的藝術可說是一門控制複雜度的技術。最棒的程式是受到控制的程式，是能簡化複雜度的程式。

某些程式設計師相信，要管理程式複雜度最好的方法是，只在程式裡使用一小部分自己完全理解的技術。他們擬了嚴格的規則（「最佳實務做法」），規定程式應該具備的形式，並且小心地待在自己的小小安全區內。

這樣的做法不僅無趣，而且不具效益。新問題通常需要新的解決方案，程式設計領域相當年輕，還在快速發展中，變化很大，有足夠的空間容納廣大不同的方法。程式設計的過程中會發生許許多多可怕的錯誤，但你應該繼續犯錯，才能理解這些錯誤。從開發實務中感受何謂出色的程式，而非從一大串規則中去學習。

程式語言的重要性

電腦誕生之初，那時還沒有程式語言，程式看起來就像下面這個樣子：

```
00110001 00000000 00000000
00110001 00000001 00000001
00110011 00000001 00000010
01010001 00001011 00000010
00100010 00000010 00001000
01000011 00000001 00000000
01000001 00000001 00000001
00010000 00000010 00000000
01100010 00000000 00000000
```

上面這個程式的內容是將數字 1 到 10 相加，然後印出計算結果：1 + 2 + ... + 10 = 55，只要簡單的機器就能執行。早期的電腦要寫程式，必須將大量的開關設置在正確的位置，或是在打孔卡上打洞，再讓電腦讀取打孔卡。你或許能想像得到，這是多麼繁瑣而且容易出錯的程序。即使是寫一個簡單的程式也需要很多聰明和紀律，其複雜的程度幾乎令人無法想像。

當然啦，手動輸入這些晦澀難懂的神秘位元（1 和 0），確實讓當時的程式設計師強烈感受到自己是一名偉大的巫師。某種程度來說，工作滿意度上值得這麼做。

上述所列程式中的每一行都包含一項指令，改以文字說明如下：

1. 將數字 0 儲存在記憶體位置 0。

2. 將數字 1 儲存在記憶體位置 1。

3. 將記憶體位置 1 的值儲存在記憶體位置 2。

4. 將記憶體位置 2 的值減掉 11。

5. 如果記憶體位置 2 的值為數字 0，則繼續執行指令 9。

6. 將記憶體位置 0 加上記憶體位置 1 的值。

7. 將記憶體位置 1 的值加上數字 1。

8. 繼續執行指令 3。

9. 輸出記憶體位置 0 的值。

改以文字說明程式內容，雖然已經比大量位元更具有可讀性，但仍然相當艱深難懂。因此，我們改以名稱取代指令中的數字和記憶體位置，幫助我們閱讀程式。

```
Set "total" to 0.
Set "count" to 1.
[loop]
Set "compare" to "count".
Subtract 11 from "compare".
If "compare" is zero, continue at [end].
Add "count" to "total".
Add 1 to "count".
Continue at [loop].
[end]
Output "total".
```

現在你看出來這個程式是怎麼運作的嗎？最前面兩行是為兩個記憶體位置設定初始值：total 值用於累計計算的結果，count 值則用於追蹤我們目前的數字。使用 compare 的那幾行可能是最怪異的。這個程式會檢查 count 值是否等於 11，藉此決定是否要停止執行程式。由於我們假設的機器相當原始，所以只能測試數字是否為零，再根據這個結果來做決定。利用標記為 compare 的記憶體位置來計算 count － 11 的值，再根據這個值做決定。只要程式判斷 count 值還不是 11，下兩行就會將 count 值加到累計結果裡，並且將 count 值增加 1。

以下程式和前面做的事一樣，只是改以 JavaScript 撰寫：

```
let total = 0, count = 1;
while (count <= 10) {
  total += count;
  count += 1;
}
console.log(total);
// → 55
```

在這個版本裡，我們做了更多改進。最重要的改變是，我們不需要再指定方式讓程式來回跳來跳去。while 結構幫我們解決了這個問題，只要指定的條件成立，就會繼續執行下方的程式區塊（用大括號括起來的部分）。這裡指定的條件是 count <= 10，意思是「count 值小於或等於 10」。此外，我們也不需要再創一個臨時值並且將其與零進行比較，這部分充其量只是一個無趣的細節，程式語言的力量之一就是為我們處理這類枯燥乏味的細節。

執行完 while 結構之後，程式最後會利用 console.log 這項操作寫出結果。

如果恰巧有方便使用的運算函式 range 和 sum，就能分別建立某個範圍內的數字集合，以及計算這個數字集合的總和，最後的程式看起來會像以下這樣：

```
console.log(sum(range(1, 10)));
// → 55
```

這個故事本身蘊含的意義是，同一個程式的表達方式可長、可短，也有好懂、難懂的做法。好比這個程式的第一個版本十分艱澀難懂，最後一個版本則幾乎是以英文寫成：記錄（log）範圍（range）1 到 10 的數字總和（sum），後續章節會介紹如何定義 sum 和 range 這類的運算函式。

優秀的程式語言會幫助程式設計師思考，討論電腦在更高階層必須執行的動作，有助於省略細節，提供方便的程式建構區塊（例如，while 和 console.log），讓程式設計師自己也能定義建構區塊（例如，sum 和 range），並且方便組合這些建構區塊。

JavaScript 的歷史與發展

JavaScript 於 1995 年導入 Netscape Navigator 這個瀏覽器裡，作為在網頁裡加入程式的一種方式，此後，逐漸被其他主流圖形介面網頁瀏覽器採用。JavaScript 是實現現代網頁應用程式的契機，現在你跟網頁應用程式進行互動時，不會每進行一個動作就重新載入網頁一次。在一些比較傳統的網站上，JavaScript 仍舊以各種形式繼續為使用者提供互動性和靈巧性。

有一個重點要請讀者注意，JavaScript 和 Java 這兩個程式語言之間幾乎沒有任何關係。JavaScript 當初會取如此相似的名稱，是出於行銷考量，而非讓大家好判斷。因為 JavaScript 導入之初，Java 已經是非常著名的程式語言，而且十分普遍，於是，有人就想尾隨 Java 的成功，認為趁勢而上是個不錯的主意，因而造成了大家現在對名稱的困擾。

Netscape 瀏覽器採用之後，出現了一份標準文件，說明 JavaScript 語言應該如何運作，隨後有各種領域的軟體宣布支持 JavaScript，實際以相同的程式語言進行討論，制定這項標準的 ECMA 國際組織（Ecma International organization）稱其為 ECMAScript 標準。實務開發上，ECMAScript 和 JavaScript 這兩個標準可以互換，請將它們當作是同一個語言的兩個名稱。

有些人會說 JavaScript 是很糟糕的程式語言，當中有許多說法確實是真的。當年我第一次需要用 JavaScript 撰寫某些程式時，心裡也是很快就看不起它，因為我輸入的任何內容，JavaScript 幾乎都照單全收，只是它闡述的方式跟我想的完全不同。當然，有很大的原因是因為我當時真的不知道自己在做什麼，可是，真正的問題在於：JavaScript 的接受尺度，大到不像話。這種設計背後的想法是，希望初學者在 JavaScript 的環境下能更順利寫出程式，但事實上，因為系統不會幫你指出程式中的問題，所以在多數情況下，要自己找出問題會比較困難。

然而，JavaScript 這種彈性也具有優勢，預留了很多技術空間，在其他更為嚴謹的程式語言中是不可能出現這種情況，後續在第 10 章的範例中，你會看到 JavaScript 如何使用這種特性來克服語言本身的某些缺點。我自己則是在以正確的方式學習 JavaScript 並且使用了一段時間之後，才真正地喜歡上這套程式語言。

JavaScript 從以前發展到現在有好幾種版本。約在 2000 年至 2010 年期間，ECMAScript 3 是大家普遍支持的版本，這段期間 JavaScript 不僅快速佔據主導地位，同時還野心勃勃地發展 ECMAScript 4，打算對這個語言進行徹底改造和擴展。然而，要對一個大家廣泛使用的活躍語言進行徹底改造，以官方的立場來說還是十分困難，所以 ECMAScript 4 在 2008 年放棄開發，轉而發展要求沒那麼高的 ECMAScript 5，結果最後只做了一些沒有爭議性的修改，並且在 2009 年釋出版本。直到 2015 年發布了 ECMAScript 6 才出現重大更新，其中也包含一些原本打算要在 ECMAScript 4 版本裡推出的想法。此後，JavaScript 每年都會有一個小型更新。

程式語言不斷發展的現實面就是，瀏覽器也必須持續跟上腳步。如果你還在使用舊版的瀏覽器，可能無法支援所有功能。因此，程式設計師在進行任何修改時，要小心不要破壞現有的程式，原則上，新版瀏覽器還是可以執行舊版的程式。本書中的程式是使用 2017 年版的 JavaScript。

網頁瀏覽器不是唯一使用 JavaScript 的平台，某些資料庫也有使用 JavaScript 作為腳本和查詢語言，例如，MongoDB 和 CouchDB。用於桌面應用和伺服器程式設計的幾個平台裡，最著名的是 Node.js 專案（後續第 20 章會介紹的主題），其功能在於提供外部的程式設計環境，讓程式設計師可以在瀏覽器之外的環境裡撰寫 JavaScript 的程式。

程式碼的學習與使用方法

組成程式的文字就是*程式碼*（code），本書裡絕大部分的章節都納入了大量的程式碼。在學習程式設計的過程中，我相信閱讀和撰寫程式碼絕對是不可或缺的一部份。因此，不要只是用眼睛瀏覽本書中的程式範例，請你試著用心閱讀並且加以理解這些程式碼。剛開始進行的速度可能會很慢，而且會有很多看不懂的地方，但我保證，你很快就會抓到訣竅。練習題的部分也是一樣，在你確實能寫出程式，作為可行的解決方案之前，請不要以為自己真的懂了。

我建議各位讀者在 JavaScript 的直譯器中進行實作練習，試著自己找出解決方案。透過這樣的方式，你能立即獲得回饋，馬上就知道自己的做法是否可行。除了本書的練習題，你可以多方嘗試解決不同的問題。

如果你想拿書中的範例程式碼做一些實驗，最簡單的方法是在本書的線上版（*https://eloquentjavascript.net*）尋找你想執行的程式碼。所有程式碼都可以點擊，點擊之後就能對程式碼進行編輯和執行，以及看到程式輸出的結果。如果要寫練習題的程式，請前往本書建置的測試環境（*https://eloquentjavascript.net/code*），每一題都有提供第一行程式碼，還可以在這裡找到所有練習題的解決方案。

如果你想在其他環境（非本書提供的網站環境）執行書中說明的程式，則需要特別謹慎。雖然多數的範例程式都可以在任何 JavaScript 環境中執行，不會受到影響，可是，後面幾章的程式碼通常是針對特定環境（例如，特定瀏覽器或 Node.js）撰寫，所以只能在這個環境下執行。此外，有許多章節裡說明的程式較大，這些程式裡的程式碼片段會相互依賴或者是需要使用外部檔案，因此，在本書網站建置的封閉測試環境中會提供數個 Zip 檔案連結，包含所有需要用到的腳本和資料檔案，作為執行某幾個章節的程式碼之用。

本書內容簡介

本書分為三大部分。前面 12 章的內容是討論 JavaScript 語言，接下來 7 章是介紹網頁瀏覽器以及如何利用 JavaScript 設計出瀏覽器程式，最後兩章是專門介紹另一種 JavaScript 程式的開發環境：Node.js。

書中共提出五個**章節的實作專案**，說明比較大型的程式，讓各位體驗一下真正的程式設計，依序帶領讀者開發宅配機器人、小型的程式語言、2D 平面遊戲、小畫家程式和動態網站。

第一部分的內容是程式語言，會先利用前四個章節的篇幅介紹 JavaScript 語言的基本結構，包含控制結構（例如，你在前言裡看到的關鍵字 while）、函式（自己開發與撰寫的程式區塊）和資料結構。學會這些之後，你就能撰寫基本的程式。接下來的第 5、第 6 章則會介紹函式和物件的使用技巧，讓你寫出更多**抽象**程式碼和控制程式的複雜度。

看完第一個實作專案後，程式語言的部分會繼續帶讀者了解錯誤處理、臭蟲修復、規則運算式（處理文字的重要工具）、模組化（另一種防範程式複雜度升高的方法）和非同步程式設計（處理耗時的事件），再以第二個實作專案總結第一部分的內容。

第 13 章到 19 章是第二部分的內容，介紹 Javascript 在瀏覽器上可以使用的工具。你會學到如何將內容顯示在螢幕上（第 14 章和第 17 章）、回應使用者輸入的內容（第 15 章）以及網路通訊（第 18 章）。這個部分會再提供兩個章節的實作專案。

看完前面兩大部分之後，第 20 章會介紹另外一個開發環境——Node.js，第 21 章則是使用這項工具建置一個小型的網站。

最後在第 22 章裡，我們會討論提升 JavaScript 程式的執行速度，也就是 JavaScript 程式最佳化時，應該提出哪些考量。

本書編排慣例

本書內文中的定寬字，代表它是程式裡的某些元素；有些文字片段本身就具有意義，有些則只是引用前後內容裡的部分程式。在前面的內容裡，我們已經看過幾個程式，其編寫方式如下：

```
function factorial(n) {
  if (n == 0) {
    return 1;
  } else {
    return factorial(n - 1) * n;
  }
}
```

為了顯示某個程式的輸出結果，有些程式的後方會加上兩個斜線和一個箭頭，再將預期的輸出結果寫在箭頭後面。

```
console.log(factorial(8));
// → 40320
```

祝各位學習順利！

PART I

程式語言

「我們使用的機器只是表面，真正工作的是底下移動
的程式。這些程式不費吹灰之力就可以擴大和縮小，
電子位元以非常和諧的方式發散和重組。螢幕上所
見的表格不過是水面上的漣漪，真正的本質隱藏其
下。」

— Yuan-Ma 大師，
《*The Book of Programming*》作者

1

資料值、資料型態與運算子

在電腦的世界裡，所有一切都是資料。你可以讀取資料、修改資料、創建新資料，唯有資料才能在這個世界佔有一席之地。所有資料都是以位元的型態存在電腦裡，儲存為一長串的序列，因此，資料基本上都長得很像。

任何具有兩個值的東西都可以用來表示位元（*bit*），通常是使用 0 和 1。在電腦裡，位元以各種形式存在，例如，電荷的高低、訊號的強弱或是光碟片表面的亮暗點。所有分散的資訊都能簡化為 0 和 1 的序列，以位元的方式呈現。

舉個例子，假設我們要以位元來表示 13 這個數字。雖然位元的運算方法和十進位數字一樣，可是不同於十進位有十個數字，位元只有兩個數字。從最右邊的位元開始依序往左邊的位元移動，每次增加的權重是 2 的倍數。以下這些位元會組成數字 13，每個位元底下顯示的數字是權重：

0	0	0	0	1	1	0	1
128	64	32	16	8	4	2	1

所以上述的二進位數字 00001101 裡，數字 1（非 0 的數字）底下的數字有 8、4 和 1，加起來就是 13。

資料值

請想像一下，現在你眼前有一片滿是位元的海洋。當前在一般電腦裡，揮發性資料儲存設備（工作記憶體）的容量就超過 300 億位元；非揮發性儲存設備（硬碟或具有同樣效用的設備）的容量，通常還會比揮發性設備高出數十倍。

為了處理這麼大量的位元還不能流失資料，我們必須將這些位元分成不同的區塊，讓每個區塊表示一段資訊。在 JavaScript 的環境中，這些區塊就稱為資料值（value）。雖然所有資料值都是由位元組成，但它們各自扮演不同的角色，這會取決於每個資料值本身的資料型態。有些資料值的型態是數字，有些資料值是一段文字，還有些資料值是函式等等。

在 JavaScript 的世界裡，要創造一個資料值很簡單，你只要呼叫這個值的名字，它就會咻地一聲出現，讓你使用，而且還不需要為它收集建造材料或者是為此付出使用費。當然，這些資料值不是真的憑空創造出來的，每個值都必須儲存在記憶體裡的某個位置，而且，萬一你想同時取用巨量的資料值，還可能會一口氣用光電腦所有的記憶體。幸好，只有當你同時需要用到所有資料值，才會出現這個問題。再說，一旦你不再使用某個資料值，它就會消失，然後被回收作為產生下一代資料值的建造材料。

本章將介紹簡單的資料型態和處理資料值的運算子，這些都是組成 JavaScript 程式的原子元素。

數字

毫無懸念，數字型態的資料值就是以數字表示的值。在 JavaScript 的程式裡，寫法如下：

13

在程式中使用上述的寫法，會將數字 **13** 轉換成位元型態，然後儲存在電腦的記憶體裡。

JavaScript 用來儲存單一數字資料值的位元數是固定為 64 位元，但 64 位元可以表示的型態其實沒有表面上那麼多，也就是說你能表示不同數字的數量有限。當你使用 N 個十進位數字，你可以表示出 10^N 個數字。同樣地，給定 64 個二進位數字，你可以表示出 2^{64} 個不同的數字，大約是 18 百京（1800 千兆，也就是數字 18 後面再加上 18 個零），這個數字真的很大。

過去的電腦記憶體容量比現在小很多，所以人們常常會使用好幾組 8 位元或 16 位元來表示他們需要的數字。只用這麼少的位元數當然很容易發生**溢位**（overflow）的意外情況，就是程式最後得到的數字無法塞進指定的位元數裡。不過，今日即使是能放進口袋大小的電腦也有大量的記憶體，所以你可以自由地使用 64 位元區塊，只有在你真的需要處理天文數字時才要擔心溢位的問題。

可是，也不是所有小於 18 百京的數字都能塞進 JavaScript 的數字型態裡。64 位元還要用來儲存負數，所以會有一個位元是用來表示數字的正負號，另一個更大的問題是，我們還一定要表示出非整數部分的數字，所以會有某些位元被用於儲存小數點的位置。即使如此，64 位元實際上可以儲存的最大整數範圍還是有 9 百兆（15 個零）之多，這仍舊是一個大家可以開心接受的可觀數字。

小數類型的數字寫法會加上一個小數點。

```
9.81
```

要表示非常大或非常小的數字時，你還可以使用科學記號法，加上 *e* 代表指數，後面跟著表示指數次方的數字。

```
2.998e8
```

上面表示的數字就是 $2.998 \times 10^8 = 299,800,000$。

只要你計算出來的全部數字（通常也稱為**整數**）是小於前面提到的 9 百兆，就一定能保證計算結果的精確度，但不幸的是，小數計算通常就不是這麼回事。就像我們無法以十進位的有限實數精確表示出 π 的值一樣，當你只有 64 位元可以儲存，一樣會因為捨棄許多數字而失去精確度。雖然有些遺憾，但也只有在特定情況下才會引發真正的問題。重點是要知道有這個情況，然後把小數部份的數字視為近似值，而非精確值。

算術

和數字最息息相關的部分就是算術，例如，加法或乘法這類的算術運算是取兩個數字型態的資料值，加以運算之後產生一個新的數字。JavaScript 裡的算術運算看起來就會像以下這種寫法：

```
100 + 4 * 11
```

在上面的寫法裡，『+』和『*』這兩個符號稱為**運算子**（operator）；前者表示加號，後者表示乘號。將某一個運算子放在兩個數值之間，就能用來運算這些數值，然後產生一個新的值。

但是，上面舉的這個例子是「將 4 和 100 相加之後的結果乘以 11」？還是要在相加之前先做乘法運算？我想你可能已經猜到了，乘法運算會先發生。不過，就跟一般的數學一樣，你可以把加法部分的運算加上括號，就能改變這個情況。

```
(100 + 4) * 11
```

如果要進行減法運算，請使用『-』運算子，除法則是用『/』運算子。

在數個運算子一起出現又沒有括號的情況下，計算的順序會由運算子的**優先序**（precedence）決定。從前面的例子裡可以看到，乘法的優先序高於加法。『/』運算子和『*』運算子的優先序相同；同樣地，『+』和『-』這兩個運算子的優先序也是一樣。當多個優先序相同的運算子一起出現時，例如，`1 - 2 + 1`，運算的順序則是從左到右：`(1 - 2) + 1`。

你不必擔心這些優先序的規則，如果真有疑慮，只要加上括號因應即可解決。

此外，還有一個你不會立刻認出來的符號，其實也是算術運算子，就是用來計算餘數的『%』。`X % Y` 的運算結果是 X 除以 Y 的餘數，例如，`314 % 100` 產生的結果是 `14`，`144 % 12` 則會是 `0`。餘數運算子的優先序和乘法、除法相同，它還有另外一個常見的名稱是 *Mod* 運算子（modulo）。

特殊數字

JavaScript 把三個特殊值視為數字，不過它們的行為表現和一般數字不同。

前兩個特殊數字是 Infinity 和 -Infinity，分別代表正無限大和負無限大，而且，`Infinity - 1` 還是 `Infinity`，依此類推。請不要過於信任以 Infinity 為主的計算，從數學上來看，這不是很可靠的計算，所以讓我們立刻來看下一個和這有關的特殊數字：NaN。

NaN（not a number）的意思是指一個資料值「不為數字」，就算這個值本身是數字型態也一樣不會被視為數字。例如，想要計算 `0 / 0`（零除以零）、`Infinity-Infinity` 或是任何其他無法產生有意義結果的數字運算時，就會得到這樣的結果。

字串

下一個要介紹的基本資料型態是字串（string）。字串是用來表示文字，其寫法是將字串的內容用引號括起來。

```
`Down on the sea`
"Lie on the ocean"
'Float on the ocean'
```

標記字串時，你要使用單引號、雙引號或反引號都可以，只要括住字串開頭和結尾的引號是成對的即可。

幾乎所有放在兩個引號之間的資料值，JavaScript 都會視為字串值，但是，有少數字元處理起來會比較麻煩，請想像一下，要在兩個引號之間放入多個引號會是多麼困難的事。如果不用跳脫字元（escaping），可以利用**換行字元**（按下 ENTER 鍵時就可以獲得）來處理這個情況，但只有在使用反引號（` ` `）時才有效。

因此，為了在字串裡加入這類的字元，就需要使用以下的表示方法：引號裡面的字串中只要有出現反斜線字元（\），就表示後面的字元具有特殊意義，這樣的做法稱為**跳脫**字元。當引號前有反斜線字元，引號就不會被當成字串結尾，而是視為字串的一部分。例如，反斜線後出現字元 **n**，程式會闡述為換行；同樣地，反斜線後出現字元 **t**，就表示 tab 字元。請看以下的字串範例：

```
"This is the first line\nAnd this is the second"
```

包含在引號裡的文字，實際顯示如下：

```
This is the first line
And this is the second
```

當然，也會出現這種情況，你希望字串裡的反斜線不是特殊字元，而是單純的反斜線符號時，你只要將兩個反斜線疊在一起，也就是一個反斜線後跟著另一個反斜線，在這個情況下，最後顯示的字串值中就只會剩下一個反斜線。例如，字串「A newline character is written like "\n".」在程式裡的表示方法如下：

```
"A newline character is written like \"\\n\"."
```

字串也必須模擬成一連串的字元，才能儲存在電腦裡，JavaScript 的做法是以 *Unicode* 標準（標準萬國碼）為主。這項標準會指定一個數字給每個字母，你會用到的字母幾乎都有納入這項標準，包括希臘語、阿拉伯語、日語、亞美尼亞語等語言的字母。只要每一個字母都有一個代表它們的數字，我們就可以用一串數字來表示字串。

這就是 JavaScript 的做法，但其實很複雜：JavaScript 是以 16 位元來表示每一個字串元素，所以最多可以有 2^{16} 個不同的字元。然而，Unicode 定義的字元超過這個數量，目前大約有兩倍之多，所以 JavaScript 字串裡的某些字元（例如，許多表情符號）就會佔掉兩個「字元位置」。後續在第 5 章的「字串與字元編碼」那一節裡，我們會再回過頭來討論這一點。

除法、乘法或減法不能用在字串上，只有『+』運算子**可以**，但不是真的加法運算，而是**連接**的概念──把兩個字串黏在一起，例如，下面這一行寫法會產生字串「concatenate」：

```
"con" + "cat" + "e" + "nate"
```

還有很多相關函式（**方法**）可以用來對字串值執行其他操作，後續在本書第 4 章的「方法」一節裡會有更多的介紹。

此外，不論是以單引號或雙引號表示字串，兩者看起來幾乎一樣，唯一的差異在於跳脫字元需要使用其中哪一種類型的引號。如果字串是用反引號括起來，可以玩的花招更多，這種字串通常也稱為**字串樣板**（template literal）。除了能橫跨多行，還可以嵌入其他資料值。

```
`half of 100 is ${100 / 2}`
```

當你在字串樣板 ${} 中寫入某些內容，程式會將這些內容的計算結果轉換成字串，並且放在字串樣板的這個位置上。以上述寫法為例，顯示的結果為「half of 100 is 50」。

一元運算子

然而，並非所有運算子都是符號，也有一些是以文字表示，例如，『typeof』運算子。這個運算子的運算結果會以字串值表示給定資料值的型態名稱。

```
console.log(typeof 4.5)
// → number
console.log(typeof "x")
// → string
```

在上述範例中，我們使用了 console.log 函式，目的是將某些我們想看到的程式評估結果，以文字方式顯示，下一章會進一步介紹這個函式。

之前顯示的其他運算子可以用於運算兩個值，但是 typeof 運算時只會取一個值；前者稱為二元運算子（binary operator），後者則稱為一元運算子（unary operator）。『-』（減號）運算子可以同時作為二元和一元運算子使用。

```
console.log(- (10 - 2))
// → -8
```

布林值

在只有兩種可能性的情況下（例如，「是」和「否」或「開」和「關」），如果能用一個值就可以區分，通常會很有幫助。JavaScript 針對這個目的設計了布林型態（Boolean），這個型態只有兩個值──就是寫成「true」和「false」。

比較大小

以下是產生布林值的方法之一：

```
console.log(3 > 2)
// → true
console.log(3 < 2)
// → false
```

『>』和『<』是傳統使用的符號，分別表示「大於」和「小於」，兩者都是二元運算子。套用在上面的範例中，回傳的布林值會顯示比較結果是否為真（true）。

這個方法同樣可以用於比較字串大小。

```
console.log("Aardvark" < "Zoroaster")
// → true
```

字串的排列大致上會依照字母順序，但不是你以為實際在字典裡看到的樣子：大寫字母一定會比小寫字母「小」，所以「Z」<「a」；此外，非字母的字元，例如，『！』、『-』等等，也包含在這個排序規則裡。JavaScript 比較字串時，會從左邊的字元開始依序往右邊檢查，一個接著一個比較每個字元的 Unicode 碼。

其他類似的運算子還有『>=』（大於或等於）、『<=』（小於或等於）、『==』（等於）和『!=』（不等於）。

```
console.log("Itchy" != "Scratchy")
// → true
console.log("Apple" == "Orange")
// → false
```

JavaScript 中只有一個值不會和自身相等，就是 NaN（not a number，「不為數字」）。

```
console.log(NaN == NaN)
// → false
```

NaN 表示無意義的計算結果，既然如此，就不會等於任何其他無意義的計算結果。

邏輯運算子

還有某些運算本身可以應用布林值。JavaScript 支援三種邏輯運算子：『和』、『或』以及『非』，都能用於「推論」布林值。

『&&』運算子表示邏輯『和』，屬於二元運算子，只有當兩個給定值均為真（true），其運算結果才會為真（true）。

```
console.log(true && false)
// → false
console.log(true && true)
// → true
```

『||』運算子表示邏輯『或』，只要給定值中的其中一個為真（true），其運算結果即為真（true）。

```
console.log(false || true)
// → true
console.log(false || false)
// → false
```

邏輯『非』的寫法是驚嘆號『!』，屬於一元運算子，作用是將給定值反轉——!true 會回傳 false，!false 則會回傳 true。

布林運算子、算數運算子和其他運算子混在一起使用時，需要使用括號的時機不見得很明顯。從我們目前看到的運算子中通常可以了解到，實務上優先序最低的運算子是『||』，再來是『&&』，然後是比較運算子（>、== 等等），最後是其他剩餘的運算子。以下的範例就是一個典型的表達式，會選擇這樣的順序是因為需要盡可能減少括號的數量：

```
1 + 1 == 2 && 10 * 10 > 50
```

最後一個要討論的運算子，不是一元，也不是二元，而是三元（ternary），可以運算三個值，其寫法是由一個問號和一個冒號組成，如以下範例所示：

```
console.log(true ? 1 : 2);
// → 1
console.log(false ? 1 : 2);
// → 2
```

這種運算子稱為條件運算子，或有時只稱為三元運算子，因為在 JavaScript 這個語言裡只有它是屬於這類的運算子。問號左邊的值會「挑選」出其他兩個值之中要出現哪一個。當左邊的值為 true，會選擇中間的值；為 false 時，則會選擇右邊的值。

空值

還有兩個特殊值，分別寫成 null（空值）和 undefined（未定義），用於表示無意義的值。這兩個雖然本身是值，卻不帶有任何資訊。

程式語言中有許多運算無法產生有意義的值（後續會看到一些例子），但還是必須產生某個值，所以在這種情況下，就會簡單地產生 undefined。

null 和 undefined 兩者之間在意義上的差異，其實是 JavaScript 設計上的意外，這一點在多數情況下並不重要。如果你真的很糾結這一點，我會建議你乾脆將這兩者視為可以互換的值。

自動轉換型態

我在前言裡提過，JavaScript 是一個不嫌麻煩的程式語言，不管你給什麼程式，JavaScript 幾乎都可以接受，即使是要它做奇怪的事，一樣照單全收。以下這些表達式就是非常好的範例：

```
console.log(8 * null)
// → 0
console.log("5" - 1)
// → 4
console.log("5" + 1)
// → 51
console.log("five" * 2)
// → NaN
console.log(false == 0)
// → true
```

當運算子在運算過程中發現資料型態「錯誤」，JavaScript 會使用一組規則，悄悄地將資料值轉換為它需要的型態；而且，這些通常不是你想要的或是預期的規則，因此稱為**強制型態轉換**（type coercion）。在上述範例中，第一個表達式的 null 變成 0，第二個表達式將字串 "5" 轉換成數字 5；然而，在第三個表達式裡，在將數字相加之前，『+』會先嘗試連接字串，所以數字 1 會被轉換成字串 "1"。

當某個型態的值無法直接對應一個數字時（例如，"five" 或是 undefined），就會強制將其轉換為一個特殊數字值 NaN，即使繼續對 NaN 進行算數運算，產生的結果還是 NaN。所以，如果你意外發生上述範例中的某一種情況，請檢查看看是否意外遇到被強制轉換型態的情況。

使用『==』運算子比較相同型態的值，很容易預測比較結果：當兩個值相同時，除了 NaN 的情況，結果應該是 true；可是，當兩者的型態不同時，JavaScript 就會使用一套複雜而且令人困惑的規則來決定處理方式，在多數情況下，JavaScript 會先試著將其中一個值轉換為另一個值的型態。然而，當運算子兩邊的其中一側出現 null 或 undefined 時，只有兩邊均為 null 或 undefined，結果才會是 true。

```
console.log(null == undefined);
// → true
console.log(null == 0);
// → false
```

當你要測試某個值是否為真正的值，而非 null 或 undefined 時，這種行為通常很有用，你可以利用『==』或『!=』運算子，把某個值和 null 進行比較。

但是，如果你想測試某個值是否確實指向 false，該怎麼做呢？例如，表達式 0 == false 和 "" == false 均為 true。當你不希望發生任何自動轉換型態的情況時，還有兩個運算子可以用：=== 和 !==。前者是測試某個值是否**確實**和另一個值相等，後者是測試某個值是否確實和另一個值不相等。因此，如我們所預期，"" === false 的結果為 false。

保險起見，我建議最好使用有三個字元的比較運算子，避免發生型態被強制轉換的意外情況。不過，要是你確定比較運算子兩側的型態均相同，使用字元較少的運算子也不會發生問題。

短路邏輯運算子

邏輯運算子『&&』和『||』是以比較奇特的方式來處理不同型態的值。這兩個運算子為了決定處理方法，會將左側的值轉成布林值型態，至於要回傳**原本**左手邊的值還是右手邊的值，則取決於運算子和轉換的結果。

以『||』運算子為例，當左側的值轉成 true，就回傳左側的值，否則就回傳右側的值。當值為布林值而且對其他型態的值進行類似操作，就具有預期效果。

```
console.log(null || "user")
// → user
console.log("Agnes" || "user")
// → Agnes
```

我們可以利用這個功能性，將預設值作為退路。萬一有某個值可能變成空值，你可以將它的替代值放在『||』後面。所以，如果左邊的初始值變成 false，就會回傳右邊的替代值。將字串和數字轉換成布林值時，其規則是 0、NaN 和空字串（""）均為 false，其他剩下的值均為 true。所以，0 || -1 產生的結果是 -1、"" || "!?" 會產生 "!?"。

『&&』運算子的做法一樣，只是反過來。當運算子左側的值轉成 false，就回傳左側的值，否則就回傳右側的值。

這兩個運算子還有另一個重要的屬性就是，只有在必要時才評估其右側的值。在 true || X 的情況裡，由於結果為 true，所以不論 X 為何（即使 X 是一段糟糕的程式），永遠都不會評估 X 的值。同樣地，在 false && X 的情況裡，由於結果是 false，所以會忽略 X 的值。這種特性就稱為**短路評估**（short-circuit evaluation）。

條件運算子的作用也是一樣，只有在第一個值被選取的情況下，才會評估第二和第三個值。

本章重點回顧

本章檢視了 JavaScript 中四種型態的資料值：數字、字串、布林值和 undefined（未定義）。

輸入名稱（true、null）或值（13、"abc"），就可以建立這些型態的值，還可以利用運算子將資料值結合在一起以及轉換資料值。我們也看了二元運算子，用於算術（+、-、*、/、%）、字串連接（+）、比較（==、!=、===、!==、<、>、<=、>=）和邏輯（&&、||）；幾個一元運算子（負號 -、否定邏輯 !、用於找出數值型態的 typeof）和一個三元運算子（?:）（給定三個值作為運算基礎，從兩個值中挑選出一個結果）。

本章提供的資訊還不夠多，只夠你將 JavaScript 作為口袋裡的計算機使用。在下一章的內容裡，我們會開始將這些表達式放在一起，組出一個基本程式。

「在我薄薄的半透明皮膚下，閃耀著心臟鮮紅色的光芒，他們必須施打這 *10 cc* 的 *JavaScript*，才能讓我恢復正常。（我非常適應血液中的毒素。）可是，大哥！那東西會讓你將口中好吃的食物吐個精光！」

—why the lucky stiff（簡稱 why），
《*Why's (Poignant) Guide to Ruby*》

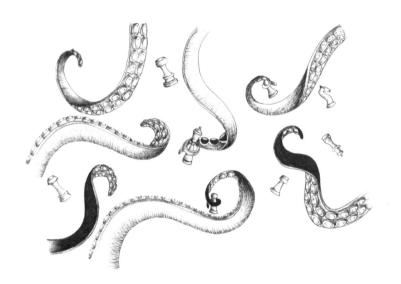

2

程式結構

從本章開始，我們要進行真的可以稱得上是程式設計的事，將 JavaScript 語言裡的命令擴展出超越名詞和語句的意義，將我們到目前為止了解的名詞和語句的意義，表達成有意義的散文。

表達式與陳述式

在第 1 章裡，我們建立了資料值，並且將運算子應用在這些資料值上，然後獲得新的資料值。這種建立資料值的做法，就是所有 JavaScript 程式的主要材料，但是這些材料必須在更大的結構框架下使用，才能發揮作用，這就是本章接下來要談的內容。

產生資料值的程式碼片段就稱為**表達式**（expression）。具有字面意義的每個值也是一個表達式，例如，數字 22 或單字「psychoanalysis（心理分析學）」。就連括號裡的表達式也是一個表達式，在現有的做法裡，把二進位運算符號套用在兩個表達式上，或是把一元運算子用在一個表達式上也是如此

這種表達方式顯示語言基礎介面的某種美感。表達式可以包含其他表達式，這種方式類似人類語言中呈現巢狀結構的子句，子句本身又包含自己的子句，依此類推。這種建立表達式的做法，讓我們可以按照自己的想法描述複雜的計算。

如果把 JavaScript 的表達式看成是句子的一部分，JavaScript 的陳述式就是一個完整的句子，而程式是由一連串的陳述式組成。

最簡單的陳述式類型就是以分號結尾的表達式，以下範例就是一個程式：

```
1;
!false;
```

然而，上面這個程式無法發揮任何作用。每個表達式都只會產生一個值，而且隨即將產生的值用於這個程式碼裡。陳述式雖然可以獨立存在，但唯有對世界具有影響力時，才能帶來某種意義。不管是在螢幕上顯示某些內容（這也能當作是改變世界），或者是以某種方式影響陳述式，改變機器內部的狀態，這些變化都稱為副作用（side effect）。在前面的範例中，陳述式只產生 1 和 true 這兩個值，然後就立即丟棄，對整個世界來說，完全沒有留下任何印象。因此，執行這個程式時，看不到任何結果。

JavaScript 允許你在某些情況下，可以省略陳述式後面的分號；但在其他多數情況下，陳述式後面的分號必須存在，否則上下兩行陳述式會被視為同一行。至於在哪些情況下省略分號是安全的，由於其容許規則較為複雜又容易出錯，所以本書中的每一句陳述式後面都會加上分號。建議各位先採取跟本書一樣的做法，至少等你更了解沒有分號的奧妙之處再來省略。

綁定

那麼，程式會如何維持內部狀態？又怎麼記住事情呢？雖然我們已經知道如何從現有的資料值產生出新的值，可是舊的資料值還是沒變，新產生出來的值必須立刻使用，不然會再次消失。為了保存這些資料值，JavaScript 提供了一種設計，稱為綁定（binding）或變數（variable）：

```
let caught = 5 * 5;
```

這是第二種陳述式。特殊關鍵字 let 表示這個句子會定義一個綁定，let 後面跟著要綁定的名稱，如果想立刻為這個名稱指定一個值，就加上運算子『=』和一個表達式

在上述範例中，陳述式建立了一個綁定 caught，用以保存『5 乘 5』計算出來的數字。

定義好的綁定名稱就可以作為表達式，這種表達式的值就是綁定目前保存的值，如以下範例：

```
let ten = 10;
console.log(ten * ten);
// → 100
```

當綁定指向某個值，不表示它會永遠跟這個值綁在一起。只要利用運算子『=』，隨時都可以離開現有的綁定值，指向新的綁定值。

```
let mood = "light";
console.log(mood);
// → light
mood = "dark";
console.log(mood);
// → dark
```

你應該把綁定的概念想像成是觸手，而非盒子。綁定並沒有包含資料值本身，它的做法是抓住資料值，所以兩個不同的綁定可以引用相同的值。只要引用的資料值還在，程式就可以取用這個值。因此，當你需要記住某個值，就長出一隻觸手來抓住這個值，或者是將現有的某一隻觸手重新連接到這個值。

接著，我們來看下面這個例子。為了記下 Luigi 還欠你多少錢，你創了一個綁定來記住欠款，當他還款 $35 元後，你再指定一個新的欠款值給這個綁定。

```
let luigisDebt = 140;
luigisDebt = luigisDebt - 35;
console.log(luigisDebt);
// → 105
```

定義一個綁定時，如果沒有指定要綁定的值，觸手當然就沒有東西可以抓，最後只能消失在空氣之中。如果你要求綁定空值，會得到 undefined 這個值。

單一 let 陳述式可以同時定義多個綁定，但必須以逗號將每個定義的綁定隔開。

```
let one = 1, two = 2;
console.log(one + two);
// → 3
```

關鍵字 var 和 const 也可以用來創綁定，做法和 let 陳述式類似。

```
var name = "Ayda";
const greeting = "Hello ";
console.log(greeting + name);
// → Hello Ayda
```

在上面的程式裡，第一行的關鍵字 var 是「variable」（變數）的縮寫，這是 JavaScript 在 2015 年以前，宣告綁定時所用的方法。下一章我們會再回過頭來討論，var 和 let 這兩者之間究竟有什麼差異。現在你只要記住，在大部分的情況下，兩者幾乎相同，只不過，var 因為具有某些令人困擾的特性，所以本書很少使用。

關鍵字 const 表示**常數**（constant），用於定義一個固定的綁定，只要這個綁定名稱存在，就會指向同一個值。需要幫一個值指定名稱時，這種綁定方式就很有用，日後可以方便引用這個值。

變數命名

綁定變數名稱時可以使用任何英文單字，數字雖然也可以作為名稱的一部分，例如，catch22，但是名稱的開頭不能是數字。此外，綁定名稱時可以包含美元符號（$）或底線符號（_），但不能包含其他標點符號或特殊字元。

JavaScript 裡具有特殊意義的單字屬於**關鍵字**，例如，let，這些也不能作為綁定名稱使用。JavaScript 後續的版本裡會有更多單字作為「保留字」，這些也不能作為綁定名稱使用。完整的關鍵字和保留字清單相當長，說明如下：

```
break case catch class const continue debugger default
delete do else enum export extends false finally for
function if implements import interface in instanceof let
new package private protected public return static super
switch this throw true try typeof var void while with yield
```

請別擔心你是否需要記下這個清單。建立綁定名稱時，如果有發生未預期的語法錯誤，才需要看看定義名稱是否用到保留字。

執行環境

綁定和綁定值在指定時間內存在的集合稱為環境。程式啟動時，這個環境不會是空的，一定會包含綁定，這是程式語言標準的一部分，在多數情況下，綁定還會提供管道、手段，作為與周圍系統互動的方式。例如，瀏覽器裡的函式、功能會跟瀏覽器當下載入的網站進行互動，讀取滑鼠和鍵盤的輸入訊號。

函式

在預設環境中，有非常大量的資料值都具有函式型態。函式是包在資料值裡的一塊程式，這類資料值可以用來執行包裝起來的程式。例如，在瀏覽器環境中，綁定的 prompt（命令提示字元）所具備的函式會顯示一個小型的對話框，負責要求使用者輸入資料值。命令提示字元的用法如下：

```
prompt("Enter passcode");
```

執行函式這個動作，中文習慣稱為呼叫，英文則常用 *invoke*、*call* 或 *apply* 這三個單字。呼叫函式的方法很多，你可以在一個產生函式值的表達式後加上括號，通常是直接呼叫函式所屬的綁定名稱。括號裡的值是指定給函式裡的程式使用，在上面的例子裡，prompt 函式就是使用我們指定給它的字串，然後將文字顯示在對話框裡。這些指定給函式的值就稱為引數（argument），不同函式需要的引數型態或數量也不同。

現在的網頁程式設計其實不太會用到 prompt 函式，主要原因在於程式無法控制這個函式所產生的對話框外觀，但是在一些簡單的程式或實驗中還是能發揮作用。

console.log 函式

在之前的範例中，我用了 console.log 這個函式來輸出程式的值。絕大多數的 JavaScript 系統（包含現在所有的網頁瀏覽器和 Node.js 在內）都有提供 console.log 函式，讓程式可以利用某些輸出文字的設備，寫出引數值，一般瀏覽器通常可以在 JavaScript 的 console 中找到輸出（output）。在預設情況下，瀏覽器會隱藏這個部分的介面，但是只要按 F12 鍵（Windows 系統）或 COMMAND+OPTION+I 鍵（Mac 系統），大部分的瀏覽器會開啟這個介面。如果無法開啟介面，請在瀏覽器選單中搜尋「開發者工具」（Developer Tools）或類似的關鍵字。

雖然綁定名稱時不能包含句點這個字元，但是 console.log 函式確實有用到它。這是因為 console.log 函式不是單純的綁定，實際上也是一個表達式，它會從 console 綁定的值，取用 log 屬性。後續在第 4 章談到綁定值的「屬性」時，我們會清楚說明這個部分。

回傳值

在螢幕上顯示對話框或寫出文字就是一種副作用（side effect），多數函式會有用的原因就在於函式產生的副作用。在函式本身也能產生值的情況下，這種函式不需要副作用就能發揮作用。例如，Math.max 函式可以接收任意數量的引數，然後回傳其中的最大值。

```
console.log(Math.max(2, 4));
// → 4
```

當函式產生一個值，就是程式回傳這個值的意思。在 JavaScript 裡，所有能產生值的程式碼就是表達式，也就是說可以在更大的表達式中呼叫函式。在下面的程式範例中，這個加法表達式有一部分是呼叫 Math.min 函式（和 Math.max 函式的作用相反）：

```
console.log(Math.min(2, 4) + 100);
// → 102
```

我們會在下一章解釋，如何寫出自己的函式。

控制流結構

當一個程式包含多個陳述式，這些陳述式的執行方式就像閱讀故事一樣，會從第一行開始依序執行到最後一行。以下的範例程式中有兩行陳述式，第一行是請使用者輸入一個數字，接下來執行的第二行則是顯示該數字的平方。

```
let theNumber = Number(prompt("Pick a number"));
console.log("Your number is the square root of " +
            theNumber * theNumber);
```

上述程式中的 Number 函式會將使用者輸入的值轉換成數字，需要做這一層轉換的原因是，prompt 函式回傳的結果是一個字串值。其他類似的函式還有 String 和 Boolean，會將傳入函式的值轉換成這兩個型態。

我們用以下這個相當簡單的示意圖來說明直線控制流結構的概念：

條件控制結構

然而，並非所有程式都是直線道路的概念。例如，假設我們想建立一個有分岔路的程式，程式會根據當前的情況，採用適當的分支路線，這種結構就稱為條件控制。

JavaScript 是使用關鍵字 if 來建立條件控制結構。最簡單的情況是，我們希望只有當某個條件成立時，才會執行某些程式碼。在以下的範例中，只有在輸入的值確實是數字的情況下，程式才會顯示輸入值的平方。

```
let theNumber = Number(prompt("Pick a number"));
if (!Number.isNaN(theNumber)) {
  console.log("Your number is the square root of " +
              theNumber * theNumber);
}
```

做了這項修改後，如果你輸入英文單字「parrot」（鸚鵡），程式不會輸出任何結果。

修改過後的程式會根據布林表達式的值，決定是否要執行 if 關鍵字這一行的陳述式。作為判斷條件的表達式要寫在 if 關鍵字後面的括弧內，後面才是符合條件時要執行的陳述式。在上述的範例程式裡，Number.isNaN 函式屬於 JavaScript 的標準函式，只有當指定引數值為 NaN 時，才會回傳 true。Number 函式則是在判斷使用者輸入的字串不是有效的數字時，就回傳 NaN。因此，這裡的判斷條件翻譯成白話就是：「除非 theNumber 的值不是數字，否則就執行下面的陳述式」。

在前面的範例程式中，if 關鍵字後面的陳述式會包在這兩個括號 ({、}) 裡面。括弧的作用是將多個陳述式變成一組，將這個區塊 (block) 裡的程式碼視為單一陳述式。這個範例因為只有一個陳述式，所以可以省略括號，可是為了避免每次都要思考是否需要括號這件事，絕大多數的 JavaScript 程式設計師都還是會跟這個範例一樣，用括號把陳述式包起來。本書的範例除了極少數單行陳述式沒有加上括號，大部分的程式碼都有依循這個慣用寫法。

```
if (1 + 1 == 2) console.log("It's true");
// → It's true
```

在一般情況下，通常不會只寫某個條件成立時要執行的程式碼，還要有其他程式碼來處理其他情況。在前面的示意圖裡，第二個箭頭就是用來表示替代路徑。把 if 和 else 這兩個關鍵字一起使用，就能建立兩條分開執行的替代路徑。

```
let theNumber = Number(prompt("Pick a number"));
if (!Number.isNaN(theNumber)) {
  console.log("Your number is the square root of " +
              theNumber * theNumber);
} else {
  console.log("Hey. Why didn't you give me a number?");
}
```

如果有兩條以上的路徑選擇，可以用多個成對的 if/else，將這些路徑「連結」在一起，請見以下範例：

```
let num = Number(prompt("Pick a number"));

if (num < 10) {
  console.log("Small");
} else if (num < 100) {
  console.log("Medium");
```

```
} else {
  console.log("Large");
}
```

在這個範例中，程式會先檢查 num 是否小於 10。如果小於，就選擇符合這個條件的分支程式碼，顯示「Small」；否的話，就選擇 else if 這個分支。如果第二個條件成立（< 100），就表示數字介於 10 到 100 之間，顯示「Medium」；否的話，就選擇第二個也就是最後一個 else 分支。

下圖為這個程式架構的示意圖：

while & do 迴圈結構

現在我們要構思一個程式，目的是輸出 0 到 12 的所有偶數，以下程式碼是其中一種寫法：

```
console.log(0);
console.log(2);
console.log(4);
console.log(6);
console.log(8);
console.log(10);
console.log(12);
```

上面這種程式寫法雖然可用，但我們希望能降低工作量，而非增加工作量。萬一我們需要找出所有小於 1,000 的偶數，用這種方法根本行不通。因此，我們需要一種方法，可以多次重複執行一段程式碼，這種控制流結構就稱為迴圈（loop）。

迴圈結構的控制流讓我們能回到到程式中的某一點，然後重複執行當前的程式狀態。如果將這個結構和一個計次的變數結合，就能寫出類似以下的程式：

```
let number = 0;
while (number <= 12) {
  console.log(number);
  number = number + 2;
}
// → 0
// → 2
//   ... etcetera
```

這個範例使用 while 關鍵字起頭的陳述式建立迴圈時，判斷表達式放在單字 while 後面的括號裡，然後才是陳述式的程式碼，結構和 if 關鍵字非常類似。只要表達式產生的值轉換成布林值的時候為 true，迴圈就會不斷地執行底下的陳述式。

變數 number 展現的方法是變數可以用於追蹤程式的進展。每重複一次迴圈，變數 number 的值就會比之前多 2。每一輪新的迴圈開始時，要先比較數字 12，判斷程式的工作是否已經完成。

這個範例其實很有用。現在我們要寫一個程式來計算 2^{10}（2 的 10 次方），並且將計算結果顯示出來。這個程式用了兩個變數：一個變數是用來追蹤結果的值，另一個用來計算這個值已經乘了幾次 2。迴圈部分的程式碼會測試第二個變數值是否已經到達 10，如果還沒，就更新這兩個變數的值。

```
let result = 1;
let counter = 0;
while (counter < 10) {
  result = result * 2;
  counter = counter + 1;
}
console.log(result);
// → 1024
```

作為計數器的變數值也可以從 1 開始計算，然後將判斷條件改為 <= 10。不過，之後在第 4 章的內容裡，我們會提出幾個明確的理由，告訴你為何程式語言習慣從 0 開始計數是比較好的做法。

do 迴圈這個控制結構和 while 迴圈類似，唯一的差異是：整個 do 迴圈的程式碼至少一定要執行一次，而且只有在執行完第一次的迴圈後，才會開始測試是否要停止迴圈的條件。為了反映這個差異，測試條件會出現在迴圈主體之後。

```
let yourName;
do {
  yourName = prompt("Who are you?");
} while (!yourName);
console.log(yourName);
```

上面這個範例程式會強迫你一定要輸入一個名字，而且會一直問、一直問，直到程式拿到的字串不是空值為止。程式中應用『!』運算子，先將一個值轉換成布林型態再對其做否定運算。『""』（空字串）以外的所有字串都會轉換成 true，也就是說，迴圈會持續執行，直到你提供一個不是空值的名稱給程式為止。

程式碼縮排

在之前的程式範例中有較大的陳述式時，我們會在底下的一些陳述式前面加上空白字元。其實不一定要加上這些空白，就算沒加，電腦還是會接受我們寫的程式，程式一樣可以執行，甚至你還可以選擇程式碼要不要斷行，也就是說，如果你喜歡將整個程式寫得長長一行，完全沒有斷行的程式碼也是可以執行。

在程式碼區塊內，縮排扮演的角色就是要突出整個程式碼的結構。當你在其他程式碼區塊內又開了新的程式碼區塊，會變得很難分辨出哪裡是某個區塊的結尾，哪裡又是另外一個區塊的起點。因此，為程式碼加入適當的縮排，就能藉由視覺形狀了解各個程式碼區塊在整個程式裡的相對位置。每開一個新區塊，我就會在前面加兩個空白字元作為縮排，但縮排習慣因人而異，有些人喜歡用四個空白字元，也有人喜歡用 tab 字元。你只要把握一個重點，就是在每個新增的程式區塊都使用相同的縮排空間。

```
if (false != true) {
  console.log("That makes sense.");
  if (1 < 2) {
    console.log("No surprise there.");
  }
}
```

大部分的程式碼編輯器都有提供縮排方面的協助，會自動在新增的程式碼插入適當的縮排字元。

for 迴圈

從前面幾個 while 迴圈的範例中，可以看到許多迴圈的寫法都是依照相同的模式。一開始會先創一個變數作為「計數器」，用來追蹤迴圈的進度。接著就是 while 迴圈，通常會搭配一個測試表達式，判斷計數器的值是否已經到達最終值。最後在迴圈主體尾端更新計數器的值，追蹤迴圈的進度。

由於這種模式使用的頻率非常高，JavaScript 和其他類似的程式語言就提供了另外一種寫法更短、更通用的形式——for 迴圈。

```
for (let number = 0; number <= 12; number = number + 2) {
  console.log(number);
}
// → 0
// → 2
//   … etcetera
```

稍早我們介紹過一個印出偶數的範例程式（第 35 頁），上面這個程式的作用和前面的範例完全相同。唯一的改變在於，所有和迴圈「狀態」有關的陳述式全部都放到關鍵字 for 後面，歸納成一組。

關鍵字 for 後面的括號裡必須有兩個分號，第一個分號之前的部分通常是定義一個變數，進行迴圈*初始化*；第二個部分是表達式，判斷迴圈是否要繼續執行；最後一個部分則是，在每一次迭代後*更新*迴圈狀態。在大部分的情況下，這個結構會比 while 結構更簡潔、清晰。

以下這個範例是將原本用 while 迴圈計算 2^{10}，以 for 迴圈改寫程式碼：

```
let result = 1;
for (let counter = 0; counter < 10; counter = counter + 1) {
  result = result * 2;
}
console.log(result);
// → 1024
```

跳出迴圈

想要結束迴圈，唯一的方法不是只有讓迴圈條件產生 false，還可以用一個特殊陳述式 break——具有立刻跳出封閉迴圈的作用。

以下這個程式是在說明如何使用 break 陳述式，目的是找出第一個大於或等於 20，而且可以被 7 整除的數字。

```javascript
for (let current = 20; ; current = current + 1) {
  if (current % 7 == 0) {
    console.log(current);
    break;
  }
}
// → 21
```

程式中使用 Mod 運算子（%），測試一個數字是否能被另一個數字整除，要做餘數運算，這是最簡便的方法。如果可以整除，餘數就會是 0。

在這個範例中，for 迴圈的結構沒有判斷迴圈結束的部分，換句話說，除非程式執行 break 陳述式，否則這個迴圈將永遠不會停止。

萬一你刪除程式中的 break 陳述式，或是不小心把結束迴圈的條件寫成永遠為 true，程式將陷入無限循環。陷入無限循環的程式就會一直執行，永遠無法結束，這通常是一件很糟的事。

關鍵字 continue 的作用和 break 類似，也會影響迴圈的進行。執行迴圈主體程式碼時，遇到關鍵字 continue 會直接跳出迴圈主體，然後回到迴圈的開頭，繼續執行下一次迴圈。

簡化變數的更新方法

程式裡經常需要「更新」變數值，尤其是迴圈程式。每次更新變數值時，會以前一個值為基礎。

```javascript
counter = counter + 1;
```

JavaScript 為此提供了一種便捷的方法。

```javascript
counter += 1;
```

類似便捷法還可以用在許多其他運算子上，例如，result *= 2（變數 result 的值變成 2 倍）、counter -= 1（變數 count 的值減 1）。

利用這種便捷法，我們可以縮短前面印出偶數的範例程式。

```
for (let number = 0; number <= 12; number += 2) {
  console.log(number);
}
```

counter += 1 和 counter -= 1 甚至還可以再簡化成：counter++ 和 counter--。

使用 switch 結構指派變數值

以下這種程式碼其實並不常見：

```
if (x == "value1") action1();
else if (x == "value2") action2();
else if (x == "value3") action3();
else defaultAction();
```

另外有一種結構 switch，其設計目的是以更直接的方法來表達「指派」這個動作。不幸的是，JavaScript 的 switch 語法因為是繼承程式語言 C ／ Java 的做法，所以有點難用，可能用一串 if 陳述式來表達還比較好用。請見以下這個範例程式：

```
switch (prompt("What is the weather like?")) {
  case "rainy":
    console.log("Remember to bring an umbrella.");
    break;
  case "sunny":
    console.log("Dress lightly.");
  case "cloudy":
    console.log("Go outside.");
    break;

  default:
    console.log("Unknown weather type!");
    break;
}
```

在 switch 結構的程式區塊內，你可以放任意數量的 case 標籤。如果有標籤符合 switch 指定的值，程式就會開始執行標籤處的程式碼；沒找到的話，就會執行 default（預設情況）底下的程式碼。即使中間有越過其他標籤的程式碼，程式會持續執行到 break 陳述式為止。以前面的程式碼為例，某幾個不同的 case 標籤會有共享某段程式碼的情況，例如，當 case 標籤為「sunny」（晴天），也會提出和陰天一樣的建議——「Go outside.」（外出）。但是，break 很容易被遺忘，所以要特別注意，有時候沒加會導致程式執行了你不希望執行的程式碼。

大小寫混用的命名風格

變數名稱不能包含空白字元，但是可以將多個單字一起使用，通常有助於清楚描述變數要表達的意義。利用數個單字組成一個變數名稱，有相當多的選擇可供使用：

```
fuzzylittleturtle
fuzzy_little_turtle
FuzzyLittleTurtle
fuzzyLittleTurtle
```

在上述的例子中，第一種命名風格很難讓人一眼看出變數要代表的意義。我個人偏好帶有底線的風格，雖然每次輸入都有點痛苦。JavaScript 的標準函式以及大多數的 JavaScript 程式設計師會採用帶有底線的風格，而且在變數組成裡，每個單字的第一個字母會大寫（變數的第一個字母仍維持小寫）。養成這樣的小習慣其實不難，混雜各種命名風格的程式碼反而會造成視覺上的衝突，所以我們還是會依循這種命名慣例。

在少數情況下，變數的第一個字母還是維持大寫，例如，Number 函式，目的是要區分出這類的函式為建構函式（constructor），後續在第 6 章中會有更清楚的說明。現在你需要知道的重點是，不要因為這種明顯缺乏一致性的命名風格而受到干擾。

註解

最原始的程式碼通常無法讓看到程式碼的人，全盤了解程式本身要傳達的所有資訊。有時候，你就是會想在程式裡加入一些自己的設計想法，這就是註解（comment）存在的目的。

註解是程式裡的一段文字，雖然屬於程式的一部份，但是電腦執行時會完全忽略這一塊。JavaScript 程式的註解有兩種寫法，一種是單行註解，將註解文字寫在兩個斜線符號（//）後面：

```
let accountBalance = calculateBalance(account);
// 河流在翠綠的山谷間吟唱。
accountBalance.adjust();
// 瘋狂地抓住綠茵上的白色碎花。
let report = new Report();
// 太陽的光暈籠罩在驕傲的山峰：
addToReport(accountBalance, report);
// 那小小的山谷彷彿玻璃中上升的光亮泡泡。
```

單行註解的作用只到斜線（`//`）後方的文字結尾處，`/*` 和 `*/` 這一對符號之間的文字片段則會完全忽略，不管這段文字總共包含了幾行，都會被當成註解文字。當你想為一個檔案或是一個區塊的程式加入一大段說明資訊，這種註解方式就很好用。

```
/*
    我第一次發現這串數字時，它們潦草地出現在一本老舊筆記本的封底上。
    從那一刻起，這串數字就經常出現在我的視線裡，
    它們出現在電話號碼裡，出現在我購買的產品序號裡。
    這串數字顯然很喜歡我，所以我決定將它們留在身邊。
*/
const myNumber = 11213;
```

本章重點回顧

透過本章的學習內容，你現在知道程式是由陳述式組成，陳述式本身有時會包含更多的陳述式。陳述式通常還包含表達式，這些表達式本身是由更小的表達式建構而成。

程式是由一個接著一個的陳述式組合而成，由上到下依序執行。利用條件陳述式（`if`、`else` 和 `switch`）和迴圈陳述式（`while`、`do` 和 `for`），你可以改變控制流。

利用綁定的變數名稱可以儲存任何一塊資料，對於追蹤程式狀態非常有用。執行環境是定義變數的集合，JavaScript 系統一定會將許多有用的標準變數放進這個環境裡。

函式屬於特殊值，用於封裝一段程式。將函式寫成 `functionName(argument1, argument2)`，就可以呼叫函式來使用。這種呼叫函式的方法屬於表達式，可以產生一個值。

練習題

寫完練習題的解決方案後，如果你不確定測試方法，請參考前言裡的說明。

每一個練習題一開始都會先描述問題，請閱讀說明並嘗試解決練習題。解題過程中如果遇到問題，請先考慮閱讀本書最後所附的提示。本書內容不包含所有練習題的完整解法，請上網頁（*https://eloquentjavascript.net/code*）查詢。如果你希望從練習題中學到一些經驗，建議你最好是等找出練習題的解決方案後，再到本書提供的網頁看解答；不然至少也要先努力一段時間看看，真的難到你解不出來，有點頭痛的時候再去看解答。

迴圈三角形（Looping a Triangle）

請寫出一個迴圈，呼叫 `console.log` 函式七次，目的是讓程式的輸出結果呈現以下這樣的三角形：

```
#
##
###
####
#####
######
#######
```

提供一個有用的資訊給你，在字串後面加上 `.length`，就能得到該字串的長度。

```
let abc = "abc";
console.log(abc.length);
// → 3
```

經典題型 FizzBuzz

請寫出一個程式，利用 `console.log` 函式印出所有從 1 到 100 的數字，不過有兩種數字例外：遇到可以被 3 整除的數字，改印「`Fizz`」這個單字來取代原本的數字；遇到可以被 5 整除（但不能被 3 整除）的數字，則改印「`Buzz`」這個單字來取代原本的數字。

上述解決方案可行之後，請把程式修改為遇到同時可被 3 和 5 整除的數字時，就印出「`FizzBuzz`」這個單字來取代原本的數字（只能被 3 或 5 其中一個數字整除的，還是分別印成「`Fizz`」或「`Buzz`」）。

（這一題是真的會出現在面試裡的題目，據稱有很高比例的程式設計師在求職時會因為這題而被刷掉。所以，如果你能解出這一題，就能提升你在就業市場的價值。）

西洋棋棋盤（Chessboard）

請寫出一個程式，目的是建立一個字串來表示 8×8 的棋盤格，利用換行字元將每一行分開。棋盤格上的每一個位置填入空白或是 # 字元，這些字元會形成一個西洋棋棋盤。

將字串傳給 console.log 函式，應該會顯示以下這樣的結果：

```
 # # # #
# # # #
 # # # #
# # # #
 # # # #
# # # #
 # # # #
# # # #
```

當你寫出可以產生以上這種棋盤模式的程式後，請定義一個綁定變數 size = 8，將程式修改為可以適用任何 size，輸出指定寬度與高度的棋盤格。

「人們以為電腦科學是藝術天才，殊不知現實情況正好相反，它只是由許許多多的人們貢獻一己之力，成就出來的一門科學，就像一面由細小石頭堆砌而成的牆。」

　　　　　　　　　　　　　　—電腦科學大師 Donald Knuth

函式

函式（**function**）是 JavaScript 程式設計的基礎，你可以把它當作是一個特殊的值，裡面裝著一大塊程式碼，其用途非常廣泛，幫助我們將更大型的程式結構化、減少重複的程式碼，還有將名稱與副程式（**subprogram**）連結在一起，讓這些副程式之間彼此獨立，互不干擾。

函式最明顯的應用就是定義新的詞彙，創造新的單字對散文來說通常是很糟的創作風格，但就程式設計來說，這一點是不可或缺的做法。

在日常生活中使用英文的成年人，其字彙量通常為 20,000 個單字，但目前的程式語言很少會內建超過 20,000 個命令，相較之下，人類語言的詞彙往往可以做更精準的定義，程式語言就顯得彈性不足。因此，程式語言必須導入新的概念，避免本身發生過多重複的情況。

函式的定義

函式的定義是一個正規變數，裡面綁定的值就是函式。在以下的範例程式中，定義了一個 square 函式，產出的值是指定數字的平方。

```
const square = function(x) {
  return x * x;
};
```

```
console.log(square(12));
// → 144
```

以關鍵字 function 開頭的表達式就是函式。函式是由一組**參數**（parameter）和**程式碼主體**所組成；在上述程式碼中，參數只有 x，程式碼主體就是呼叫函式時所要執行的陳述式。依照這種方式建立的函式，程式碼主體一定要用括號包起來，就算程式碼只有一條陳述式也要加上括號。

函式可以使用多個參數，也可以完全不用。在下列的範例程式中，makeNoise 函式沒有列出任何參數名稱，power 函式則列出兩個：

```
const makeNoise = function() {
  console.log("Pling!");
};

makeNoise();
// → Pling!

const power = function(base, exponent) {
  let result = 1;
  for (let count = 0; count < exponent; count++) {
    result *= base;
  }
  return result;
};

console.log(power(2, 10));
// → 1024
```

某些像 power 和 square 這種函式會產生值，但某些函式則不會，例如，makeNoise 函式只會產生副作用。return 陳述式會決定函式要回傳的值，控制流遇到這種陳述式會立即跳出目前的函式，並且將回傳值提供給呼叫函式的程式碼。關鍵字 return 後面如果沒有接表達式，函式會回傳 undefined；同樣地，像 makeNoise 這種完全沒有 return 陳述式的函式也是回傳 undefined。

函式參數的行為跟一般的綁定變數很像，只不過函式參數的初始值是由函式的呼叫者指定，而非由函式本身的程式碼來設定。

變數的作用範圍

每一個綁定變數都有其作用範圍（scope），這個範圍是程式的一部分，在這個範圍內才能看見變數。在所有函式或程式區塊以外的地方定義的變數，其作用範圍是整個程式，也就是說，你可以在任何地方引用這些變數，稱為**全域變數**（global）。

但是作為函式參數用而建立的變數或者是在函式內宣告的變數，其作用範圍則僅限於該函式內，所以稱為**區域變數**（local）。每次呼叫函式，函式就會為這些區域變數建立新的實體（instance）。這種做法會在函式之間建立起某種隔離性，每個函式都只能在自己的小世界裡作用（也就是函式本身的環境裡），通常可以理解成區域變數作用時，不需要獲知太多全域環境裡當前發生的情況。

在**程式碼區塊**裡以關鍵字 let 和 const 宣告的變數其實是區域變數，所以如果你在某一個迴圈裡，以其中一種關鍵字建立變數，迴圈前後的程式碼都「看不到」這個變數。JavaScript 在 2015 年以前的版本裡，只有函式才能建立新的作用範圍，所以當時舊型的變數只能以關鍵字 var 建立，因此，只有在變數出現的整個函式裡才能看見這個變數，不然就是要在函式以外的全域裡宣告才能看到變數。

```
let x = 10;
if (true) {
  let y = 20;
  var z = 30;
  console.log(x + y + z);
  // → 60
}
// 以下的程式碼看不見變數 y
console.log(x + z);
// → 40
```

每一個作用範圍都能「觀察」到自己周遭的作用範圍，因此，在上面的範例程式中，整個程式碼區塊都能看到變數 x。但是有一個例外情況，當多個變數都使用同一個名稱時，程式碼只會看到離它最近的那一個變數。例如，在以下的程式碼裡，halve 函式引用變數 n，它看到的是函式**自己的** n，而非全域裡的變數 n。

```
const halve = function(n) {
  return n / 2;
};
```

```
let n = 10;
console.log(halve(100));
// → 50
console.log(n);
// → 10
```

巢狀範圍

JavaScript 的變數範圍不只區分為全域和區域。我們還可以在其他程式碼區塊和函式內創造新的程式碼和新的函式，這樣的設計使變數範圍產生更多層的區域性。

在以下的範例程式中，函式裡又包含另外一個函式，負責輸出製作一份鷹嘴豆泥需要的材料表：

```
const hummus = function(factor) {
  const ingredient = function(amount, unit, name) {
    let ingredientAmount = amount * factor;
    if (ingredientAmount > 1) {
      unit += "s";
    }
    console.log(`${ingredientAmount} ${unit} ${name}`);
  };
  ingredient(1, "can", "chickpeas");
  ingredient(0.25, "cup", "tahini");
  ingredient(0.25, "cup", "lemon juice");
  ingredient(1, "clove", "garlic");
  ingredient(2, "tablespoon", "olive oil");
  ingredient(0.5, "teaspoon", "cumin");
};
```

ingredient 函式內的程式碼可以看到來自函式外的變數 factor，但函式外的程式碼卻看不見 ingredient 函式內的區域變數，例如，unit 或 ingredientAmount。

程式碼區塊內的這些變數能被哪些區塊看到，取決於變數本身在程式文字中的區塊位置。每一個區域範圍又能看到自己身處的整個區域範圍，全域則能看到所有範圍，這種決定變數能見度的方法稱為詞彙範疇（lexical scoping）。

函式值

綁定名稱的函式通常只是用來表示一段特別的程式，這種綁定只會定義一次而且不再改變，因此，很容易把函式和它的名稱搞混。

但其實兩者不同。函式值可以做的事跟其它型態的值一樣，你可以在任何表達式裡面使用，而不只是呼叫它；還可以將函式值存到新的變數裡，並且作為引數傳給另外一個函式等等不同的做法。具有函式型態的變數同樣也是一般變數，只要不是常數，你一樣可以指定一個新的值給它，就像以下這個範例程式：

```
let launchMissiles = function() {
  missileSystem.launch("now");
};
if (safeMode) {
  launchMissiles = function() {/* do nothing */};
}
```

後續第 5 章會討論如何將函式值傳到其它函式，完成一些有趣的事。

函式宣告法

建立函式還有更簡短的方法，就是在陳述式的開頭使用關鍵字 function，和前面介紹的寫法不同。

```
function square(x) {
  return x * x;
}
```

上面的程式範例中宣告（declaration）了一個函式，陳述式中定義變數 square，並且將變數指向已經宣告的函式。這種經過簡化的寫法，函式後面不需要加上分號。

和前面的方法相比，以這種形式定義的函式還有一個巧妙之處：

```
console.log("The future says:", future());

function future() {
  return "You'll never have flying cars";
}
```

在上面的範例程式中，即使定義函式的程式碼是寫在呼叫函式的程式碼**下方**，還是可以作用。函式宣告不屬於控制流結構的一部份，不須依照從上到下的執行規則，從作用範圍的概念來看，算是最上層，所以整個作用範圍內的程式碼都可以使用宣告的函式。這種做法在某些情況下很有用，我們可以根據使用的意義，自由安排程式碼的順序，不必煩惱一定要先定義好所有的函式才能使用它們。

箭頭函式

第三種宣告函式的符號看起來和其他表示方法差異很大，是以箭頭『 => 』（由一個等號和一個表示大於的字元組成）取代關鍵字 `function`。請注意，不要將這個函式符號和運算子『 >= 』（大於等於）搞混了。

```
const power = (base, exponent) => {
  let result = 1;
  for (let count = 0; count < exponent; count++) {
    result *= base;
  }
  return result;
};
```

這種函式的寫法是，箭頭**後面**跟著參數清單，再來才是函式主體，其表達意義有點像「前者這個輸入（參數）產生後者這個結果（函式主體）」。

在函式只有一個參數的情況下，可以省略包住參數清單的括號。如果函式主體只有一行表達式，而非那種放在大括號裡的程式區塊，函式可以直接回傳表達式的結果。因此，以下這兩個以不同寫法定義的 square 函式，其實做的事情是一樣的：

```
const square1 = (x) => { return x * x; };
const square2 = x => x * x;
```

當箭頭函式完全沒有用到參數時，原本填寫一組參數的地方就只是一個空括號。

```
const horn = () => {
  console.log("Toot");
};
```

同一個程式語言裡具有箭頭函式和 function 表達式兩者，其實沒有太深層的理由，撇開後續第 6 章會討論到的一個小細節，這兩者做的事情是一樣的。箭頭函式是 2015 年新增的寫法，主要目的是為了撰寫小型的函式表達式，讓程式碼不要那麼冗長。後續在第 5 章的內容裡，會大量使用這種箭頭函式。

呼叫堆疊

控制流通過函式的做法牽涉範圍較廣，接下來會有進一步的說明。首先以下面這個簡單的程式為例，程式裡呼叫了幾個函式：

```
function greet(who) {
  console.log("Hello " + who);
}
greet("Harry");
console.log("Bye");
```

上面這個範例程式的執行流程大致為：呼叫 greet 函式引發控制流跳到函式開頭的程式碼，也就是程式碼第二行。函式主體接著呼叫 console.log 函式，取得控制流並且完成工作，然後控制流返回程式碼第二行。控制流接著抵達 greet 函式的末尾，返回呼叫 greet 函式的地方，也就是程式碼第四行。之後的第五行會再次呼叫 console.log 函式，回傳之後就會抵達程式的結尾。

程式裡的控制流的架構表示如下：

```
不在函式裡
  在 greet 函式
      在 console.log
  在 greet 函式
不在函式裡
  在 console.log
不在函式裡
```

由於函式必須跳回之前呼叫它的地方，所以電腦一定要記住呼叫發生處的背景環境。console.log 函式完成自己的工作後，必須回傳給 greet 函式；在其他情況下，則是回到程式的結尾。

電腦儲存這個背景環境的地方就稱為**呼叫堆疊**（call stack）。每當有函式被呼叫時，當前的背景環境就會儲存在堆疊的頂部，函式回傳後，會移除存在堆疊頂部的背景環境，然後用這個背景環境繼續執行。

儲存堆疊需要電腦的記憶體空間，當堆疊的大小變得太大時，電腦就會跳出失敗訊息，例如，「堆疊空間不足」或「遞迴溢位」。我們用以下的程式碼來說明這個情況，程式會詢問電腦一個真的很難的問題，致使兩個函式之間產生無限迴圈。除非電腦儲存堆疊的空間無限，才會出現無限迴圈，否則一定會用光儲存空間或是出現「堆疊爆掉」的情況。

```
function chicken() {
  return egg();
}
function egg() {
  return chicken();
}
console.log(chicken() + " came first.");
// → ??
```

選擇性參數

以下這段程式碼合乎程式語法，而且執行上也沒有任何問題：

```
function square(x) { return x * x; }
console.log(square(4, true, "hedgehog"));
// → 16
```

我們定義 square 函式時只用了一個參數，然而當我們傳入三個參數值時，程式語言也不會抱怨，它會忽視其他多出來的參數，只用第一個參數值去計算平方。

JavaScript 對於傳進函式的參數個數，心胸極為寬大。如果數量太多，程式會忽略多出來的參數；傳的數量太少，程式就以 undefined 值來補足缺失的參數。

這種做法可能出現的缺點是，當你不小心傳了錯誤數量的參數給函式，不會有人告訴你這一點。

優點是可以利用這樣的行為，以不同個數的參數來呼叫函式。在下面的範例程式中，minus 函式會根據傳入一個或兩個參數來執行不同的動作，藉此模仿運作子『-』的運算行為：

```
function minus(a, b) {
  if (b === undefined) return -a;
  else return a - b;
}
```

```
console.log(minus(10));
// → -10
console.log(minus(10, 5));
// → 5
```

如果你在參數後面寫上運算子『=』，跟著一個表達式，當這個參數沒有指定值時，表達式的值就會取代參數值。

在以下的範例程式中，這個版本的 power 函式讓第二個參數具有選擇性。在沒有提供參數值或傳入的參數值為 undefined 的情況下，參數的預設值就是 2，函式的行為就跟 square 函式一樣。

```
function power(base, exponent = 2) {
  let result = 1;
  for (let count = 0; count < exponent; count++) {
    result *= base;
  }
  return result;
}

console.log(power(4));
// → 16
console.log(power(2, 6));
// → 64
```

下一章我們會介紹另外一種方法，讓函式主體可以取得所有傳入的參數值（請見第 4 章第 84 頁「其餘參數」）。這種方法的好處是，讓函式可以接受任意數量的參數，例如，console.log 函式就是採取這種做法，它會輸出所有指定給函式的參數值。

```
console.log("C", "O", 2);
// → C O 2
```

閉包

前面我們提過函式可以視為一種值，而且每次呼叫函式時都要重建區域變數，這個現實情況帶來一個有趣的問題。當我們呼叫的函式不再使用時，這些被建立出來的區域變數會如何？

我們用以下的範例程式碼來說明這個情況。這個程式碼定義了一個 wrapValue 函式，函式裡建了一個區域變數，然後再讓一個函式來回傳這個區域變數。

```
function wrapValue(n) {
  let local = n;
  return () => local;
}

let wrap1 = wrapValue(1);
let wrap2 = wrapValue(2);
console.log(wrap1());
// → 1
console.log(wrap2());
// → 2
```

這個做法合理而且運作的方式跟你想的一樣，兩個區域變數的實體仍舊可以使用。這個程式是非常好的範例，證實每次呼叫函式時會重新建立區域變數，而且不同的呼叫之間，不會越界干涉彼此的區域變數。

可以在封閉範圍內引用區域變數的特定實體，這種特性就稱為 **閉包**（closure）；從自身周遭的區域範圍引用變數的函式，就稱為 **一個閉包**。這種函式行為不僅讓你免於擔心變數的生命週期，還能以某些創意方式來使用函式值。

我們將之前的範例稍微做一點修改，就可以建立一個可以乘任何數字的函式。

```
function multiplier(factor) {
  return number => number * factor;
}

let twice = multiplier(2);
console.log(twice(5));
// → 10
```

從 wrapValue 函式的範例中，很明顯可以看出函式根本不需要建立變數 local，因為參數本身就是區域變數。

思考這類的程式要投入一些練習，比較適合的心智模型是，把函式值想成包含主體的程式碼以及建立函式當下的環境；也就是說，呼叫函式時，函式主體看到的是當時建立的環境，而非它被呼叫時的環境。

在上面的範例程式中，呼叫 multiplier 函式時建立的環境，參數 factor 的值已經綁定為 2。函式回傳值會儲存在變數 twice，負責記住這個環境。當函式被呼叫時，參數的部分就會乘以 2。

遞迴

函式呼叫自身的這種行為完全合理，只是不要太常呼叫而導致堆疊溢位，這種做法稱為遞迴（recursive）。遞迴容許某些函式採取不同風格的寫法，以下面的程式為例，power 函式採用替代的實作方法：

```
function power(base, exponent) {
  if (exponent == 0) {
    return 1;
  } else {
    return base * power(base, exponent - 1);
  }
}

console.log(power(2, 3));
// → 8
```

這個範例程式相當接近數學家定義指數的方法，可以說比迴圈更清楚地說明這個概念。這個函式以更小的指數，多次呼叫自己，達成重複計算乘法的目的。

但是這種實作方法有一個問題：在一般的情況下，JavaScript 實作遞迴時，執行時間會比使用迴圈的版本慢三倍，也就是說，相較於多次呼叫一個函式，執行一個簡單迴圈的成本還比較低。

在程式執行速度與優雅的程式碼之間要如何抉擇，這是一個十分有趣的議題，你可以把它當成是討論人性化和機器導向之間的延伸。只要把程式變得更大、更複雜，幾乎所有的程式都可以加快速度，而程式設計師必須在兩者之間決定適當的平衡點。

在 power 函式的例子裡，迴圈版本的寫法並不優雅，但相當簡單而且好懂，所以這裡以遞迴版本取代並沒有太大的意義。然而，程式處理複雜的概念時，通常會為了讓程式更直覺，而捨棄部分的效率，在實務上是很有用的做法。

擔心程式的執行效率會分散我們的專注力，這是導致程式設計變得複雜的另外一個因素。當你正投入一件十分困難的工作，如果還要擔心其他額外的因素，可能會讓整個工作陷入窒礙難行的困境。

因此，一定要先從一些正確又好懂的寫法開始著手。如果擔心程式執行速度太慢，可以等完成之後再來衡量效率，並且做必要的改善；不過，通常不會發生這個情況，因為大部分的程式碼執行頻率不高，不會耗費大量的執行時間。

遞迴不是迴圈執行效率差的替代方案，某些問題用遞迴處理，真的比迴圈更容易，通常是用在那些需要探索或處理多個「分支」的問題上，而且其中每個分支甚至可能再分裂成更多的分支。

請思考以下這個謎題：從數字 1 開始，重複加 5 或乘 3，產生無限的數字集合。現在我們改成指定一個數字，希望程式找出一連串的加法與乘法組合，產生我們指定的數字，請問你會怎麼寫這個函式？

例如，數字 1 先乘 3，再連加兩次 5，就能產生數字 13，然而，如果要產生數字 15，卻完全找不到運算組合。

以下範例程式為遞迴問題的解決方案：

```
function findSolution(target) {
  function find(current, history) {
    if (current == target) {
      return history;
    } else if (current > target) {
      return null;
    } else {
      return find(current + 5, `(${history} + 5)`) ||
             find(current * 3, `(${history} * 3)`);
    }
  }
  return find(1, "1");
}

console.log(findSolution(24));
// → (((1 * 3) + 5) * 3)
```

請注意，這個程式找到的一系列運算不一定是**最短**的組合，只要有一組符合條件的運算就算滿足。

如果你無法立即看出這個程式的運作方式，沒關係，我們接下來會仔細介紹，因為就遞迴思考來說，這也是一個很棒的練習題。

實際進行遞迴的內部函式是 `find`，這個函式有兩個參數：一個是目前的數字，另一個是字串，負責記錄達成這個數字的運算組合。如果函式找到解決方案，就回傳這個字串，顯示如何透過一連串的運算達成這個目標數字；如果沒有找到解決方案，表示從這個數字開始運算，無法達成目標數字，就回傳 null。

程式為了達成目的，函式會根據情況從三個動作中，擇一執行。如果目前的數字（current）就是目標數字（target），那麼目前的歷史紀錄（history）就是達成目標的方法，則回傳這個歷史紀錄。如果目前的數字大於目標數字，那麼繼續探索這個分支就沒有意義，因為加法和乘法只會讓數字越來越大，所以回傳 null。最後一種情況是，如果目前的數字仍舊小於目標數字，函式會從目前的數字出發，嘗試兩種可能的路徑；函式會呼叫自己兩次，一次進行加法運算，另一次進行乘法運算。如果第一次呼叫的回傳結果不是 null，就回傳給上一層的函式；否則，就回傳第二次的呼叫，而且，不管這次產生的結果是字串還是 null 都要回傳。

為了更清楚地了解這個函式如何產生我們要的效果，接下來以數字 13 為例，看看程式在搜尋解決方案時，所有 find 函式的呼叫都做了什麼。

```
find(1, "1")
  find(6, "(1 + 5)")
    find(11, "((1 + 5) + 5)")
      find(16, "(((1 + 5) + 5) + 5)")
        too big
      find(33, "(((1 + 5) + 5) * 3)")
        too big
    find(18, "((1 + 5) * 3)")
      too big
  find(3, "(1 * 3)")
    find(8, "((1 * 3) + 5)")
      find(13, "(((1 * 3) + 5) + 5)")
        found!
```

縮排表示呼叫堆疊的深度。第一次呼叫 find 函式，函式先呼叫自己，從 (1 + 5) 開始探詢解決方案。這次呼叫進一步遞迴，持續探詢每一個解決方案，找出小於或等於目標的數字，不過，由於這次呼叫並沒有找到符合目標的數字，所以回傳 null 給第一次呼叫的函式。運算子『||』產生另外一個呼叫，從 (1 * 3) 開始探詢解決方案，這次的搜尋就幸運多了，第一次遞迴呼叫雖然後來又經過另一次遞迴呼叫，但成功擊中目標數字。最深處的呼叫回傳一個字串，中間呼叫的每個運算子『||』也只會傳遞這個字串，最終將解決方案回傳給呼叫的函式。

函式發展

至少會有兩種情況讓你自然而然想要在程式裡導入函式。

第一種情況是你發現自己寫了很多次類似的程式碼，你不想再這麼做。程式碼寫得越多，就表示錯誤能隱藏的空間也越多，試圖了解程式碼的人要看的內容也越多。所以你把重複的功能性放進一個函式裡，並且為這個函式找一個好名字。

第二種情況是，你發現自己需要某些功能但你還沒幫這些功能寫程式，而且感覺這些功能需要有自己的函式。所以你先幫函式命名，然後開始寫函式主體的程式碼，甚至有可能函式本身實際上都還沒有定義，你就已經開始寫程式碼來使用它。

為函式命名的難易程度，取決於你有多清楚自己正試圖包裝的概念是什麼。讓我們來看一個例子。

我們想寫一個程式，目的是印出兩個數字：農場裡乳牛和雞各別的數量。這兩個表示數量的數字後面要跟著英文單字 Cows 和 Chickens，兩個數字的前面要填上 0，讓它們的長度永遠保持三位數。

```
007 Cows
011 Chickens
```

為了達成這個功能，函式要有兩個參數：乳牛和雞各別的數量。接下來，讓我們開始來看這個程式碼。

```
function printFarmInventory(cows, chickens) {
  let cowString = String(cows);
  while (cowString.length < 3) {
    cowString = "0" + cowString;
  }
  console.log(`${cowString} Cows`);
  let chickenString = String(chickens);
  while (chickenString.length < 3) {
    chickenString = "0" + chickenString;
  }
  console.log(`${chickenString} Chickens`);
}
printFarmInventory(7, 11);
```

字串表達式後面接 .length，會告訴我們字串的長度。while 迴圈持續往數字字串前面加上 0，直到數字長度至少為三個字元。

好啦，任務完成！但是，就在我們準備將程式碼（還有一張金額可觀的發票）傳送給農夫時，她打電話來告訴我們，她也開始養豬了，詢問我們是否能擴展軟體的功能，把豬的數量也印出來呢？

我們當然可以做到，只要把這四行程式碼再複製貼上一次就可以啦，但此刻，我們停下來並且重新思考，一定會有更好的方法來處理程式碼的重複性。於是，我們嘗試了第一種修改方法：

```javascript
function printZeroPaddedWithLabel(number, label) {
  let numberString = String(number);
  while (numberString.length < 3) {
    numberString = "0" + numberString;
  }
  console.log(`${numberString} ${label}`);
}

function printFarmInventory(cows, chickens, pigs) {
  printZeroPaddedWithLabel(cows, "Cows");
  printZeroPaddedWithLabel(chickens, "Chickens");
  printZeroPaddedWithLabel(pigs, "Pigs");
}

printFarmInventory(7, 11, 3);
```

這方法可行！只不過，printZeroPaddedWithLabel 這個函式名稱有點棘手，它把三個功能——列印、在數字前補 0 還有新增標籤，全都併在同一個函式裡。

上述的做法是將程式裡重複的部分一次提出，全部放在同一個函式裡，現在我們要挑出重複部分裡的單一想法。

```javascript
function zeroPad(number, width) {
  let string = String(number);
  while (string.length < width) {
    string = "0" + string;
  }
  return string;
}

function printFarmInventory(cows, chickens, pigs) {
  console.log(`${zeroPad(cows, 3)} Cows`);
```

```
    console.log(`${zeroPad(chickens, 3)} Chickens`);
    console.log(`${zeroPad(pigs, 3)} Pigs`);
}

printFarmInventory(7, 16, 3);
```

在上面的例子裡，像 **zeroPad** 這種淺顯易懂的函式名稱，讓看到這個程式碼的人更容易搞清楚函式的作用。不僅是在這個特定的程式裡，這種函式可以在更多情況下發揮作用。例如，函式可以用來幫助你印出排列精美的數字表。

但函式的功能應該要多聰明、多萬用呢？我們可以利用程式寫出任何功能，從非常簡單的函式──只是把一個數字的寬度補到三個字元，到一個複雜的數字格式通用系統──可以處理小數、負數、小數點對齊、使用不同的字元填補等等。

一個方便的判斷原則是，除非你確定程式真的需要某項功能，否則不要貿然讓它故作聰明。把你遇到的每一個功能性都寫成一般「框架」，確實會讓人很想嘗試看看。請克制這股衝動，真的做下去你也不會完成任何工作，你只會寫出永遠不會用到的程式碼。

函式與副作用

函式大致上可以分成兩類，一類是因為本身具有副作用而被呼叫，另一類是因為具有回傳值才被呼叫。（當然一定也會有同時具有副作用和回傳值的函式。）

在前面的農場範例中，第一個輔助函式 **printZeroPaddedWithLabel** 被呼叫的原因是它的副作用：印出一行文字。第二個版本的函式 **zeroPad**，其呼叫的原因是函式的回傳值。比起第一個函式，第二個函式的用途更廣，這種情況並非偶然，相較於直接產生副作用的函式，產生回傳值的函式比較容易和新的方法結合。

純函式（pure function）是一種專門用來產生值的特別函式，其不具有副作用，也不會依靠其它程式碼的副作用，例如，純函式不會去讀取變數值可能變動的全域變數。純函式還有一個令人開心的屬性，只要以相同的參數呼叫函式，函式產生的值一定會一樣（而且不會做任何改變）。這種函式的呼叫可以用它的回傳值取代，而且不會改變程式碼的意義。當你不確定純函式的運作是否正確，可以透過呼叫函式來測試，了解函式在那個背景環境下可以運作，那它就能在任何環境下運行。非純函式測試時，往往會需要更多的測試架構。

此外，如果你撰寫的函式不是純函式，也不需要覺得自己很糟，或是發動一場聖戰，肅清你的程式碼。函式的副作用通常都很有用，例如，console.log 就沒有純函式的版本，但 console.log 函式非常實用。當我們採用具有副作用的函式時，某些操作更容易以有效率的方式表達，因此，計算速度會是避免使用純函式的原因之一。

本章重點回顧

本章已經教你如何寫自訂函式。作為表達式時，可以使用關鍵字 function 建立函式值；作為陳述式時，可以使用宣告變數的方式來宣告函式，並且將函式值賦予這個變數。還介紹了另一種建立函式的方法——箭頭函式。

```
// Define f to hold a function value
const f = function(a) {
  console.log(a + 2);
};

// Declare g to be a function
function g(a, b) {
  return a * b * 3.5;
}

// A less verbose function value
let h = a => a % 3;
```

理解函式的主要關鍵是了解作用範圍，每一個程式區塊都會建立一個新的作用範圍，在指定範圍內宣告的參數和變數都只能在這個區域裡作用，出了這個範圍就看不到。使用關鍵字 var 宣告的變數，其行為不同，只有離變數最近的函式範圍或全域範圍才能看見這些變數。

我們還介紹了一個有用的技巧，就是將程式裡執行的工作任務分給不同的函式。我們將程式碼分組，讓每一塊程式碼都做特定的工作，這樣就不必一直重複寫相同的程式碼，而且，函式還有助於組織程式。

練習題

最小值（Minimum）

前面第 2 章介紹過標準函式 Math.min，這個函式會回傳參數裡的最小值（請參見第 2 章第 32 頁「回傳值」）。現在我們有能力自訂類似的函式，請寫出一個 min 函式，函式接受兩個參數並且回傳其中的最小值。

遞迴（Recursion）

之前我們看過運算子『%』（餘數運算子）用來測試某個數字是否為偶數或奇數，利用 % 2 判斷數字是否能被 2 整除。這裡還有另外一種方法可以定義一個正整數是否為偶數或奇數：

- 0 是偶數。

- 1 是奇數。

- 在其他數字的情況下，數字 *N* 和 *N-2* 的奇偶性相同。

對應這裡的說明，我們定義一個遞迴函式 isEven。函式應該接受單一參數（正整數），然後回傳布林值。

以數字 50、75 進行測試，然後看看參數為 -1 時，函式的表現行為如何？為什麼？你能想辦法解決這個問題嗎？

計算字元數（Bean Counting）

利用「"string"[N]」這種寫法，可以取得字串裡的第 N 個字元或是字母，回傳值是只有包含一個字元的字串，例如，「"b"」。字串裡第一個字元的位置是 0，最後一個字元的位置則是 string.length - 1。換句話說，具有兩個字元的字串，其長度為 2，兩個字元的位置分別是 0 和 1。

請撰寫一個 countBs 函式，其唯一的參數是一個字串，回傳值是一個數字，表示字串裡有幾個大寫的「B」。

接著，請再寫一個 countChar 函式，其行為和 countBs 函式類似，但是有第二個參數，用來表示要計算個數的字元（而非計算大寫的「B」）。請重寫 countBs 函式，讓你能使用這個新函式。

「我曾經在兩個不同的場合被問到一樣的問題：
『Babbage 先生，我想請教您一個問題。如果您把錯
誤的數字輸入到機器裡，機器還會出現正確的答案
嗎？……』我實在無法理解，究竟是哪種想法造成這
種混亂，引發他們有這樣的問題。」

—英國數學家兼哲學家 Charles Babbage，

《*Passages from the Life of a Philosopher*》（1864 年）作者

資料結構：物件與陣列

數字、布林值和字串都是建立資料結構的基礎原子，然而，許多類型的資訊在建立結構時，都需要一種以上的基礎。利用物件（**object**）讓我們可以將各種值分類（也包含其他物件），進而建立更複雜的結構。

截至目前為止，本書帶你建立的範例程式其實都受限於一點：這些程式只能處理簡單的資料型態。本章會介紹基本的資料結構，讓你在看完這一章的內容後，擁有足夠的知識，可以開始寫出有用的程式。

本章會透過一個比較貼近現實的程式設計範例，介紹應用於這個問題上的幾個觀念，範例程式碼中會用到前面幾章介紹過的函式和變數。

本書還提供一個線上的封閉測試環境（*https://eloquentjavascript.net/code*），讓讀者可以在特定章節的環境下執行範例程式碼。如果你決定在其他環境下執行本書的範例程式，請你一定要先從這個線上測試環境中下載本章的完整程式碼。

松鼠人

Jacques 發現自己時不時就會變身成毛茸茸、尾巴蓬鬆的嚙齒動物，而且通常是在晚上八點到十點之間。

另一方面，Jacques 又慶幸自己不是得到經典的狼化妄想症。跟變身成狼比起來，變身成松鼠之後產生的問題比較少，至少他不必擔心自己會不小心吃掉鄰居（這個問題會很棘手），反而要擔心自己會被鄰居的貓吃掉。曾經有兩次的情況是，他醒來後發現自己躺在一根搖搖欲墜的細枝上，全身赤裸而且不知道自己身在何處，從那之後，他就習慣在晚上將房間的門窗上鎖，並且在房間地板上放幾顆核桃，讓變身後的自己有事可忙。

雖然這樣做能避免被貓吃掉以及在樹上醒來的問題，但 Jacques 更希望能徹底擺脫變身的情況。由於變身發生的頻率沒有規則可言，他開始懷疑是不是由什麼因素觸發的，曾經有段時間，他以為只有在靠近橡樹時才會變身，但就算他避開橡樹，依舊無法解決變身的問題。

於是，Jacques 轉而尋求更科學的方法。他開始寫日誌，記錄下自己一整天所做的每一件事，以及自己是否因此發生變身的情況，希望能藉此縮小範圍，找出觸發變身的條件。

首先，他需要一個資料結構來儲存這個資訊。

資料集

為了處理一大塊數位資料，首先，我們必須找到一種方法，讓我們能在機器的記憶體裡面呈現這些資料，假設我們現在想要表示 2、3、5、7 和 11 這幾個數字的集合。

我們可以發揮創意，利用字串「2 3 5 7 11」來表示，畢竟字串可以設定任意長度，所以我們能在字串裡放入大量的資料。但這種做法其實有點麻煩，要使用這些數字還必須以某種方法從字串裡提出它們，再將它們轉換回數字型態才能使用。

幸運的是，JavaScript 有提供一種資料型態，專門用來儲存一系列的資料值，稱為陣列（array），寫法是將一串資料值放在成對的中括號裡，以逗號隔開每個資料值。

```
let listOfNumbers = [2, 3, 5, 7, 11];
console.log(listOfNumbers[2]);
// → 5
console.log(listOfNumbers[0]);
// → 2
console.log(listOfNumbers[2 - 1]);
// → 3
```

當我們要取出某個陣列裡的元素時，其表示方法也是使用中括號。表達式後面跟著一組成對的中括號，中括號裡又有另外一個表達式，表示要根據中括號裡表達式指定的索引值，在左側表達式中查出相對應的元素。

陣列的第一個索引值是 0，而非 1，所以取出第一個元素的寫法是 listOfNumbers[0]。以零為計算基礎的做法在技術領域裡是行之有年的傳統，在某些方面具有很多意義，但需要花點時間去習慣。可以把索引值想成是從陣列開頭計算，要跳過幾個項目的數量。

屬性

其實在前面的章節裡，我們已經看過幾個疑似有用到屬性的表達式，例如，myString.length 和 Math.max，前者是用於獲取字串的長度，後者則是找出最大值的函式，這些表達式的目的都是要獲取某個值的某個屬性（property）。在第一個情況裡，我們取出字串 myString 的 length 屬性值；第二個情況則是取出 Math 物件的 max 屬性值，這裡的 Math 物件集合裡包含和數學相關的常數以及函式。

在 JavaScript 底下，幾乎所有值都具有屬性，除了 null 和 undefined。如果你試圖取出這些無效值的屬性，你會得到像以下範例程式中的異常訊息。

```
null.length;
// → TypeError: null has no properties
```

JavaScript 取出屬性的方式主要有兩種，分別是使用英文的句點和中括號。value.x 和 value[x] 兩者都是用於取出 value 的屬性，只是不一定是相同的屬性，差異之處在於如何闡釋 x。使用句點時，句點後面的單字是屬性的字面名稱；使用中括號時，括號裡的表達式會被判斷成是要取出屬性的名稱。value.x 取出的是名稱為「x」的屬性值，value[x] 則是判斷表達式 x，再將判斷的結果轉換為字串，作為屬性名稱。

所以，假設你知道自己有興趣的屬性名稱是 *color*，就用 value.color。如果想取出變數 i 的屬性名稱，那你就用 value[i]。屬性名稱屬於字串，任何字串都可以，但只有用句點表示法時，才會是有效的變數名稱。因此，如果你想取出名稱為「2」或「*John Doe*」的屬性，就必須用中括號：value[2] 或 value["John Doe"]。

陣列裡的元素會儲存為陣列的屬性，使用數字作為其屬性名稱。由於句點表示法不能使用數字，所以通常會使用一個具有索引值的變數，才必須利用中括號表示法來取出這些元素。

陣列的屬性 length 是告訴我們陣列裡有多少個元素，這個屬性名稱是有效的變數名稱，而且我們事先就知道，所以當我們想找出陣列的長度時，一般會寫成 array.length，因為比 array["length"] 好寫多了。

方法

字串和陣列這兩個物件有許多屬性，除了屬性 length，其餘都具有函式值。

```
let doh = "Doh";
console.log(typeof doh.toUpperCase);
// → function
console.log(doh.toUpperCase());
// → DOH
```

所有字串都具有屬性 toUpperCase，呼叫這個函式會回傳原字串的副本，其中所有字母都會被轉換成大寫；相反地，也有屬性 toLowerCase，會將所有字母轉換成小寫。

有趣的一點是，呼叫 toUpperCase 函式時，即使我們沒有傳入任何參數，這個函式會以某種方式取得字串「Doh」，也就是我們呼叫的屬性值。後續在第 110 頁「方法」一節裡，會說明這種函式的運作原理。

具有函式的屬性通常稱為其所屬值的**方法**，例如，「函式 toUpperCase 是字串的方法」。

以下程式示範了兩種可以用來處理陣列的方法：

```
let sequence = [1, 2, 3];
sequence.push(4);
sequence.push(5);
console.log(sequence);
// → [1, 2, 3, 4, 5]
console.log(sequence.pop());
// → 5
console.log(sequence);
// → [1, 2, 3, 4]
```

在上面的程式裡，push 方法是將值加到陣列的尾端，pop 方法則是相反，會刪除陣列裡的最後一個值並且回傳。

這些看起來有點小蠢的函式名稱是傳統上堆疊（stack）操作使用的名詞。在程式設計領域裡，堆疊是一種資料結構，讓你將資料值推進（push）堆疊，再以相反的順序把資料值拉出來（pop），因此，最後加入堆疊的值會最先被刪除。這些做法在程式設計上很常見，你或許還記得我們在第 53 頁「呼叫堆疊」一節裡談過的函式呼叫堆疊，那裡的實例和這裡的想法一樣。

物件

重新回到松鼠人的例子。我們可以使用陣列來表示日誌裡所有項目的集合，但每個項目不只包含一個數字或一個字串，每個項目都需要儲存一份活動列表和一個布林值（用以表示 Jacques 是否變身為松鼠）。在理想情況下，我們希望把這些每天記錄的各種內容放進同一個值裡，再將這些經過分組的值放進日誌陣列裡。

物件（object）型態的值可以為任意屬性的集合，建立物件的方法是使用大括號的表達式。

```
let day1 = {
  squirrel: false,
  events: ["work", "touched tree", "pizza", "running"]
};
console.log(day1.squirrel);
// → false
console.log(day1.wolf);
// → undefined
day1.wolf = false;
console.log(day1.wolf);
// → false
```

大括號裡有一份屬性列表，列表裡的每個屬性會以逗號隔開；每個屬性名稱後會跟著一個冒號，冒號後面才是屬性值。物件屬性有很多行時，要寫成像以下範例程式中這種縮排法，有助於提高程式碼的閱讀性。屬性名稱如果是無效變數名稱或數字，都必須使用引號。

```
let descriptions = {
  work: "Went to work",
  "touched tree": "Touched a tree"
};
```

這表示大括號在 JavaScript 中有**兩種**意義，一種情況是用在陳述式開頭，表示一個陳述式區塊的起點，其他情況則是用於描述物件。幸運的是，大括號裡的物件很少會用陳述式開頭，所以這兩種情況之間的模糊性並沒有造成太大的問題。

讀取的屬性不存在時，會回傳 undefined 值。使用『=』運算子，可以把某個值指定給一個屬性表達式，如果屬性值已經存在，指定的值會取代原本的值；如果不存在，則會在該物件上建立一個新的屬性。

現在我們先短暫回到之前談變數時提過的觸手模式，和這裡的屬性變數類似。屬性變數抓著屬性值，但其他變數和屬性也擁有一樣的值，你可以把物件想像成一隻章魚，只不過這隻章魚的觸手數量沒有限制，每一隻觸手上會紋上它所屬的名字。

『delete』運算子會從章魚身上切掉一隻觸手。這種一元運算子用在物件屬性上，會從物件中刪除該名稱的屬性，這種情況並不常見，但還是有可能發生。

```
let anObject = {left: 1, right: 2};
console.log(anObject.left);
// → 1
delete anObject.left;
console.log(anObject.left);
// → undefined
console.log("left" in anObject);
// → false
console.log("right" in anObject);
// → true
```

二元運算子『in』用在字串和物件上，可以用來判斷這個物件裡是否具有具有該名稱的屬性。將屬性設定為 undefined 和真正刪掉一個屬性，這兩者之間的差異在於，第一種情況下的物件仍然**擁有**該屬性，但我們不會對它的屬性值感興趣；第二種情況則是屬性已經不存在，所以會回傳 false。

使用 Object.keys 函式，可以找出某個物件擁有的所有屬性。指定一個物件給函式，函式會回傳一個字串陣列，裡面包含該物件的所有屬性名稱。

```
console.log(Object.keys({x: 0, y: 0, z: 2}));
// → ["x", "y", "z"]
```

`Object.assign` 函式的功能是將某個物件的所有屬性複製到另一個物件裡。

```
let objectA = {a: 1, b: 2};
Object.assign(objectA, {b: 3, c: 4});
console.log(objectA);
// → {a: 1, b: 3, c: 4}
```

然後陣列其實只是一種專門為了儲存一系列內容而生的物件，如果對陣列使用 `typeof []`，它會產生「物件」。你可以把陣列看成一隻身體很長、很扁的章魚，這隻章魚的所有觸手會整齊排成一列，每隻觸手上都標有數字。

那麼，接下來我們就將 Jacques 記錄的日誌表示成一個物件陣列。

```
let journal = [
  {events: ["work", "touched tree", "pizza",
            "running", "television"],
   squirrel: false},
  {events: ["work", "ice cream", "cauliflower",
            "lasagna", "touched tree", "brushed teeth"],
   squirrel: false},
  {events: ["weekend", "cycling", "break", "peanuts",
            "beer"],
   squirrel: true},
  /* and so on... */
];
```

可變異性

我們很快就會實際動手寫真正的程式，在這之前，還需要再了解一個理論。

剛剛已經看到了物件值可以修改，可是，我們在前幾章討論過的那幾個型態的值都具有不可變異性，例如，數字、字串和布林值，意思是說我們不能改變這些型態的值。你可以組合這些值，再從中衍生出新的值，但是當你使用特定字串值的時候，這個值一定會保持不變，也就是說字串裡的文字無法更改。假設你的字串包含「cat」，其他程式碼就不能更改字串裡的字母，讓文字改拚成「rat」。

物件的運作方式不同，你可以改變物件的屬性，讓單一物件值根據不同的時間變成不同的內容。

當兩個數字都是 120，不管它們實際上是否指向相同的位元，我們都可以將它們視為完全相同的數字。但是對物件來說，兩個數字指向相同的物件，和兩個不同但包含相同屬性的物件，這兩種情況之間是有差異的。請看下列的範例程式碼，思考看看：

```
let object1 = {value: 10};
let object2 = object1;
let object3 = {value: 10};

console.log(object1 == object2);
// → true
console.log(object1 == object3);
// → false

object1.value = 15;
console.log(object2.value);
// → 15
console.log(object3.value);
// → 10
```

在上面的程式碼裡，object1 和 object2 抓到的物件是一樣的，這就是為什麼改變 object1，同時也會改變 object2 的值，可以說這兩個物件具有相同的身分識別。變數 object3 則是指向不同的物件，最初擁有的屬性雖然和 object1 一樣，但彼此過著不同的人生。

變數可以改變也可以是常數，但這和變數值的行為方式是分開的兩回事。即使數字的值不會改變，還是可以更改變數指向的值，用關鍵字 let 持續追蹤改變的數字。同樣地，綁定給物件的 const 本身就算不能更改，而且持續指向同一個物件，物件的內容還是有可能改變。

```
const score = {visitors: 0, home: 0};
// 可以改變
score.visitors = 1;
// 不可以改變
score = {visitors: 1, home: 1};
```

在 JavaScript 裡，以運算子『==』比較物件時，會透過身分識別來進行比較：只有當兩個物件的值完全相同時，才會產生 true；比較不同的物件時，會回傳 false，就算這兩個物件的屬性完全一樣，依舊會視為不同的物件。JavaScript 並沒有內建「深度」比較的操作（根據內容比較物件），但可以自己寫，這也是本章最後的練習題之一。

松鼠人觀察日誌

於是，Jacques 啟動 JavaScript 直譯器，建置記錄日誌需要的環境。

```
let journal = [];

function addEntry(events, squirrel) {
  journal.push({events, squirrel});
}
```

請注意看上面的程式碼，新增到日誌裡的物件似乎看起來有點怪，不像我們前面宣告屬性的寫法：events: events，只有給屬性名稱。其實這是一種比較簡短的表示法，和前面的寫法意思一樣。如果大括號裡的屬性名稱後面沒有跟著值，值是取自具有相同名稱的變數，就可以採用這種簡化表示法。

建置好環境後，Jacques 每天晚上十點會記錄他一整天的活動，有時甚至是隔天早上他從書架頂層爬下來之後才記錄。

```
addEntry(["work", "touched tree", "pizza", "running",
          "television"], false);
addEntry(["work", "ice cream", "cauliflower", "lasagna",
          "touched tree", "brushed teeth"], false);
addEntry(["weekend", "cycling", "break", "peanuts",
          "beer"], true);
```

等他累積足夠的資料後，他打算利用統計資料找出這些事件裡，究竟是哪些和他變身成松鼠有關。

相關性（correlation）是衡量統計變數之間的相依性程度。統計變數不一定會跟程式設計使用的變數完全一樣，統計學通常會使用一組測量項目，針對每個測量項目來衡量每個變數。變數之間的相關性通常是表示為 –1 到 1 之間的值，若相關性的值為 0，就表示變數之間沒有關係；若相關性的值為 1，表示兩者完全相關，也就是說，如果你知道其中一個變數，就一定會知道另外一個變數；若相關性的值為 –1，這也是表示變數之間完全相關，只不過是反過來的關係，當其中一個為 true，另一個一定是 false。

計算兩個布林變數之間的相關程度時，會使用 *phi*（ϕ）相關係數。這個計算公式的輸入資料是一個頻率表，內容包含觀測變數的發生次數所形成的不同組合；公式的輸出結果是一個介於 –1 和 1 之間的值，藉此描述變數之間的相關性。

我們把吃披薩事件放進一個頻率表中，整理成像以下這樣的圖示，每一格裡的數字代表在觀測到的紀錄裏，這種組合發生的次數：

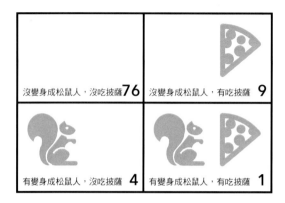

如果我們把這個表格叫做 n，使用以下公式計算 ϕ：

$$\phi = \frac{n_{11}n_{00} - n_{10}n_{01}}{\sqrt{n_{1\bullet}n_{0\bullet}n_{\bullet1}n_{\bullet0}}} \tag{4.1}$$

（如果此刻你正準備把這本書放下，腦海裡還閃過人生跑馬燈，回到高中一年級時的數學課……等一下！本書沒有要用無盡頁數的神秘符號來折磨你啊，現在它就只是個公式，好吧，就算我們現在要用這個公式，要做的也是把它轉換成 JavaScript 的程式。）

在上面的公式裡，符號 n_{01} 表示觀測次數，其中第一個變數（松鼠化）是 0（false），第二個變數（披薩）是 1（true）；從上面的範例表格裡可以看到，n_{01} 的次數是 9。

$n_{1\bullet}$ 值是指當第一個變數是 1（true），所有觀測次數的總和，從上面的範例表格裡可以看到，$n_{1\bullet}$ 值是 5。同樣地，$n_{\bullet0}$ 值是指當第二個變數是 0（false），所有觀測次數的總和。

所以根據上面的披薩表，可以得出公式上半部（分子）的計算內容是：$1\times76 - 4\times9 = 40$，下半部（分母）的計算內容是：$5\times85\times10\times80$，再開根號，也就是 $\sqrt{340000}$，計算結果是 $\phi \approx 0.069$，表示這兩個變數之間的相關性極其微小。吃披薩這個事件對於會不會變身成松鼠這件事，幾乎沒有影響。

計算相關係數

在 JavaScript 裡，我們可以用一個有四個元素的陣列（[76, 9, 4, 1]）來表示一個 2×2 的表格。還可以用其他的方法表示，例如，包含兩個二元素的陣列（[[76, 9], [4, 1]]），或是具有屬性名稱的物件，像是「11」和「01」。扁平式陣列不僅簡單，而且表達式讀取起來也相對簡短許多，所以我們要用兩個位元的二進位數字來闡釋陣列的索引值，其中最左邊（最重要）的數字是松鼠變數，最右邊（最不重要）的數字是事件變數。例如，二進位數字 10 是指 Jacques 變身為松鼠，但事件（指「披薩」）並沒有發生，這種組合情況發生了四次。由於二進位數字 10 是十進位數字 2，所以我們將這個數字儲存在陣列裡索引值 2 的位置。

以下這個範例程式中的函式，就是從這種表示法的陣列裡計算出相關係數 ϕ：

```
function phi(table) {
  return (table[3] * table[0] - table[2] * table[1]) /
    Math.sqrt((table[2] + table[3]) *
              (table[0] + table[1]) *
              (table[1] + table[3]) *
              (table[0] + table[2]));
}

console.log(phi([76, 9, 4, 1]));
// → 0.068599434
```

上面這個函式是直接將 ϕ 公式轉換成 JavaScript 的程式，其中 Math.sqrt 是平方根函式，由標準 JavaScript 環境下的 Math 物件提供。由於我們的資料結構無法直接儲存行或列的資料總和，所以必須新增資料表裡的兩個欄位，才能得到像 n_1. 這種欄位的資料。

Jacques 持續記錄了三個月的日誌，產生的資料集合可以在本章的線上程式測試環境裡找到（*https://eloquentjavascript.net/code#4*），儲存在 JOURNAL 變數和一份可以下載的檔案裡。

要針對日誌裡的特定事件整理出一個 2×2 的表格，必須把表格裡所有的項目全部查詢一遍，統計出和變身成松鼠有關的事件，其發生的次數有多少。

```
function tableFor(event, journal) {
  let table = [0, 0, 0, 0];
  for (let i = 0; i < journal.length; i++) {
    let entry = journal[i], index = 0;
```

```
    if (entry.events.includes(event)) index += 1;
    if (entry.squirrel) index += 2;
    table[index] += 1;
  }
  return table;
}

console.log(tableFor("pizza", JOURNAL));
// → [76, 9, 4, 1]
```

範例程式裡的陣列有一個 includes 方法，用以檢查指定值是否存在於陣列裡。函式會使用這項檢查結果，判斷其有興趣的事件名稱是否落在指定日期的事件列表裡。

在 tableFor 函式的迴圈主體裡，會檢查日誌的每一個項目是否有我們感興趣的特定事件，以及這個特定事件是否與松鼠變身同時發生，藉此找出日誌的每一個項目要落在陣列 table 裡的哪一格，然後再將這個項目加到陣列 table 裡正確的位置。

現在我們已經有工具來幫助我們計算個別事件的相關性，剩下的最後一步就是為每一種記錄下來的事件找出關聯性，看看能否從中發現任何顯著的結果。

陣列迴圈

在 tableFor 函式裡，有一個像這樣的迴圈：

```
for (let i = 0; i < JOURNAL.length; i++) {
  let entry = JOURNAL[i];
  // 處理 entry 值
}
```

在以往典型的 JavaScript 環境裡，經常可以看到這種類型的迴圈——大多是一次檢查陣列裡的一個元素，為了達到這個目的，程式會執行一個計數器，計數器的上限要超過陣列的長度，然後依序挑出陣列裡的每一個元素。

在現代 JavaScript 的環境下，有一種更簡單的作法可以寫出這種迴圈：

```
for (let entry of JOURNAL) {
  console.log(`${entry.events.length} events.`);
}
```

當你看到一個 for 迴圈長得像上面的程式碼，變數定義後跟著關鍵字 of，of 後面是一個指定值，迴圈會依序處理這個指定值裡的元素。這種做法不只出現在陣列上，還可以用在字串和其他資料結構，後續第 6 章會討論這種迴圈是如何運作。

分析結果

我們需要針對資料集合裡每一種類型的事件，計算它們的相關性。因此，首先要找出每一種類型的事件。

```
function journalEvents(journal) {
  let events = [];
  for (let entry of journal) {
    for (let event of entry.events) {
      if (!events.includes(event)) {
        events.push(event);
      }
    }
  }
  return events;
}

console.log(journalEvents(JOURNAL));
// → ["carrot", "exercise", "weekend", "bread", ...]
```

檢查所有的事件，然後把尚未加入的事件新增到陣列 events 裡，function 就能收集到每一種類型的事件。

利用這個做法，我們就能看到所有相關性。

```
for (let event of journalEvents(JOURNAL)) {
  console.log(event + ":", phi(tableFor(event, JOURNAL)));
}
// → carrot:    0.0140970969
// → exercise: 0.0685994341
// → weekend:   0.1371988681
// → bread:    -0.0757554019
// → pudding: -0.0648203724
// and so on...
```

從上面的計算結果可以看到，多數相關性似乎都接近零。吃紅蘿蔔、麵包或布丁顯然都不會觸發他變身成松鼠的事件，但似乎發生在週末的頻率確實比較高。讓我們來篩選結果，只顯示相關性大於 0.1 或小於 -0.1 的因素。

```
for (let event of journalEvents(JOURNAL)) {
  let correlation = phi(tableFor(event, JOURNAL));
  if (correlation > 0.1 || correlation < -0.1) {
    console.log(event + ":", correlation);
  }
}
// → weekend:         0.1371988681
// → brushed teeth:  -0.3805211953
// → candy:           0.1296407447
// → work:           -0.1371988681
// → spaghetti:       0.2425356250
// → reading:         0.1106828054
// → peanuts:         0.5902679812
```

嘿！有兩個因素的相關性明顯比其他因素來得強。吃花生和變身成松鼠的機率，兩者之間有強烈正相關，刷牙則明顯出現負相關。

這個發現很有趣，讓我們來做點實驗。

```
for (let entry of JOURNAL) {
  if (entry.events.includes("peanuts") &&
      !entry.events.includes("brushed teeth")) {
    entry.events.push("peanut teeth");
  }
}
console.log(phi(tableFor("peanut teeth", JOURNAL)));
// → 1
```

這是一個非常有說服力的結果。變身為松鼠的現象，恰好都發生在 Jacques 吃完花生卻沒有刷牙的時候，但要不是他如此疏於個人的牙齒保健，甚至有可能永遠都不會注意到自己的苦惱之處。

知道這點以後，Jacques 戒掉花生，並且發現他再也不會變身為松鼠。

Jacques 順利過了幾年的好日子後，某一天他失業了。由於他住在一個環境髒亂的國家，沒有工作意味著他無法再獲得醫療服務，所以他被迫在馬戲團工作，表演不可思議的松鼠人。為此，他會在每一場表演前，在嘴裡塞滿花生醬。

有一天，Jacques 再也無法忍受自己如此可悲地活在這個世上，而且他再也無法變回人形，於是，他從馬戲團帳篷的縫隙中一躍而下，消失在森林中，從此再也沒有人見過他。

常用的陣列技巧

在結束這一章之前，我想再介紹幾個和物件有關的概念，先從介紹一些常用的陣列方法談起。

在第 70 頁「方法」一節的內容裡，我們看過 push 和 pop 這兩種方法，分別是在陣列尾端新增和移除元素。這裡要介紹另外兩個相對應的方法：unshift 和 shift，分別是在陣列開頭新增和移除元素。

```
let todoList = [];
function remember(task) {
  todoList.push(task);
}
function getTask() {
  return todoList.shift();
}
function rememberUrgently(task) {
  todoList.unshift(task);
}
```

這個程式負責管理一份任務清單。你呼叫函式 remember("groceries")，把任務加到清單的尾端，準備要進行某個動作時，就呼叫 getTask()，從清單裡取出（和移除）最前面的項目。函式 rememberUrgently 也會新增任務，但不是加到清單的尾端，而是加到最前面的位置。

陣列提供 indexOf 方法，讓我們可以在陣列裡搜尋特定值。這個方法會從陣列的起始位置開始搜尋，直到陣列的尾端；如果有找到我們要求的值，就回傳該值的索引值，如果搜尋的值不存在，就回傳 -1。另外一個類似的方法是 lastIndexOf，這個方法不是從陣列的起始位置開始，而是從陣列的尾端開始搜尋。

```
console.log([1, 2, 3, 2, 1].indexOf(2));
// → 1
console.log([1, 2, 3, 2, 1].lastIndexOf(2));
// → 3
```

indexOf 和 lastIndexOf 這兩個方法都可以選擇性採用第二個參數，指示搜尋的起點。另一個基本陣列方法是 slice，指定起點和終點的索引值，函式會回傳一個陣列，裡面只有介於起點和終點之間的所有元素；回傳陣列裡包含起點的索引值，但不包含終點的索引值。

```
console.log([0, 1, 2, 3, 4].slice(2, 4));
// → [2, 3]
console.log([0, 1, 2, 3, 4].slice(2));
// → [2, 3, 4]
```

在沒有指定終點索引值的情況下，slice 方法會接受起點索引值之後的所有元素；此外，你也可以省略起點索引值，就能複製整個陣列的元素。

concat 方法的功能就像膠水一樣，是把各個陣列黏在一起，創造出一個新的陣列，類似運算子『+』應用在字串相加上的做法。

以下的範例程式說明 concat 和 slice 方法兩者的應用方式，函式接受一個陣列和一個索引值作為參數，然後回傳一個新的陣列。這個新陣列的內容是複製原始陣列的內容，但其中刪除了指定索引值的元素。

```
function remove(array, index) {
  return array.slice(0, index)
    .concat(array.slice(index + 1));
}
console.log(remove(["a", "b", "c", "d", "e"], 2));
// → ["a", "b", "d", "e"]
```

如果你傳給 concat 方法的參數不是一個有效的陣列，那麼你傳入的這個參數值會被當作是只有一個元素的陣列，然後新增到這個新的陣列裡。

字串及其相關屬性

之前提過，我們可以從字串值讀取出 length（長度）和 toUpperCase（轉成大寫字母）這類的屬性，但無法為字串永久新增一個屬性。

```
let kim = "Kim";
kim.age = 88;
console.log(kim.age);
// → undefined
```

字串、數字和布林這些型態的值並非物件，如果你硬要幫它們設定新的屬性，程式語言雖然不會抱怨，但實際上不會儲存這些屬性。如同我們之前提過的，這些型態的值具有不可變異性，無法改變。

不過，這些型態確實有自己內建的屬性。每個子串值都有很多方法可以使用，像 slice 和 indexOf 這些方法都很好用，類似陣列提供的方法而且連函式名稱都一樣。

```
console.log("coconuts".slice(4, 7));
// → nut
console.log("coconut".indexOf("u"));
// → 5
```

唯一的差異是，字串的 indexOf 方法可以搜尋包含多個字元的字串，相較之下，陣列的方法看起來只能搜尋單一元素。

```
console.log("one two three".indexOf("ee"));
// → 11
```

trim 方法的功能是移除字串頭尾的空白字元（空格、換行、tab 鍵等等類似的字元）。

```
console.log("   okay \n ".trim());
// → okay
```

上一章的 zeroPad 函式裡也有用到一個方法，稱為 padStart，以指定的長度和填滿字元作為參數。

```
console.log(String(6).padStart(3, "0"));
// → 006
```

每當有另外一個字串出現時，你可以使用 split 方法來拆分字串；當然，也可以使用 join 方法把字串重新串接在一起。

```
let sentence = "Secretarybirds specialize in stomping";
let words = sentence.split(" ");
console.log(words);
// → ["Secretarybirds", "specialize", "in", "stomping"]
console.log(words.join(". "));
// → Secretarybirds. specialize. in. stomping
```

使用 repeat 方法可以重複字串，做法是複製多個原始字串的副本，然後把這些副本黏在一起，放進新建的字串裡。

```
console.log("LA".repeat(3));
// → LALALA
```

我們已經看過字串型態的 `length` 屬性，取出字串裡的個別字元看起來跟取出陣列裡的元素一樣（後續在第 102 頁「字串與字元編碼」一節裡，我們會再討論一個限制情況。）。

```
let string = "abc";
console.log(string.length);
// → 3
console.log(string[1]);
// → b
```

其餘參數

如果一個函式可以接受任意數量的參數，可以在很多地方發揮作用，例如，`Math.max` 會從指定的所有參數裡計算出最大值。

這種函式的寫法是，在函式的最後一個參數前放三個點，就像以下這個範例程式的做法：

```
function max(...numbers) {
  let result = -Infinity;
  for (let number of numbers) {
    if (number > result) result = number;
  }
  return result;
}
console.log(max(4, 1, 9, -2));
// → 9
```

呼叫這種函式時，**其餘參數**會全數打包放進一個陣列裡，包含所有額外的參數，但如果參數是放在這三個點之前，這些參數值不屬於其餘參數的陣列。就像上面範例程式中的 `max` 函式，唯一的參數就負責儲存所有的參數值。

還可以使用類似的表示法來呼叫函式，並且傳入一個陣列作為參數。

```
let numbers = [5, 1, 7];
console.log(max(...numbers));
// → 7
```

這種做法是將陣列「散布」到呼叫的函式裡，把陣列裡的元素作為個別參數傳入函式。不只可以包含陣列，還可以傳入其他參數，例如，max(9, ...numbers, 2)。

使用中括號表示陣列的做法跟使用三個點作為運算子一樣，都是可以把其他現有的陣列散布到一個新陣列裡。

```
let words = ["never", "fully"];
console.log(["will", ...words, "understand"]);
// → ["will", "never", "fully", "understand"]
```

Math 物件

之前已經提過，Math 物件集合了許多與數字有關的公用函式，例如，Math.max（最大值）、Math.min（最小值）和 Math.sqrt（平方根）。

Math 物件就是一個用來收納一大堆相關函式的容器，而且 Math 物件只有一個，幾乎不會作為變數值使用，反而是提供一個命名空間（namespace），讓所有這些函式和值都不必成為全域變數。

全域變數太多會「汙染」命名空間，變數名稱越多，就越有可能不小心覆寫掉某些現有的變數值。例如，雖然你不太可能將程式裡的某些元素命名為 max，但就算發生了，由於 JavaScript 內建的 max 函式安全地隱藏在 Math 物件裡，我們不必擔心會有覆寫的問題。

當你正在定義的變數名稱已經存在，許多程式語言會阻止你或者至少會警告你一聲。如果你是用關鍵字 let 或 const 宣告變數，JavaScript 確實做這個貼心的舉動，但不適用於標準變數或者是用關鍵字 var 或 function 宣告的變數。

回到 Math 物件。如果你需要用到三角學，Math 物件就能幫得上忙。這個物件有 cos、sin 和 tan，還有它們的反函數：分別是 acos、asin 和 atan；Math.PI 提供數字 π 或者至少是 JavaScript 可以用的近似值。以往程式設計的傳統是將常數名稱全部都以大寫表示。

```
function randomPointOnCircle(radius) {
  let angle = Math.random() * 2 * Math.PI;
  return {x: radius * Math.cos(angle),
          y: radius * Math.sin(angle)};
}
```

```
console.log(randomPointOnCircle(2));
// → {x: 0.3667, y: 1.966}
```

如果你不熟正弦和餘弦，請先不要擔心。後續本書第 14 章用到時，會再解釋。

之前的範例程式中有用到 `Math.random`，每次呼叫這個函式時，就會回傳一個新的偽隨機數字，數值介於 0（包含）到 1（不包含）之間的範圍。

```
console.log(Math.random());
// → 0.36993729369714856
console.log(Math.random());
// → 0.727367032552138
console.log(Math.random());
// → 0.40180766698904335
```

雖然電腦屬於定性機器，原則上只要給定相同的輸入，就一定會以相同的方式做出回應，但仍舊可以讓電腦產生看起來像是隨機的數字。為了達到這個目的，機器會保留一些隱藏值，每當你要求一個新的隨機數字時，機器會對這個隱藏值執行複雜的計算，然後產生並且儲存一個新的值，再從這個值衍生出某個數字並且回傳。依照這樣的方式，機器就能產生難以預測的新數字，似乎就跟隨機產生的一樣。

如果希望產生的數字是隨機整數而非小數，可以利用 `Math.floor` 函式（無條件捨去取最近的整數）處理 `Math.random` 函式產生的結果。

```
console.log(Math.floor(Math.random() * 10));
// → 2
```

在上面的範例程式中，我們將隨機產生出來的數字乘以 10，會得到大於或等於 0 而且小於 10 的數字。因為 `Math.floor` 是無條件捨去，所以這個表達式會產生任何介於 0 到 9 的數字，而且機會相等。

其他 Math 物件內建的函式還有：`Math.ceil` 是無條件進位，取最接近的整數；`Math.round` 是四捨五入取最接近的整數；`Math.abs` 是取一個數字的絕對值，意思是負數的負號會抵消，正數依舊保留正號。

陣列解構

讓我們先暫時回到 phi 函式。

```
function phi(table) {
  return (table[3] * table[0] - table[2] * table[1]) /
    Math.sqrt((table[2] + table[3]) *
              (table[0] + table[1]) *
              (table[1] + table[3]) *
              (table[0] + table[2]));
}
```

上面這個函式的寫法有點難懂的原因之一是，我們設定了一個指向陣列的變數，但我們比較希望改成讓變數指向陣列裡的個別元素，也就是寫成 `let n00 = table[0]`，依此類推。幸運的是，JavaScript 有提供一個簡潔的寫法讓我們可以達成這個目的。

```
function phi([n00, n01, n10, n11]) {
  return (n11 * n00 - n10 * n01) /
    Math.sqrt((n10 + n11) * (n00 + n01) *
              (n01 + n11) * (n00 + n10));
}
```

同樣的做法也適用於使用關鍵字 `let`、`var` 或 `const` 建立的變數。如果你知道變數值是一個陣列，就可以使用中括號「查看」這個值裡面的內容並且進行綁定。

類似的技巧可以應用在物件上，但要改用大括號來取代中括號。

```
let {name} = {name: "Faraji", age: 23};
console.log(name);
// → Faraji
```

請注意，如果你試圖解構 `null` 或 `undefined`，會得到錯誤訊息，就跟你想直接取出這兩個值的屬性時發生的情況差不多。

JSON 表示法

由於屬性只會去抓值而非儲存，所以物件和陣列會另外存放在電腦的記憶體裡，並且儲存為一連串具有記憶體位址（記憶體中的位置）的位元內容。因此，當陣列內部還具有另外一個陣列時，儲存陣列的記憶體區域（至少）是由內部陣列與外部陣列組成，其中包含一個二進位數字，代表內部陣列的位置。

如果你希望資料後續能儲存在檔案裡，或者是透過網路發送到另外一台電腦，就必須以某種方式，將這些亂成一團的記憶體位址轉換成可以儲存或發送的描述內容。對於你有興趣的值，我想應該是可以把這個值所在位址的整個電腦記憶體發送出去，但這似乎不是最好的做法。

所以，我們要做的是將資料序列化，意思是把資料轉換成平面式的描述。最熱門的序列化格式為 *JSON*（JavaScript Object Notation，發音成「Jason」），代表 JavaScript 物件表示法，廣泛地用在網頁上的資料儲存和通訊格式，甚至還用在 JavaScript 以外的程式語言。

JSON 的做法看起來類似 JavaScript 撰寫陣列和物件的方式，但有一些限制。所有屬性名稱都必須用雙引號括起來，而且只允許用簡單的資料表達式——也就是說不能呼叫函式，不能用變數或任何實際上有牽涉到計算的程式內容，所以 JSON 當然也不允許程式註解。

以 JSON 資料格式表示的日誌項目，如下所示：

```
{
  "squirrel": false,
  "events": ["work", "touched tree", "pizza", "running"]
}
```

JavaScript 提供了兩個函式——`JSON.stringify` 和 `JSON.parse`，幫助我們轉入以及轉出這個格式。第一個函式接受 JavaScript 的值作為參數，回傳 JSON 格式的字串；第二個函式則是接受 JSON 格式的字串作為參數，將字串轉換為它編碼的值。

```
let string = JSON.stringify({squirrel: false,
                             events: ["weekend"]});
console.log(string);
// → {"squirrel":false,"events":["weekend"]}
console.log(JSON.parse(string).events);
// → ["weekend"]
```

本章重點回顧

物件和陣列（特別種類的物件）提供的方法是讓我們可以將數個值視為一個群體，放進單一值裡。從概念上來看，這種做法允許我們將一堆相關的東西放進同一個袋子裡，讓我們能帶著袋子跑來跑去，而不需要將所有個別物品全攬在手臂，努力地抱在懷裡。

JavaScript 大部分的值都有屬性，唯二的例外是 null 和 undefined。利用 value.prop 或 value["prop"] 就能取得值的屬性。物件的屬性一般都會有名稱，多半都會儲存一組固定的屬性；另一方面，陣列則通常包含不同數量、概念相同的值，使用數字（從 0 開始）做為屬性名稱。

陣列有一些已經命名好的屬性，像是 length 等等的許多方法。方法就是存在屬性上的函式，（通常）作用在屬性值上。

利用特殊種類的 for 迴圈──for (let 元素 of 陣列)，可以對陣列進行迭代。

練習題

範圍內的數字總和（The Sum of a Range）

本書前言間接提過以下這個方法，在計算某個範圍內的數字總和時，這是非常好的做法：

```
console.log(sum(range(1, 10)));
```

先寫一個 range 函式，傳入兩個參數：start 和 end，然後回傳一個陣列，裡面包含從 start 在內到 end 的所有數字。

接著寫 sum 函式，傳入這個數字陣列，函式就會回傳陣列裡這些數字的總和。執行範例程式，看看回傳的結果是否確實為 55。

再給各位一個額外的作業，請修改 range 函式，讓這個函式選擇性接受第三個參數；這個參數是指建立陣列時元素「要往前跨幾步」（step）的值。在沒有指定 step 值的情況下，元素會往前跨一步，跟舊有的做法一樣；函式呼叫 range(1, 10, 2)，應該要回傳 [1, 3, 5, 7, 9]。此外，請確定 step 值為 -1 時也能運作，呼叫函式 range(5, 2, -1) 要能產生 [5, 4, 3, 2] 的結果。

反轉陣列（Reversing an Array）

陣列的 reverse 方法是藉由反轉元素出現的順序來改變陣列的內容。請針對這個練習題，寫兩個函式：reverseArray 和 reverseArrayInPlace。第一個 reverseArray 函式接受一個陣列作為參數，然後產生一個新陣列，新陣列裡的元素和原來一樣，只是順序相反。第二個 reverseArrayInPlace 函式做的事和 reverse 方法一樣：藉由反轉陣列裡的元素來修改參數指定的陣列。兩者都不能使用標準的 reverse 方法。

請回想我們在第 62 頁「函式與副作用」一節裡曾經說明過函式副作用與純函式，你認為本題練習的這兩個函式，哪一種變化可以在更多情況下發揮作用？哪一個函式的執行速度較快？

資料結構——List（A List）

物件就跟其他一般型態的值一樣，可以用於建立各種資料結構，常見的資料結構是 *list*（請不要跟陣列搞混了）。list 這種資料結構屬於巢狀式物件集合，集合裡的第一個物件具有引用第二個物件的資訊，第二個物件具有引用第三個物件的資訊，依此類推。

```
let list = {
  value: 1,
  rest: {
    value: 2,
    rest: {
      value: 3,
      rest: null
    }
  }
};
```

結果會形成像下圖這樣的物件鏈：

資料結構 list 的好處是可以共享部分結構，例如，假設我建立兩個新的值 {value: 0, rest: list} 和 {value: -1, rest: list}（list 指向前面定義過的變數），雖然兩者分別為獨立的 list，但是會共享最後三個元素的組成結構。原始的 list 仍然是一個具有三個元素的有效清單結構。

請建立一個名為 arrayToList 的函式，建立像上面範例這樣的 list 結構，指定 [1, 2, 3] 作為函式的參數。再寫一個 listToArray 函式，從 list 結構裡產生一個陣列。然後新增一個輔助函數 prepend，接受一個元素和一個 list 結構作為參數，把傳入函式的元素加到輸入清單裡最前面的位置，產生一個新的 list 結構。新增函式 nth，接受一個 list 結構和一個數字作為參數，回傳 list 裡指定位置的元素（位置編號 0 表示清單裡的第一個元素）；如果清單裡沒有這樣的元素時，會回傳 undefined。

如果你還不知道怎麼寫，不妨先寫個遞迴版本的 nth 函式。

深入比較（Deep Comparison）

運算子『==』是根據身分識別來比較物件，但有時你會想比較真正的屬性值。

請寫一個函式 deepEqual，接受兩個值作為參數，只有當參數值相同或是參數為相同屬性的物件，才回傳 true；和遞迴呼叫 deepEqual 函式比較時，屬性值相等。

如果要確認是否應該直接比較值（利用『==』運算子比較）或者是比較屬性，可以利用『typeof』運算子。如果兩邊都會產生「物件」值，應該對兩者進行深入比較，但必須考慮一個愚蠢的例外：由於某個歷史淵源，造成 typeof null 也會產生「物件」。

當你需要檢查物件的屬性，並且進行比較時，Object.keys 函式就能發揮作用。

「軟體設計的建構方法有兩種：一種是把軟體設計得很簡潔，簡潔到明顯沒有缺陷；另一種是把軟體設計得很複雜，複雜到看不出明顯的缺陷。」

—英國計算機科學家 C.A.R. Hoare

於 1980 年 *ACM Turing Award Lecture* 頒獎典禮

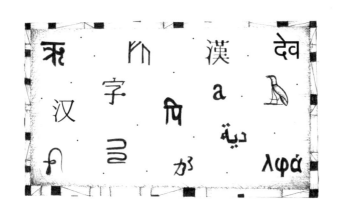

5

高階函式

大型程式的開發成本很高，不只是因為開發耗時。程式的大小幾乎一定會跟程式的複雜性劃上等號，而複雜性就是程式設計師混亂的來源之一；思緒混亂的程式設計師又會將錯誤（臭蟲）導入程式之中，大型程式裡有大量的空間可以讓這些臭蟲躲藏，讓你很難發現這些錯誤的存在。

我們先回頭看一下前言裡介紹過的最後兩個範例程式，第一個是可以獨立執行的程式，只有六行程式碼。

```
let total = 0, count = 1;
while (count <= 10) {
  total += count;
  count += 1;
}
console.log(total);
```

第二個程式則依賴兩個外部函式，整個程式碼只有一行。

```
console.log(sum(range(1, 10)));
```

這兩個範例程式中，哪一個更可能隱含錯誤？

如果我們把 sum 和 range 這兩個函式定義的大小也算進來,第二個程式也會變大,甚至比第一個程式更大,但我仍舊認為後者是更為正確的做法。

為什麼後者是更為正確的做法?原因在於,解決方案的表達詞彙要呼應你所要解決的問題。迴圈(loop)和計數器(counter)這兩個詞彙跟計算一個範圍內的數字總和無關,是跟範圍(range)和總和(sum)有關。

程式的詞彙表定義(函式 sum 和 range)還是會納入迴圈、計數器和其他附加的細節,但是因為相較於整個程式,它們表達的觀念更簡單,所以也更容易理解。

抽象

在程式設計的環境中,這些類型的詞彙通常稱為抽象(abstraction)。抽象的功能是隱藏細節,讓我們站在更高(或更抽象)的層次上討論問題。

以豌豆湯的製作為例,比較以下兩種食譜。第一個食譜的呈現方式如下:

> 在容器中放入一杯乾豌豆(一人份),加水蓋過全部的豌豆,然後將豌豆浸泡在水中至少 12 小時。拿出浸泡在水中的豌豆,放入煮鍋中,並且加入四杯水(一人份)。蓋上鍋蓋,讓豌豆燉煮兩小時。接著,拿出半個洋蔥(一人份)用刀子切碎,加到豌豆裡;取出一把芹菜(一人份),用刀子切成小塊,加進豌豆裡;取出一顆紅蘿蔔(一人份),記得用刀切成小塊!再加進豌豆裡,最後再燉煮十分鐘。

以下是第二個食譜:

> 一人份材料:乾豌豆一杯、切碎的洋蔥半個、芹菜一根和紅蘿蔔一根。
>
> 豌豆浸泡 12 小時,然後以四杯水(一人份)燉煮二小時。最後再加入切碎的蔬菜,燉煮十分鐘。

第二個食譜的寫法不僅更短,而且更容易闡述,但你需要先了解更多與烹飪相關的字彙,例如,**浸泡、燉煮、切碎**,我猜可能還要知道什麼是**蔬菜**。

進行程式設計時,沒有時間讓我們用字典一一查詢所有需要用到單字。因此,我們可能會陷入第一個食譜的呈現模式——寫出電腦必須執行的精確步驟,無法從更高層級的觀念來表達。

在程式設計的過程中，如何注意到程式一直處於太低的抽象層級，是一項有用的技巧。

抽象通用性

截至目前為止，我們已經看過的這些簡單函式是建構抽象的好方法，但有時無法達到我們的要求。

常常可以看到程式根據指定的次數，重複做某件事。你可以寫一個像這樣的 for 迴圈來達成這個目的：

```
for (let i = 0; i < 10; i++) {
  console.log(i);
}
```

我們可以用抽象的概念，將「做某件事 N 次」寫成一個函式嗎？好吧，我們先來寫一個簡單的函式，呼叫 N 次 console.log。

```
function repeatLog(n) {
  for (let i = 0; i < n; i++) {
    console.log(i);
  }
}
```

但如果我們想做的不是記錄數字這類簡單的事呢？既然我們可以用函式來表達「做某件事」這個動作，而且函式本身也只是一個值，所以就可以將動作當成函式值來傳遞。

```
function repeat(n, action) {
  for (let i = 0; i < n; i++) {
    action(i);
  }
}

repeat(3, console.log);
// → 0
// → 1
// → 2
```

不需要將事先定義好的函式傳給 repeat，通常是在要用到的情況下才建立函式值，這樣的做法更簡單。

```
let labels = [];
repeat(5, i => {
  labels.push(`Unit ${i + 1}`);
});
console.log(labels);
// → ["Unit 1", "Unit 2", "Unit 3", "Unit 4", "Unit 5"]
```

上面這個範例程式的結構跟前面寫的 for 迴圈有點像,也是先描述迴圈的類型,再提供迴圈的主體。然而,現在這個呼叫 repeat 的迴圈主體包裝在大括號裡,寫成一個函式值,這也是為什麼函式會用括號和大括號包起來的原因。在這個範例程式中,迴圈主體只有一個短短的表達式,你也可以省略大括號並且以一行程式碼表達迴圈。

高階函式

操作其他函式,把它們當作是參數或者是回傳值,這種類型的函式就稱為高階函式(higher-order function)。由於我們已經看到函式是一般值,所以這種函式的存在本身並沒有什麼特別值得注意的地方。高階函式這個術語來自數學,在數學的領域裡,會嚴格區分函式和其他值之間的差異。

高階函式的功用不僅有函式值,還允許我們將動作抽象化,有多種形式。例如,可以利用函式來建立新的函式。

```
function greaterThan(n) {
  return m => m > n;
}
let greaterThan10 = greaterThan(10);
console.log(greaterThan10(11));
// → true
```

還可以利用函式來改變其他函式。

```
function noisy(f) {
  return (...args) => {
    console.log("calling with", args);
    let result = f(...args);
    console.log("called with", args, ", returned", result);
    return result;
  };
}
noisy(Math.min)(3, 2, 1);
```

```
// → calling with [3, 2, 1]
// → called with [3, 2, 1] , returned 1
```

甚至可以寫函式來提供新型態的控制流。

```
function unless(test, then) {
  if (!test) then();
}

repeat(3, n => {
  unless(n % 2 == 1, () => {
    console.log(n, "is even");
  });
});
// → 0 is even
// → 2 is even
```

JavaScript 有一個內建的陣列方法 forEach，提供類似 for/of 迴圈的用法，就是一種高階函式。

```
["A", "B"].forEach(l => console.log(l));
// → A
// → B
```

字元集

資料處理是讓高階函式發光發熱的領域之一，為了討論這個主題，我們需要一些實際資料作為範例。本章會以字元集為例，也就是書寫系統，例如，拉丁文、西里爾文或阿拉伯文。

還記得我們在第 1 章提過的 Unicode 嗎？這套系統是為書寫語言的每個字母指定一個數字，世界上絕大部分的字母都有落在這套字元集的範圍內。這套標準包含了 140 種不同的字元集，其中 81 種至今仍在使用，有 59 種已經成為歷史。

雖然我只會流利地閱讀拉丁字母，而不會書寫，但我很佩服其他使用這至少 80 種書寫系統寫出文字的人，其中甚至有許多字母是我完全不認識的。例如，以下這個手寫範例中的 Tamil 文：

இன்னா செய்தாரை ஒறுத்தல் அவர்நாண
நன்னயம் செய்து விடல்.

在我們的字元集範例裡，部分資訊來自於 Unicode 定義的 140 種字元集。你可以在本章提供的封閉程式環境中找到 SCRIPTS 這個變數（*https://eloquentjavascript.net/code#5*），裡面包含一個物件陣列，每個物件都表示一種字元。

```
{
  name: "Coptic",
  ranges: [[994, 1008], [11392, 11508], [11513, 11520]],
  direction: "ltr",
  year: -200,
  living: false,
  link: "https://en.wikipedia.org/wiki/Coptic_alphabet"
}
```

這個物件會告訴我們字元的名稱、所屬 Unicode 的配置範圍、文字書寫的方向、（大致的）起源時間、文字是否仍在使用中以及一個提供更多資訊的連結；其中書寫方向是以「ltr」表示從左寫到右，「rtl」則表示從右寫到左（阿拉伯文和希伯來文就屬於這樣的書寫方式），或者是以「ttb」表示從上寫到下（就跟蒙古文一樣）。

range 屬性包含的陣列，表示字母所屬 Unicode 的範圍，每個陣列裡有兩個元素，分別表示範圍的上限與下限。範圍內的所有字元碼都是配置給這個字元集使用，包含下限在內的字母（字元碼 994 屬於 Coptic 字母），但不包含上限的字母（字元碼 1008 則不屬於 Coptic 字母）。

過濾陣列

以下函式可以幫助你找出，資料集中仍在使用的字元，過濾掉陣列中未通過測試的元素。

```
function filter(array, test) {
  let passed = [];
  for (let element of array) {
    if (test(element)) {
      passed.push(element);
    }
  }
```

```
    return passed;
}

console.log(filter(SCRIPTS, script => script.living));
// → [{name: "Adlam", ...}, ...]
```

這個函式使用函式值 test 作為參數，當作計算過程中的「過渡值」——這是決定要收集哪些元素的過程。

請注意，filter 函式的做法是將通過測試的元素加入新陣列，而非將元素從現有陣列中刪除，屬於純函式，所以不會修改指定給函式的陣列。

filter 和 forEach 一樣，都屬於標準陣列方法。範例中定義的函式只是為了顯示函式內部執行的操作，接下來會改以下列的方式使用函式：

```
console.log(SCRIPTS.filter(s => s.direction == "ttb"));
// → [{name: "Mongolian", ...}, ...]
```

陣列轉換──map 方法

假設我們用一個物件陣列來表示字元，這個陣列是以某種方式過濾 SCRIPTS 陣列產生，但是我們想要一個由名稱組成的陣列，以提高檢查的效率。

map 方法轉換陣列的做法是，將函式套用在陣列的所有元素上，並且根據回傳值來建立新的陣列；新陣列的長度會和輸入陣列相同，但其內容已經對應為函式的回傳值。

```
function map(array, transform) {
  let mapped = [];
  for (let element of array) {
    mapped.push(transform(element));
  }
  return mapped;
}

let rtlScripts = SCRIPTS.filter(s => s.direction == "rtl");
console.log(map(rtlScripts, s => s.name));
// → ["Adlam", "Arabic", "Imperial Aramaic", ...]
```

map 跟 forEach、filter 一樣，也是標準的陣列方法。

加總陣列值──reduce 方法

陣列還有另外一個常見的操作，就是根據陣列計算出單一值。之前在遞迴的範例中，計算過一組數字的總和，就是這方面的例子。另一個例子是找出擁有最多字母的字元。

這種模式裡具有代表性的高階函式為 *reduce*（有時也稱為 *fold*），這個函式會重複從陣列中取出單一元素，再與目前的值進行組合，產生出一個值。計算數字總和是從零開始，再將每個元素加進總和裡。

reduce 函式的參數除了陣列之外，還有一個組合函式和一個起始值。這個函式會比 filter 和 map 簡單一點，請仔細看看這個函式的內容：

```javascript
function reduce(array, combine, start) {
  let current = start;
  for (let element of array) {
    current = combine(current, element);
  }
  return current;
}

console.log(reduce([1, 2, 3, 4], (a, b) => a + b, 0));
// → 10
```

reduce 函式當然也屬於標準陣列方法，為我們帶來許多便利性。如果陣列裡至少會一個元素，可以省略 start 參數不寫，在這種情況下，陣列會將第一個元素作為起始值，從第二個元素開始減少。

```javascript
console.log([1, 2, 3, 4].reduce((a, b) => a + b));
// → 10
```

利用以下的程式寫法，可以使用（兩次）reduce 找到字母最多的字元集：

```javascript
function characterCount(script) {
  return script.ranges.reduce((count, [from, to]) => {
    return count + (to - from);
  }, 0);
}

console.log(SCRIPTS.reduce((a, b) => {
  return characterCount(a) < characterCount(b) ? b : a;
}));
// → {name: "Han", ...}
```

character Count 函式的做法是計算範圍大小的總和，再減掉配置給字元集的範圍，請注意，reducer 函式的參數列表中有用到解構。第二次呼叫 reduce，然後重複比較兩個字元集，回傳其中較大的集合，藉此找出最大的字元集。

在 Unicode 標準配置的字母數裡，漢字擁有超過 89,000 個字母，是迄今為止的資料集中最大的書寫系統。漢字字元用於中文、日文和韓文文字，這些語言共享其中大量的字母，儘管它們往往以不同的方式書寫這些文字。後來總部位於美國的 Unicode 聯盟為了節省字元碼，決定將這些字母都視為同一個書寫系統，這項稱為統一漢字（Han unification）的做法，仍舊引起部分人士的不滿。

組合性

現在請思考一下，如何在沒有高階函式的情況下寫出前面的範例程式（找出最大的字元集）。看看下面這個版本的程式碼，其實也沒那麼糟。

```
let biggest = null;
for (let script of SCRIPTS) {
  if (biggest == null ||
      characterCount(biggest) < characterCount(script)) {
    biggest = script;
  }
}
console.log(biggest);
// → {name: "Han", ...}
```

這個版本只是多了幾個變數，程式碼多了四行，整體程式仍然非常具有可讀性。

當你需要組合運算時，就是高階函式開始發揮作用的時刻。例如，現在讓我們寫個程式來找出資料集中，現存與廢棄不用的字元集兩者的平均起源年份。

```
function average(array) {
  return array.reduce((a, b) => a + b) / array.length;
}

console.log(Math.round(average(
  SCRIPTS.filter(s => s.living).map(s => s.year))));
// → 1188
console.log(Math.round(average(
  SCRIPTS.filter(s => !s.living).map(s => s.year))));
// → 188
```

平均而言，Unicode 中廢棄不用的字元集比現存的字元集年代更久遠，這份統計資料並不具有太大的意義也不太會令人感到驚訝。在上面的範例程式中，用於計算這項統計資料的程式碼其實不難，希望你會同意這點。你可以將這視為一個管線：從所有的字元集開始尋找，過濾出現有（或廢棄不用的）字元集，從中取出起源年份，然後求出平均值，對結果進行四捨五入。

你當然可以把這項計算寫成一個大的迴圈。

```
let total = 0, count = 0;
for (let script of SCRIPTS) {
  if (script.living) {
    total += script.year;
    count += 1;
  }
}
console.log(Math.round(total / count));
// → 1188
```

但會很難看懂迴圈正在計算什麼以及如何計算，而且因為迴圈計算過程中獲得的結果沒有關聯性，所以要投入更多額外的工作量，使用一個特別的函式才能取出像平均值這樣的資料。

從電腦真正運作的內容來看，這兩種方法也相當不同。第一個做法是運用 filter 和 map，建立新的陣列，而第二個方法只是計算一些數字，所以電腦做的工作更少。一般來說，電腦的效能通常可以負擔這種可讀性高的方法，但如果你正在處理巨大的陣列，而且要處理很多次，那麼為了提升額外的速度，值得你花點時間寫成稍具抽象風格的程式。

字串與字元編碼

資料集的用途之一是，找出一段文字使用的字元集，接著讓我們來看看下面這段程式碼的執行流程。

請記住，每個字元集都有一個陣列，存放其相關字母碼的範圍，只要指定一個字母碼，就能用以下這樣的函式，找出對應的字元集（如果有的話）：

```
function characterScript(code) {
  for (let script of SCRIPTS) {
    if (script.ranges.some(([from, to]) => {
      return code >= from && code < to;
    })) {
```

```
      return script;
    }
  }
  return null;
}

console.log(characterScript(121));
// → {name: "Latin", ...}
```

另外一個要介紹的高階函式為 some 方法，其接受一個測試函式作為參數，根據函式是否會回傳 true，來判斷陣列中是否具有任何一個元素。

但我們要如何獲得字串中的字母碼呢？

我在第 1 章提過，JavaScript 將字串編碼為 16 位元的數字，這些稱為**編碼單位**（code unit）。Unicode 字母碼最初應該是為了符合這樣的編碼單位大小（提供超過 65,000 個字母），後來 16 位元顯然不夠用時，許多人不願意為每個字母使用更多的記憶體。為了解決這些問題，才又發明了 JavaScript 字串使用的格式 UTF-16，使用一個 16 位元的編碼單位描述最常見的字母，其他字母則使用一對（兩個）編碼單位。

就現在的觀點來看，普遍認為 UTF-16 是一個很糟的想法，似乎可以說根本就是故意這樣設計以造成錯誤，要寫出一個程式來假裝編碼單位和字母一樣，這種事很簡單。如果你用的語言沒有用到雙字元的字母，運作上不會有什麼問題。可是只要有人試圖將這樣的程式用在一些不常見的中文字母上，程式就會中斷。幸運的是，隨著顏文字（emoji）的出現，大家都開始使用雙字元字母，處理這類問題的負擔相對也公平許多。

不幸的是，JavaScript 字串的操作顯然只能處理編碼單元，例如，從 length 屬性取得字串長度、利用中括號取得字串內容。

```
// 兩個顏文字：馬和鞋子
let horseShoe = "🐎👟";
console.log(horseShoe.length);
// → 4
console.log(horseShoe[0]);
// → （無效的半形字元）
console.log(horseShoe.charCodeAt(0));
// → 55357（半形字元的編碼）
console.log(horseShoe.codePointAt(0));
// → 128052（顏文字「馬」的實際編碼）
```

JavaScript 的 charCodeAt 方法是提供編碼單元，而非完整的字母碼，後來新增的 codePointAt 方法就真的能提供完整的 Unicode 字母，所以我們使用這個方法從字串中取得字母，但是傳給 codePointAt 方法的參數仍然是一個用於索引編碼單位序列的值，所以我們還是必須處理一個問題：字串裡的字母是單字元還是雙字元，確認之後才能取得字串中的所有字母。

我在第 78 頁「陣列迴圈」一節裡提過，for/of 迴圈技巧可以用於處理字串。這種型態的迴圈跟 codePointAt 方法一樣，導入的時機點也是因為人們清楚意識到 UTF-16 所造成的問題。利用迴圈技巧處理整個字串，得到是字串裡真正的字母而非編碼單位。

```
let roseDragon = "🌹🐉";
for (let char of roseDragon) {
console.log(char);
}
// → 🌹
// → 🐉
```

使用 codePointAt(0) 可以取得一個字母的編碼（一個字母在字串裡可能是單字元或雙字元）。

辨識文字

現在我們手上已經有一個 characterScript 函式，跟一個可以正確重複檢查字母的方法，下一步就是計算屬於每個字元集的字母。下面這個計算用的抽象函式就能發揮作用：

```
function countBy(items, groupName) {
  let counts = [];
  for (let item of items) {
    let name = groupName(item);
    let known = counts.findIndex(c => c.name == name);
    if (known == -1) {
      counts.push({name, count: 1});
    } else {
      counts[known].count++;
    }
  }
  return counts;
}
```

```
console.log(countBy([1, 2, 3, 4, 5], n => n > 2));
// → [{name: false, count: 2}, {name: true, count: 3}]
```

countBy 函式需要的參數有一個集合和一個函式，前者是我們要用 for/of 迴圈重複處理的任何內容，後者則是根據指定元素計算出元素所在的群組名稱。函式會回傳一個物件陣列，每個物件都代表一個群組名稱，而且能告訴你這個群組裡的元素數量。

範例程式中還使用了另一種陣列方法 —— findIndex，這個方法跟 indexOf 有點像，但不是用來找特定值，而是找第一個讓指定函式回傳 true 的值，和 indexOf 一樣，沒有找到符合條件的元素時，函式會回傳 -1。

利用 countBy 函式可以寫出下面的範例程式，幫助我們辨識一段文字中使用了哪些字元集。

```
function textScripts(text) {
  let scripts = countBy(text, char => {
    let script = characterScript(char.codePointAt(0));
    return script ? script.name : "none";
  }).filter(({name}) => name != "none");

  let total = scripts.reduce((n, {count}) => n + count, 0);
  if (total == 0) return "No scripts found";

  return scripts.map(({name, count}) => {
    return `${Math.round(count * 100 / total)}% ${name}`;
  }).join(", ");
}

console.log(textScripts(' 英国的狗说 "woof", 俄罗斯的狗说 "тяв"'));
// → 61% 中文字、22% 拉丁文字母、17% 西里爾字母
```

在上面的程式裡，函式先根據名稱計算字母的個數；使用 characterScript 為字母指定名稱，不屬於任何字元集的字母，則會回傳字串「none」。再呼叫 filter 函式，從產生的陣列中移除回傳「none」的字母，因為這些不是我們有興趣的字母。

為了計算百分比，我們還需要算出屬於某個字元集的字母總數，這個部分可以用 reduce 函式來計算。如果沒有找到這樣的字母，函式會回傳一個特定字串；否則就會用 map 將計算出來的數字轉換成具有可讀性的字串，然後使用 join 將這些字串組合在一起。

本章重點回顧

JavaScript 十分好用的一個特性是,能夠將函式值傳給其他函式,讓我們能寫出抽象一些函式,可以利用計算過程中的「過渡值」建立計算模式,呼叫這些函式的程式碼可以藉由提供函式值來填補「過渡值」。

陣列提供了許多好用的高階函式。`forEach` 是利用迴圈重複處理陣列中的元素;`filter` 方法會回傳一個新陣列,該陣列只包含通過判斷函式的元素;使用 `map` 可以透過函式轉換陣列裡的每一個元素;`reduce` 會將陣列中的所有元素合併為一個值;`some` 方法是測試陣列裡是否有任何元素符合指定函式的判斷條件;`findIndex` 則是找出第一個符合判斷條件的元素,回傳這個元素的位置。

練習題

陣列扁平化(Flattening)

結合 `reduce` 和 `concat` 這兩個方法,將陣列「扁平化」,也就是將一個多維陣列展開成一維陣列,新陣列裡有所有原始陣列的元素。

自訂 Loop 函式(Your Own Loop)

請寫一個高階函式 `loop`,提供類似 `for` 陳述式的某些效果。這個函式需要一個值、一個測試函式、一個更新函式和一個迴圈主體函式。每次迭代會先以目前這個迴圈指定的值來執行測試函式,如果回傳 `false`,就中斷本次迭代。接著呼叫迴圈主體函式,將目前的值指定給這個函式。最後,呼叫更新函式建立一個新的值,再從頭開始進行下一次迭代。

定義這個練習題中的函式時,可以使用標準迴圈語法來進行實際的迴圈。

實作 every 函式(Everything)

陣列裡也有一個類似 `some` 方法的函式——`every` 方法,以指定函式判斷陣列中的每個元素,如果每次的判斷結果都是 `true`,`every` 函式就會回傳 `true`。換個方式來說,`some` 就是以『`||`』運算子來運算陣列,`every` 則是用『`&&`』運算子。

請實作 `every` 函式,以一個陣列和一個判斷函式作為參數,並且寫兩個版本,一個使用迴圈,另一個使用 `some` 方法。

主要書寫方向（Dominant Writing Direction）

請寫一個函式來計算一串文字的主要書寫方向，記住每個字元集物件都具有
direction（方向）屬性，其屬性值有三種：「ltr」（從左寫到右）、「rtl」
（從右寫到左）或「ttb」（從上寫到下）。

主要書寫方向就是字元集中大多數字母呈現的方向，本章前面定義的
characterScript 和 countBy 函式或許可以在此處發揮作用。

「我們要撰寫一種特別的程式，才能實現抽象資料型態……根據其能執行的操作來定義型態。」

—美國計算機科學家 Barbara Liskov，

《*Programming with Abstract Data Types*》作者

6

物件的秘密

本書先前已經在第 4 章中介紹過 JavaScript 的物件，程式設計的文化裡還有一種稱為物件導向程式設計（**object-oriented programming**）的觀念，這是一套以物件（及其相關概念）作為程式主要架構原則的技術。

雖然物件導向程式設計目前沒有精確的定義，但其設計觀念深入影響許多程式語言的設計雛形，當然也包括 JavaScript 在內。本章接下來的內容將介紹這些想法在 JavaScript 中的應用。

封裝

物件導向程式設計的核心概念是將程式分成較小的部分，讓每個部分負責管理自身的狀態。依照這樣的方式，與各個部分程式有關的知識就會保留這個區域的程式裡，負責其餘部分程式的人不需要記住，甚至不必知道這個區域程式的知識。每當這些區域程式的細節發生變化，只有它周圍的程式碼才需要更新。

在這種架構的程式裡，不同部分的程式碼透過介面、有限的函式組或變數進行互動，站在更抽象的層次上提供有用的功能，同時隱藏了各個部分程式的實作細節。

利用物件模擬這些程式裡的各個部分。物件的介面由一組特定的方法和屬性組成，介面部分的屬性稱為**公有屬性**（public），其他外部程式碼無法接觸的部分稱為**私有屬性**（private）。

許多語言會提供區分公有屬性和私有屬性的方法，並且防止外部程式碼擁有讀取私有屬性的完全權限。我得再說一次，採用簡約設計方法的 JavaScript 並沒有支援這項功能——至少目前還沒有，JavaScript 正在努力將這個做法新增到自身語言裡。

雖然 JavaScript 還沒有內建這種區別方法，但程式設計師們還是成功地使用了這個想法，一般的做法是在文件或註解中說明可以使用的介面。另一個常見做法是在屬性名稱的開頭加上底線字元（ _ ），表示這些是私有屬性。

最好的做法是將介面與實作分開，一般稱為**封裝**（encapsulation）。

方法

方法只是用來儲存函式值的屬性，以下範例程式為一個簡單的方法：

```
let rabbit = {};
rabbit.speak = function(line) {
  console.log(`The rabbit says '${line}'`);
};

rabbit.speak("I'm alive.");
// → The rabbit says 'I'm alive.'
```

方法通常需要幫呼叫它的物件做一些事情。當一個函式被當作方法呼叫時，就會被看成是物件的屬性並且立即呼叫，如同 `object.method()`。在函式主體中，變數稱為 `this` 而且會自動指向呼叫它的物件。

```
function speak(line) {
  console.log(`The ${this.type} rabbit says '${line}'`);
}
let whiteRabbit = {type: "white", speak};
let hungryRabbit = {type: "hungry", speak};

whiteRabbit.speak("Oh my ears and whiskers, " +
                  "how late it's getting!");
// → The white rabbit says 'Oh my ears and whiskers, how
```

```
//   late it's getting!'
hungryRabbit.speak("I could use a carrot right now.");
// → The hungry rabbit says 'I could use a carrot right now.'
```

可以把 this 想成是額外的參數，但以不同方式傳遞。如果想要直接傳遞 this，可以使用函式的 call 方法，這個方法會將 this 值作為第一個參數，將其他參數視為普通參數。

```
speak.call(hungryRabbit, "Burp!");
// → The hungry rabbit says 'Burp!'
```

由於每個函式都有自己的 this 變數，其值取決於呼叫函式的方式，因此以關鍵字 function 定義的標準函式，你不能引用其作用範圍內的 this 變數。

箭頭函式則不同，這種函式不會綁定自己的 this 變數，但可以看到函式周遭範圍內的 this 變數。因此，你可以使用類似以下範例程式碼的做法，從區域函式內部引用 this 變數：

```
function normalize() {
  console.log(this.coords.map(n => n / this.length));
}
normalize.call({coords: [0, 2, 3], length: 5});
// → [0, 0.4, 0.6]
```

如果使用關鍵字 function 將參數寫入 map，程式碼就無法作用。

原型

仔細看這段程式碼：

```
let empty = {};
console.log(empty.toString);
// → function toString(){...}
console.log(empty.toString());
// → [object Object]
```

我從一個空物件中拉出一個屬性。

這太神奇了！好吧，當然不是真的，我只是隱瞞了和 JavaScript 物件運作方式有關的資訊。大多數物件除了擁有一組屬性外，還會有一個原型（prototype）；原型是另一個物件，目的是作為屬性的應變來源。當一個物件被請求提供自身沒有的屬性時，會先搜尋該屬性的原型，再來是搜尋原型的原型，依此類推。

那麼空物件的原型是什麼呢？就是所有原型們的偉大祖先，幾乎所有物件背後的實體──Object.prototype。

```
console.log(Object.getPrototypeOf({}) ==
           Object.prototype);
// → true
console.log(Object.getPrototypeOf(Object.prototype));
// → null
```

就跟你猜的一樣，Object.getPrototypeOf 會回傳物件的原型。

JavaScript 物件的原型關係會形成一個樹狀結構，Object.prototype 就是這個結構的根部，負責提供一些所有物件中都會出現的方法，例如，toString 是將物件轉換成字串來表示。

許多物件並沒有直接將 Object.prototype 作為原型，而是利用另外一個物件，提供一組不同的預設屬性。函式衍生自 Function.prototype，陣列則衍生自 Array.prototype。

```
console.log(Object.getPrototypeOf(Math.max) ==
           Function.prototype);
// → true
console.log(Object.getPrototypeOf([]) ==
           Array.prototype);
// → true
```

這種原型物件本身會具有一個原型，通常是 Object.prototype，因此仍然可以間接提供像 toString 這樣的方法。

使用 Object.create 則可以建立具有特定原型的物件。

```
let protoRabbit = {
  speak(line) {
    console.log(`The ${this.type} rabbit says '${line}'`);
  }
};
let killerRabbit = Object.create(protoRabbit);
```

```
killerRabbit.type = "killer",
killerRabbit.speak("SKREEEE!");
// → The killer rabbit says 'SKREEEE!'
```

定義一個方法時，可以使用像 speak(line) 這種簡化法來表達物件屬性。上面的程式碼建立了一個稱為 speak 的屬性，然後指定一個函式值給它。

我們把「原型」兔子當作一個容器，所有兔子都共享這個容器的屬性。個別的兔子物件，例如，殺手兔子不只會包含僅適用於自身的屬性（這裡是指兔子的類型），還會從原型兔子那裡衍生出共享屬性。

類別

針對物件導向裡的**類別**（class）概念，JavaScript 的原型系統可以說是它的某種非正式替代方案。類別負責定義物件的形狀，包含物件所具有的方法和屬性，這種物件就稱為類別的**實體**（instance）。

原型的作用之一是，它所定義的屬性可以讓一個類別衍生出來的所有實體共用同一個值，例如，方法。每個實體之間的屬性會有差異，例如，兔子的 type 屬性就要直接儲存在物件本身。

所以當你已知某個類別，如果要建立這個類別的實體，就必須先建立一個衍生自正確原型的物件，而且還必須確定物件本身具有此類別的實體應該具有的屬性，這就是**建構**函式（constructor）的功能。

```
function makeRabbit(type) {
  let rabbit = Object.create(protoRabbit);
  rabbit.type = type;
  return rabbit;
}
```

JavaScript 提供一種簡化的方法，幫助我們定義建構函式。如果將關鍵 new 放在你要呼叫的函式前，則該函式會被視為建構函式。這種寫法的意思是要自動建立具有正確原型的物件，函式綁定 this 並且在函式結束時回傳。

建立物件時使用的原型物件是透過建構函式的 prototype 屬性找到的。

```
function Rabbit(type) {
  this.type = type;
}
```

```
Rabbit.prototype.speak = function(line) {
  console.log(`The ${this.type} rabbit says '${line}'`);
};

let weirdRabbit = new Rabbit("weird");
```

建構函式會自動取得名稱為 prototype 的屬性，在預設情況下，該屬性包含一個衍生自 Object.prototype 的空物件。根據你的需要，可以用新物件覆蓋它，或者採用跟範例程式一樣的做法，將屬性新增到現有物件裡。

按照程式慣例，建構函式的名稱要大寫，以便於將它們與其他函式區分開來。

此外，還有一個重點是要區分這兩個方法之間的差異：一個是原型與建構函式的關聯（透過 prototype 屬性），另一個是物件**擁有**原型的方式（使用 Object.getPrototypeOf）。由於建構子屬於函式，所以其真正的原型是 Function.prototype，prototype 屬性是負責儲存原型，讓透過它建立的實體使用。

```
console.log(Object.getPrototypeOf(Rabbit) ==
            Function.prototype);
// → true
console.log(Object.getPrototypeOf(weirdRabbit) ==
            Rabbit.prototype);
// → true
```

類別表示法

JavaScript 的類別是具有原型屬性的建構函式，2015 年以前的運作方式就是如此，使用類別時必須以這樣的方式撰寫，近年來終於發展出不那麼麻煩的表示法。

```
class Rabbit {
  constructor(type) {
    this.type = type;
  }
  speak(line) {
    console.log(`The ${this.type} rabbit says '${line}'`);
  }
}

let killerRabbit = new Rabbit("killer");
let blackRabbit = new Rabbit("black");
```

用來宣告類別的這個程式區塊會以關鍵字 class 開頭，我們能在這個區塊內定義一個建構函式和一組方法，在宣告類別的這個大括號內可以寫的方法數量不限。在上面的程式碼中，我們要特別看一個名稱 constructor，其提供真正的建構函式，綁定到名稱 Rabbit，其他的函式則都被包裝到建構函式的原型中。前面的類別宣告相當於上一節裡定義的建構函式，只是表示方法看起來更好。

類別宣告目前只允許將**方法**（包含函式的屬性）新增到原型裡。如果想在類別裡儲存非函式值會有點不便，JavaScript 的下一個版本可能會改善這一點。現有的做法是定義類別後直接操作原型，就能建立此類別的屬性。

類別跟函式一樣，可以使用於陳述式和表達式中。作為表達式使用時，不能定義變數，只能產生建構函式作為函式值；此外，類別表達式中還可以省略類別名稱。

```
let object = new class { getWord() { return "hello"; } };
console.log(object.getWord());
// → hello
```

覆蓋原型屬性

當你將某個屬性加入物件時，不論這個屬性是否已經存在原型裡，都會加進物件**本身**。如果加進來的屬性和現有的屬性名稱相同，則不會對物件產生影響，因為已經隱藏在物件自身的屬性後。

```
Rabbit.prototype.teeth = "small";
console.log(killerRabbit.teeth);
// → small
killerRabbit.teeth = "long, sharp, and bloody";
console.log(killerRabbit.teeth);
// → long, sharp, and bloody
console.log(blackRabbit.teeth);
// → small
console.log(Rabbit.prototype.teeth);
// → small
```

我們以下圖來表示上面這個範例程式碼執行後的情況。killRabbit 背後支持的原型是 Rabbit 和 Object，物件本身找不到的屬性，可以在這兩者中查詢。

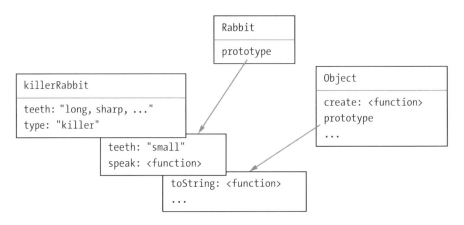

覆蓋已經存在原型中的屬性是一項好用的技巧。如同前面的兔子牙齒範例所示,使用覆蓋這項技巧,既可以在通用物件的類別實體裡表達例外屬性,又可以讓非例外物件從通用物件的屬性中取得標準值。

覆蓋還能提供與基本物件原型不同的 **toString** 方法,可以用於標準函式和陣列原型上。

```
console.log(Array.prototype.toString ==
          Object.prototype.toString);
// → false
console.log([1, 2].toString());
// → 1,2
```

陣列呼叫 **toString** 會產生類似呼叫 **.join(",")** 的結果——陣列之間的值要以逗號隔開。以陣列直接呼叫 **Object.prototype.toString** 會產生不同的字串。由於這個函式不認識陣列,所以只會在中括號裡放入單字 *object* 和資料型態的名稱。

```
console.log(Object.prototype.toString.call([1, 2]));
// → [object Array]
```

Map 物件

我們在第 99 頁「陣列轉換——map 方法」一節裡看過 *map* 這個單字,當時是將函式應用於資料結構的元素上,轉換資料結構的操作。在程式設計中有一點令人十分困擾,就是同一個單字也會用在相關但完全不同的東西上。

這裡的 *map* 是一種資料結構，用於建立 key 值與其他資料值之間的關聯性，例如，你希望姓名能對應到年齡時，就可以使用這個物件。

```
let ages = {
  Boris: 39,
  Liang: 22,
  Júlia: 62
};

console.log(`Júlia is ${ages["Júlia"]}`);
// → Júlia is 62
console.log("Is Jack's age known?", "Jack" in ages);
// → Is Jack's age known? false
console.log("Is toString's age known?", "toString" in ages);
// → Is toString's age known? true
```

在上面這個範例程式中，物件的屬性名稱是人的名字，屬性值是這些人的年齡。在範例中的 map 資料裡，當然沒有任何一個人名字叫 toString，然而，我們建立的原始物件（plain object）是從 Object.prototype 衍生出來，看起來這個屬性是原本就在那裏。

因此，使用原始物件建立 map 很危險，不過，有幾種方法或許可以避免這個問題。首先是可以建立**沒有**原型的物件，在物件初始化時，將 null 傳給 Object.create，就不會從 Object.prototype 衍生物件，可以安全地使用 map。

```
console.log("toString" in Object.create(null));
// → false
```

物件屬性名稱必須是字串。如果你要建立的 map，其 key 值不太容易轉換成字串（例如，物件），則不能使用物件作為 map。

幸運的是，JavaScript 附有一個名為 Map 的類別，正是為此目的而生。這個類別負責儲存 map 資料結構，而且容許任何型態的 key 值。

```
let ages = new Map();
ages.set("Boris", 39);
ages.set("Liang", 22);
ages.set("Júlia", 62);

console.log(`Júlia is ${ages.get("Júlia")}`);
// → Júlia is 62
```

```
console.log("Is Jack's age known?", ages.has("Jack"));
// → Is Jack's age known? false
console.log(ages.has("toString"));
// → false
```

set、get 和 has 方法是 Map 物件介面的一部分。要寫出一個可以快速更新和
搜尋大量資料值的資料結構並不容易,但不必擔心,有人已經幫我們做好了,
我們只要透過這個簡單的介面,就可以享受他們的工作成果。

如果基於某個原因,你需要將原始物件當作 map 使用,了解這一點會很有幫
助:Object.keys 只會回傳物件自己的 key 值,而非原型裡的 key 值。如果不
使用『 in 』運算子,替代方案是利用 hasOwnProperty 方法,這個方法會忽略
物件的原型。

```
console.log({x: 1}.hasOwnProperty("x"));
// → true
console.log({x: 1}.hasOwnProperty("toString"));
// → false
```

多型

當你呼叫物件的 String 函式時(將某個值轉換成字串),會呼叫該物件的
toString 方法,設法從中建立一個有意義的字串。我曾經提過有些標準原型
會定義自己的 toString 版本,因此相較於 [object Object],這些原型建立
的字串能包含更多有用的資訊。你當然也可以自己寫。

```
Rabbit.prototype.toString = function() {
  return `a ${this.type} rabbit`;
};

console.log(String(blackRabbit));
// → a black rabbit
```

上面這個範例程式碼很簡單,但想法很強大。當你寫一段程式碼來處理具有某
個介面的物件時(此處用到的介面是 toString),剛好有支援這個介面的所有
物件都可以插入程式碼裡,而且都能正常運作。

這種技術就稱為多型(polymorphism),多型程式碼可以處理不同形狀的值,
只要是它們預期的介面都可以支援。

我在本書第 78 頁「陣列迴圈」一節裡曾經提過，「for/of」迴圈可以循環檢查多種資料結構，這是多形的另一種應用情況。這種迴圈預期資料結構會公開一個特定的介面，陣列和字串就是採取這種做法。你也可以將這個介面新增到自己的物件中！不過，在這之前，你需要先知道何謂 symbol。

資料型態 Symbol

我們可以針對不同的目的，讓多個介面使用相同的屬性名稱，假設我想定義一個介面，這個介面的 toString 應該要將物件轉換成一塊 yarn 元件，但物件不可能同時符合該介面和 toString 的標準用法。

這個想法很糟，而且很少會有這種問題存在，多數 JavaScript 程式設計師根本不考慮這種情況，但程式設計師的工作就是思考這些情況，不管怎樣都要想辦法提供解決方案。

在前一節裡，我宣稱屬性的名稱一定是字串，這種說法其實不完全正確，應該說通常會是字串，但也可以是 *symbol*。symbol 是使用 Symbol 函式建立的值，跟字串的不同之處在於，新建立的 symbol 具有唯一性，也就是說同一個 symbol 不能建立兩次。

```
let sym = Symbol("name");
console.log(sym == Symbol("name"));
// → false
Rabbit.prototype[sym] = 55;
console.log(blackRabbit[sym]);
// → 55
```

把 Symbol 函式的資料轉換成字串時，之前傳給 Symbol 的字串也會包含在內。在下面的範例程式中，以 console 函式顯示 Symbol 函式的內容，更容易辨識 symbol 型態。

但除此之外沒有任何意義，因為可能會有多個 symbol 具有相同的名稱。symbol 具有唯一性又可以作為屬性名稱，適合用於定義可以跟其他屬性和平共存的介面，而且不會受到其屬性名稱的影響。

```
const toStringSymbol = Symbol("toString");
Array.prototype[toStringSymbol] = function() {
  return `${this.length} cm of blue yarn`;
};

console.log([1, 2].toString());
```

```
// → 1,2
console.log([1, 2][toStringSymbol]());
// → 2 cm of blue yarn
```

要在物件表達式和類別中納入 symbol 屬性，其寫法是利用中括號將屬性名稱
括起來。程式會判斷屬性名稱，就像使用中括號讀取屬性的表示方法一樣，容
許我們引用一個具有 symbol 的變數。

```
let stringObject = {
  [toStringSymbol]() { return "a jute rope"; }
};
console.log(stringObject[toStringSymbol]());
// → a jute rope
```

迭代器介面

提供給 for/of 迴圈的物件應該要有可迭代性，意思是這些 Symbol 物件要具
有以 Symbol.iterator 命名的方法（此方法為程式語言所定義的 Symbol 值，
儲存為 Symbol 函式的屬性之一）。

呼叫這個方法時應回傳一個物件，用以提供第二個介面，也就是迭代器，這就
是迭代實際上做的事。迭代器附有一個 next 方法，會回傳下一個結果，該結
果應該是一個物件，具有 value 屬性（如果下一個值存在就會提供）和 done
屬性（當沒有更多結果時為 true，否則為 false）。

請注意 next、value 和 done 屬性名稱是純字串，並非 symbol 型態。只有
Symbol.iterator 才是真的 symbol 型態，所以它能被新增到非常多不同的物
件裡。

我們可以直接使用這個介面。

```
let okIterator = "OK"[Symbol.iterator]();
console.log(okIterator.next());
// → {value: "O", done: false}
console.log(okIterator.next());
// → {value: "K", done: false}
console.log(okIterator.next());
// → {value: undefined, done: true}
```

接下來，我們要實作一個可迭代的資料結構。建立一個 Matrix 類別（矩陣類
別），作為二維陣列。

```
class Matrix {
  constructor(width, height, element = (x, y) => undefined) {
    this.width = width;
    this.height = height;
    this.content = [];

    for (let y = 0; y < height; y++) {
      for (let x = 0; x < width; x++) {
        this.content[y * width + x] = element(x, y);
      }
    }
  }

  get(x, y) {
    return this.content[y * this.width + x];
  }
  set(x, y, value) {
    this.content[y * this.width + x] = value;
  }
}
```

這個類別是將元素內容儲存在一個 *widt* × *height*（寬度 × 高度）的陣列裡，採逐行方式儲存陣列裡的元素，例如，第五行裡的第三個元素會儲存在（$4 \times width + 2$）的位置（以零作為索引初始值）。

建構函式以寬度、高度和一個選擇性內容的函式作為初始值，以 get 和 set 方法來取出和更新矩陣中的元素。

循環檢查矩陣時，通常是對元素的位置以及元素本身有興趣，因此我們讓迭代器產生具有 x、y 和 value 屬性的物件。

```
class MatrixIterator {
  constructor(matrix) {
    this.x = 0;
    this.y = 0;
    this.matrix = matrix;
  }

  next() {
    if (this.y == this.matrix.height) return {done: true};

    let value = {x: this.x,
                 y: this.y,
                 value: this.matrix.get(this.x, this.y)};
    this.x++;
    if (this.x == this.matrix.width) {
```

```
      this.x = 0;
      this.y++;
    }
    return {value, done: false};
  }
}
```

這個類別會追蹤矩陣裡的 x 和 y 屬性的迭代進度。首先，next 方法會檢查是否已到達矩陣的底部，如果還沒，就先建立物件來儲存目前的值，然後更新元素的位置，如有必要就移動到下一行。

接著將 Matrix 類別設為可迭代。本書為類別新增方法時，有時會採用事後才處理原型的做法，目的是讓各個部分的程式碼保持小而獨立。在正規程式的做法中不需要將程式碼拆成小塊，而是直接在類別中宣告這些方法。

```
Matrix.prototype[Symbol.iterator] = function() {
  return new MatrixIterator(this);
};
```

現在可以使用 for/of 迴圈來循環檢查矩陣。

```
let matrix = new Matrix(2, 2, (x, y) => `value ${x},${y}`);
for (let {x, y, value} of matrix) {
  console.log(x, y, value);
}
// → 0 0 value 0,0
// → 1 0 value 1,0
// → 0 1 value 0,1
// → 1 1 value 1,1
```

getter、setter 和靜態方法

介面的主要組成大多為方法，但也可以包含非函式值的屬性，例如，Map 物件具有的 size 屬性，會告訴你這個物件裡儲存了多少個 key 值。

這樣的物件甚至不需要直接在實體中計算和儲存這類的屬性，即使是直接讀取的屬性也可能隱藏呼叫方法。這類方法就稱為 *getter*，其定義方式是在物件表達式或類別宣告中的方法名稱前寫上 get。

```
let varyingSize = {
  get size() {
```

```
    return Math.floor(Math.random() * 100);
  }
};

console.log(varyingSize.size);
// → 73
console.log(varyingSize.size);
// → 49
```

每當有人讀取這個物件的 size 屬性，就會呼叫和這個屬性有關聯的方法。使用 *setter* 寫入屬性時，可以執行類似的操作。

```
class Temperature {
  constructor(celsius) {
    this.celsius = celsius;
  }
  get fahrenheit() {
    return this.celsius * 1.8 + 32;
  }
  set fahrenheit(value) {
    this.celsius = (value - 32) / 1.8;
  }

  static fromFahrenheit(value) {
    return new Temperature((value - 32) / 1.8);
  }
}

let temp = new Temperature(22);
console.log(temp.fahrenheit);
// → 71.6
temp.fahrenheit = 86;
console.log(temp.celsius);
// → 30
```

在上面的範例程式中，Temperature 類別以攝氏或華氏讀取和寫入溫度，但類別內部只儲存攝氏，利用 getter 和 setter 自動將**華氏轉攝氏 / 攝氏轉華氏**。

有時你會想將某些屬性直接附加到建構函式，而非附加到原型，這種類別方法無法讀取類別實體，但可作為建立實體時的其他方式。

在類別宣告中，名稱之前寫上 static 的方法會儲存在建構函式中，因此，Temperature 類別裡可以放 Temperature.fromFahrenheit(100) 這個靜態方法，以華氏建立溫度。

繼承

已知某些矩陣具有**對稱性**。如果以矩陣左上角到右下角的對角線為中心鏡像，產生的對稱矩陣會和原來一樣，換句話說，儲存在位置（x,y）的值與位置（y,x）的值永遠相同。

請想像一下，現在我們需要一個像 Matrix 類別這樣的資料結構，但是要強制矩陣保持對稱。我們可以從頭開始寫一個新的矩陣，但其實跟我們已經寫過的一些程式碼非常類似。

JavaScript 的原型系統讓我們在建立新類別時，得以保有舊類別大部分的內容，又能定義某些新的屬性。在下面的範例中，新類別的原型源自於舊原型，但增加了新定義的 set 方法。

這樣的技巧在物件導向程式設計稱為繼承（inheritance），新類別繼承了舊類別的屬性和行為。

```
class SymmetricMatrix extends Matrix {
  constructor(size, element = (x, y) => undefined) {
    super(size, size, (x, y) => {
      if (x < y) return element(y, x);
      else return element(x, y);
    });
  }

  set(x, y, value) {
    super.set(x, y, value);
    if (x != y) {
      super.set(y, x, value);
    }
  }
}

let matrix = new SymmetricMatrix(5, (x, y) => `${x},${y}`);
console.log(matrix.get(2, 3));
// → 3,2
```

在上面的程式碼中，類別宣告裡使用 extends（擴展）這個單字，表示這個類別不應該直接以預設的 Object 原型為基礎，而是以某些其他類別為基礎，稱為父類別（superclass），衍生類別則稱為子類別（subclass）。

SymmetricMatrix 類別實體初始化時，建構函式透過關鍵字 super 呼叫其父類別的建構函式。如果希望新物件的行為跟 Matrix 一樣，就需要矩陣具有的實體屬性，這是必要步驟。為了確保矩陣一定是對稱的，這裡的建構函式還包進了 element 方法，用以交換對角線以下的座標值。

set 方法再次用到關鍵字 super，不過，這次不是呼叫建構函式，而是從父類別所屬的方法之中呼叫某個特定方法。我們雖然重新定義 set 方法，但其實想使用其原始的行為，因為 this.set 指的是新的 set 方法，所以呼叫它沒有用。在類別方法中，super 提供了一種方法，讓我們可以呼叫父類別中定義的方法。

繼承容許我們根據現有資料型態建構出略有不同的資料型態，而且只要花相當少的工作量。繼承和封裝、多形並列為物件導向傳統基礎的一部分，雖然現在普遍認為後兩者是很棒的觀念，繼承則引起很大的爭議。

封裝和多形是用於將程式碼彼此分開成獨立的片段，降低程式整體的複雜性，然而繼承的基本觀念是將各個類別關聯在一起，創造出更多的複雜性。相較於單純使用類別，繼承類別時通常需要更深入了解它的工作原理。如果發揮得當，繼承會是很有用的工具，我自己不時也會在程式中使用這項技巧，但它不應該是你使用工具時的首選，積極尋找機會來建構類別階層（類別的族譜）並不是很適當的做法。

instanceof 運算子

有時候你會需要知道一個物件是否衍生自某個特定類別，為了這個目的，JavaScript 提供了一個二元運算子——instanceof。

```
console.log(
  new SymmetricMatrix(2) instanceof SymmetricMatrix);
// → true
console.log(new SymmetricMatrix(2) instanceof Matrix);
// → true
console.log(new Matrix(2, 2) instanceof SymmetricMatrix);
// → false
console.log([1] instanceof Array);
// → true
```

這個運算子能看出物件繼承的類別型態，因此可以得知 SymmetricMatrix 是 Matrix 類別的實體。這個運算子還可以應用在標準建構函式上，例如，Array。幾乎所有物件都是 Object 的實體。

本章重點回顧

物件不僅擁有自己的屬性，還有原型，也就是其他物件。只要物件的原型具有該屬性，物件就會表現得好像自己也有這個屬性，即使它們本身不具有這個屬性。單純的物件是以 `Object.prototype` 作為原型。

建構函式的名稱通常以大寫字母開頭，搭配使用『new』運算子就可以建立新物件。新物件的原型是存在建構函式 `prototype` 屬性中的物件。想要充分利用這個特性，其做法是將某一個指定型態的值共享的屬性放進原型裡。類別表示法提供了一種清楚的方法，幫助我們定義建構函式及其原型。

定義 getter 和 setter 方法，每次讀取物件屬性時可以悄悄地呼叫方法；靜態方法則是儲存在類別的建構函式中，而非原型。

在已知物件和建構函式的情況下，使用 `instanceof` 運算子可以得知該物件是否為這個建構函式的實體。

使用物件時，一項有用的技巧是為物件指定介面，向所有使用者宣告，只能透過這個介面和物件溝通。構成物件的其餘細節會被**封裝**、隱藏在介面背後。

多種型態可以實作同一個介面。負責介面使用部分的程式碼，本身會自動使用各個提供介面的不同物件，而且數量不限，稱為**多形**。

實作多個只有在某些細節上有所不同的類別時，一個有用的技巧是將新類別寫為現有類別的**子類別**，並且**繼承**其部分行為。

練習題

Vector 型態（A Vector Type）

請撰寫一個名為 `Vec` 的類別，表示二維空間中的向量。這個類別需要兩個參數（也就是數字）：`x` 和 `y`，儲存在同一個名稱的屬性之下。

請為 `Vec` 原型提供兩種方法：`plus`（加法）和 `minus`（減法），這兩個方法是以另外的向量作為參數，回傳一個新的向量。新向量是兩個向量（`this` 和參數）各自具有的 x、y 值的和或差。

在原型中新增 getter 方法的 `length` 屬性，負責計算向量長度，也就是原點 $(0, 0)$ 到點 (x, y) 的距離。

群組（Groups）

標準 JavaScript 環境提供了另一種稱為 Set 的資料結構。Set 跟 Map 一樣，是具有一群值的集合，與 Map 的差異之處在於，Set 結構裡的值彼此之間沒有關聯性，只會追蹤哪些值屬於集合的一部分。一個值只能在 set 裡佔一個位置，重複新增不會產生任何效果。

請寫一個名為 Group 的類別（因為 Set 這個名稱已經存在），讓這個類別和 Set 一樣，具有 add、delete 和 has 三個方法。建構函式建立負責建立一個空的 group（群組），add 方法負責將一個值新增到 group 裡，delete 方法負責從 group 中刪除傳入的引數（如果存在 group 之中），has 方法負責回傳一個布林值，表示引數是否為 group 的成員之一。

利用『 === 』運算子或其他具有相同效果的方法（例如，indexOf），判斷兩個值是否相同。

為類別提供一個靜態方法——from，該方法將一個可迭代物件作為引數，然後建立一個群組，包含所有在物件迭代過程中產生的值。

迭代群組（Iterable Groups）

請撰寫程式讓前一個練習題中的 Group 類別具有可迭代性。如果你還不是十分熟悉介面的形式，請參閱本章前面有關迭代器介面的部分。

如果你是採用陣列來表示群組的成員，而且呼叫陣列的 Symbol.iterator 方法建立迭代器的情況，請不要只回傳這個迭代器。這種作法雖然可行，但和本練習題的目的牴觸。

如果在迭代過程中修改群組時，發現迭代器表現異常，這很正常。

借用其他物件的方法（Borrowing a Method）

我在本章前面的內容提過，當你想忽略原型的屬性時，可以用物件的 hasOwnProperty 來取代『 in 』運算子，會是更健全的做法。然而，如果你建立的 map 結構需要用到「hasOwnProperty」這個字，會發生什麼情況？那麼，你就不能再呼叫這個方法，因為已經隱藏在物件自己的屬性方法值裡。

請問，你能想出一種方法，既可以在物件上呼叫 hasOwnProperty，又能讓它在使用這個名稱的情況下，具有自己的屬性嗎？

「機器本身是否能自由思考……這個問題就跟潛水艇能否自己游泳一樣。」

—荷蘭電腦科學家 Edsger Dijkstra，
《*The Threats to Computing Science*》作者

實作專案：宅配機器人

在各個「實作專案」的章節裡，我們不介紹會讓你崩潰的
新理論，先稍微喘口氣，一起應用之前學過的理論來實作
一個專案。學習程式設計一定會需要理論，但實際閱讀和
理解程式同樣重要。

本章的實作專案是開發一個小程式，目的是在虛擬世界中自動執行任務。我們
撰寫的程式會是一個能自動收發包裹的宅配機器人。

綠野村

綠野村是一個小村莊，整個村莊有 11 個地點和 14 條路。我們以下面這個陣列
來表示綠野村的道路：

```
const roads = [
  "Alice's House-Bob's House",    "Alice's House-Cabin",
  "Alice's House-Post Office",    "Bob's House-Town Hall",
  "Daria's House-Ernie's House",  "Daria's House-Town Hall",
  "Ernie's House-Grete's House",  "Grete's House-Farm",
  "Grete's House-Shop",           "Marketplace-Farm",
  "Marketplace-Post Office",      "Marketplace-Shop",
  "Marketplace-Town Hall",        "Shop-Town Hall"
];
```

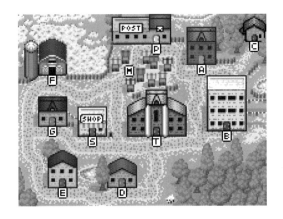

整個村莊的路網圖如上所示,顯示各個地點及其之間的聯絡道路。本專案裡的宅配機器人將在這個地圖世界中穿梭。

陣列裡表示道路名稱的字串不好運用,因為我們有興趣的是,機器人如何從指定地點到達送貨的目的地,所以我們要先將道路清單轉換成資料結構,告訴我們從哪條路可以到達哪些地方。

```
function buildGraph(edges) {
  let graph = Object.create(null);
  function addEdge(from, to) {
    if (graph[from] == null) {
      graph[from] = [to];
    } else {
      graph[from].push(to);
    }
  }
  for (let [from, to] of edges.map(r => r.split("-"))) {
    addEdge(from, to);
    addEdge(to, from);
  }
  return graph;
}

const roadGraph = buildGraph(roads);
```

指定一個 edges 陣列,buildGraph 函式會建立一個地圖物件,針對每一個節點,將與其有連結的節點儲存為一個陣列。

原本陣列中的字串是表示成道路的「起點 - 終點」,現在我們要利用 split 方法,將這個陣列轉換成一個二維陣列,讓它包含起點和終點的單獨字串。

宅配任務

我們的機器人會在村莊周圍移動，各個地點都有包裹，每個地點的包裹都要宅配到某個地方，還會到各個地點去收包裹，將它們配送到目的地。

機器人必須在每一個點自動決定下一步要去哪裡，配送完所有包裹後，就算是完成任務。

為了模擬這個過程，我們必須定義一個可以描述這個情況的虛擬世界。這個模型要能告訴我們機器人和包裹目前所在的位置。當機器人決定移動到某個地點時，就需要更新模型，反映新的情況。

如果你正想從物件導向程式設計下手，第一個衝動可能是開始為這個虛擬世界的各種元素定義物件：一個類別用於機器人、一個用於包裹或許再定義一個給地點用。然後再為這些類別設定屬性，儲存它們當前的狀態，例如，某個地點的一堆包裹，在更新世界狀態時更改這些屬性。

但這樣的想法有誤。

至少，許多人經常會產生這樣的誤解。某些東西感覺上像是物件，但不表示可以自動帶入為程式中的物件。反射性的為應用程式中的每個概念撰寫類別，往往會留下一組相互關聯的物件，每個物件內部各自有不斷變化的狀態。這一類的程式通常最後都難以理解，因此很容易發生程式中斷的問題。

相反地，我們要定義最小的集合值，將村莊的狀態濃縮在這個集合裡。這個集合裡有機器人當前的位置和所有尚未配送的包裹，每個包裹底下有目前所在位置和配送目的地的地址。大致的想法就是如此。

機器人移動時不改變這個狀態，反而是等機器人移動候再計算出新的狀態。

```
class VillageState {
  constructor(place, parcels) {
    this.place = place;
    this.parcels = parcels;
  }

  move(destination) {
    if (!roadGraph[this.place].includes(destination)) {
      return this;
    } else {
      let parcels = this.parcels.map(p => {
        if (p.place != this.place) return p;
        return {place: destination, address: p.address};
```

```
    }).filter(p => p.place != p.address);
    return new VillageState(destination, parcels);
  }
 }
}
```

move 方法就是機器人發生動作的地方。首先檢查是否有路可以從目前的位置
移動到目的地，如果沒有，表示這個移動無效，所以回傳舊的狀態。

接著，建立一個新的狀態，目的地是機器人的新位置，但還需要建立一組新的
包裹，這些是需要機器人從目前所在地配送到新地點的包裹。包裹需要被送往
新地點的地址，也就是說，尚未運送的包裹集合裡會移除這些包裹。呼叫負責
處理移動的 map，以及呼叫負責處理配送的 filter。

包裹物件在移動狀態下，不能改變但可以重新建立。move 方法會更新村莊狀
態，同時也會完整地保留舊的狀態。

```
let first = new VillageState(
  "Post Office",
  [{place: "Post Office", address: "Alice's House"}]
);
let next = first.move("Alice's House");

console.log(next.place);
// → Alice's House
console.log(next.parcels);
// → []
console.log(first.place);
// → Post Office
```

移動會引發包裹配送的動作，反映在下一個狀態中，但是初始狀態所描述的情
況仍舊是機器人在郵局以及包裹未送達。

持久化資料

我們稱不會改變的資料結構為不可變異（immutable）或持久化（persistent）
的資料。這類資料結構的行為跟字串和數字很像，因為它們會一直保持在某種
狀態下，不會在不同的時間包含不同的內容。

JavaScript 中所有資料幾乎都可以更改，所以處理持久化資料時，理論上應該要有所限制。Object.freeze 函式是確保物件更改時，忽略寫入物件的屬性。如果你很小心，可以使用這個函式來確保你的物件不會被更改。凍結物件確實需要電腦做一些額外的工作，而且忽略更新物件，很有可能造成物件發生錯誤，引起某個人的困擾，所以我通常更喜歡這樣的說法：一個指定的物件不應該被弄亂，而且希望大家能記住這樣的概念。

```
let object = Object.freeze({value: 5});
object.value = 10;
console.log(object.value);
// → 5
```

當程式語言明顯希望我改變物件時，為什麼我要堅持己見不改呢？

因為這樣能幫助我理解自己的程式，這又是關於複雜度管理的議題。當系統中的物件屬於固定、穩定的內容時，就可以單獨考慮它們的操作，例如，從已知的初始狀態移動到 Alice 的房子，一定會產生一樣的新狀態。這種類型的推論方式下，當物件隨時間產生變化時，複雜度會提升到新的層面。

像我們在本章中建構的小型系統，由於額外的複雜度不高，還在我們能處理的範圍內。但是，我們能建構出什麼樣的系統，重點在於我們對系統的理解程度有多高。只要是能讓程式碼更容易理解的因素，都有可能幫助我們建立出更具規模的系統。

不幸的是，雖然以持久化資料結構建立的系統更容易理解和設計，但在某些情況下可能會有點困難，尤其是你使用的程式語言沒有支援這方面的特性時。本書會找一些機會使用持久化資料結構，但同時也會使用可變異的資料。

模擬機器人的行為

宅配機器人看著這個虛擬世界，並且決定它的移動方向。我們可以說機器人是一個函式，以 VillageState 物件為參數，回傳附近地點的名稱。

我們希望機器人能記住一些資料，這樣它們才有能力制定和執行計畫，因此，我們也要將機器人的記憶傳送給它們，以及讓它們回傳新的記憶。機器人回傳的記憶是一個物件，包含它想移動的方向和一個記憶值，這是下次機器人呼叫時會回傳給它的資料。

```
function runRobot(state, robot, memory) {
  for (let turn = 0;; turn++) {
    if (state.parcels.length == 0) {
      console.log(`Done in ${turn} turns`);
      break;
    }
    let action = robot(state, memory);
    state = state.move(action.direction);
    memory = action.memory;
    console.log(`Moved to ${action.direction}`);
  }
}
```

請思考機器人必須做什麼才能「解決」指定的狀態。機器人必須拜訪每一處有包裹的地點，到那裏收取所有的包裹，而且只能在收完包裹之後，再前往包裹要配送的每個地點交付包裹。

最笨但最可行的策略是什麼？就是讓機器人每次轉彎都可以隨機亂走。這表示有很大的機率，機器人最後會收取到所有的包裹，而且也會在某個時間點，抵達包裹要配送的地點。

可能的程式寫法如下所示：

```
function randomPick(array) {
  let choice = Math.floor(Math.random() * array.length);
  return array[choice];
}

function randomRobot(state) {
  return {direction: randomPick(roadGraph[state.place])};
}
```

請記住 Math.random 函式回傳的數字是介於 0 和 1 之間，但一定會小於 1。把這個函式得到的數字乘以陣列長度，再應用 Math.floor 函式，可以獲得一個隨機的陣列索引值。

由於這個機器人不需要記住任何資料，所以忽略第二個參數（請記住，JavaScript 能以額外的參數呼叫函式，而且不會產生不好的效果），不會回傳物件中的 memory 屬性。

為了讓這個複雜的機器運作，首先需要建立一個新狀態，包含某些包裹資料。靜態方法適合實作這個功能（此處範例中是直接將屬性新增到建構函式）。

```
VillageState.random = function(parcelCount = 5) {
  let parcels = [];
  for (let i = 0; i < parcelCount; i++) {
    let address = randomPick(Object.keys(roadGraph));
    let place;
    do {
      place = randomPick(Object.keys(roadGraph));
    } while (place == address);
    parcels.push({place, address});
  }
  return new VillageState("Post Office", parcels);
};
```

我們不希望有任何一個包裹出現寄出地和配送地相同的情況。基於這個理由，do 迴圈遇到和配送地址相同的地點時，會重新挑選新地點。

讓我們啟動一個虛擬世界。

```
runRobot(VillageState.random(), randomRobot);
// → Moved to Marketplace
// → Moved to Town Hall
// → ...
// → Done in 63 turns
```

由於這個做法並沒有事先做好適當的規劃，因此，機器人要繞來繞去才能將包裹配送到目的地。我們接下來就會解決這個問題。

郵務車路線

我們應該能夠找出比隨機機器人更好的方法，所以，我們從現實世界的郵件遞送工作中得到線索，找出一個簡單的改善方法。如果我們能找出一條路線，可以經過村莊裡的所有地點，機器人只要在這條路線上來回兩次，保證一定能完成任務。

這條路線如以下所示（從郵局出發）：

```
const mailRoute = [
  "Alice's House", "Cabin", "Alice's House", "Bob's House",
  "Town Hall", "Daria's House", "Ernie's House",
  "Grete's House", "Shop", "Grete's House", "Farm",
  "Marketplace", "Post Office"
];
```

為了讓機器人遵循這條路線，實作上需要利用機器人的記憶。機器人將剩餘路線保留在它的記憶中，每次轉彎就刪除陣列中的第一個元素。

```
function routeRobot(state, memory) {
  if (memory.length == 0) {
    memory = mailRoute;
  }
  return {direction: memory[0], memory: memory.slice(1)};
}
```

這個改良過的機器人，其配送速度已經比之前快很多。最多需要 26 趟（路線中 13 個點的兩倍），但通常更少。

路徑搜尋

儘管如此，我不認為盲目地遵循一條固定路線，真的能稱得上是一種有智慧的行為。如果機器人能根據實際上需要完成的工作，調整它的行為，才能提高它的工作效率。

要達成這個目標，機器人必須有意識地前往要收取指定包裹的地點，或是包裹必須配送到的地點。即使目標只有一步之遙，要採取這樣的做法也需要某種程度的路徑搜尋函式。

透過路網圖尋找路徑就是典型的**搜尋問題**。我們可以判斷指定的解決方案是否是有效，但無法像數學式 2 + 2 那樣直接計算出解決方案。反而必須不斷地創造出可能的解決方案，直到找出可行的解決方案為止。

路網圖中有無限條可能的路線存在，然而，當我們搜尋從 A 點到 B 點的路線時，只會對從 A 點出發的路線有興趣。拜訪同一個地點兩次的路線，我們也沒有興趣，因為那些絕對不是最有效率的路線。如此一來，就會減少路線搜尋器必須考慮的路線數量。

事實上，我們最有興趣的是**最短路徑**。因此，我們希望路線搜尋器一定會先找最短路徑，再來才是那些比較長的路徑。有一個不錯的做法是，從起點開始「加長」路線，持續探索每一個尚未抵達的地點，直到路線抵達目的地為止。利用這樣的想法，我們只會探索可能有興趣的路徑，藉此找出通往目的地的最短路徑。

實作這個想法的函式如下：

```javascript
function findRoute(graph, from, to) {
  let work = [{at: from, route: []}];
  for (let i = 0; i < work.length; i++) {
    let {at, route} = work[i];
    for (let place of graph[at]) {
      if (place == to) return route.concat(place);
      if (!work.some(w => w.at == place)) {
        work.push({at: place, route: route.concat(place)});
      }
    }
  }
}
```

探索的流程必須依照正確的順序，先到達的地點先探索，而且不可能每到達一個地點就立刻探索，因為這表示連同從那個地點出發的路徑也要立刻探索，這樣下去會沒完沒了，即使那裏會出現其他我們還沒探索到的較短路徑。

因此，這個函式會儲存一份 work 清單。這個陣列裡的內容是我們接下來應該探索的地點，以及抵達那個地點的路線。初始資料只有一個起點和一個空路線。

搜尋方式是取出清單裡的下一個項目，然後進行探索，表示程式會勘查從這個地點出發的所有路線。如果其中一條路線抵達目的地，則回傳這條已經完成的路線。

否則，如果是之前沒有勘查過的地點，就在清單裡新增一個項目。由於我們要先找最短路徑，如果是之前已經勘查過的地點，表示我們已經探索過通往那個地點的路線，發現它不是比較長就是跟現有路線一樣長，所以沒有再探索的必要。

你可以將這個情況視覺化，想像成是一個已經有很多道路的路網，每一條路線都是從起點出發，往四面八方延伸出去（而且不會再和自己有所牽扯）。一旦有第一條線抵達目的地位置，這條線就會回溯到起點，將這一條路線提供給我們。

當 work 清單裡已經沒有工作項目，程式碼不會處理這個情況，因為我們知道整個路網圖是相通的，表示每一個位置都能通往所有其他的位置。任兩點之間一定能找到一條路線，不會出現搜尋失敗的情況。

```
function goalOrientedRobot({place, parcels}, route) {
  if (route.length == 0) {
    let parcel = parcels[0];
    if (parcel.place != place) {
      route = findRoute(roadGraph, place, parcel.place);
    } else {
      route = findRoute(roadGraph, place, parcel.address);
    }
  }
  return {direction: route[0], memory: route.slice(1)};
}
```

範例程式中的機器人使用它記憶的值作為方向清單，根據清單移動，跟前面介紹過會依照路線移動的機器人一樣。每當方向清單變空，機器人就必須弄清楚下一步要做什麼。如果集合裡第一個未配送的包裹還在，機器人會繪製一條通往包裹的路線，前往取走包裹；如果機器人已經取走包裹，但還是需要配送，就會建立一條通往配送地址的路線。

這個改良過的機器人通常會在 16 趟路線內，配送完 5 個包裹，效率雖然比前一個範例程式的 routeRobot 好，但絕對不是最佳化。

練習題

衡量機器人的能力（Measuring a Robot）

只是讓機器人解決幾個假設情況下的問題，很難客觀地比較每個機器人的效能。有可能一個機器人剛好完成更簡單的任務或是它擅長的任務，而另一個機器人沒有。

請寫一個 compareRobots 函式，以兩個機器人（以及它們記憶的起點）作為參數。

產生 100 個任務，讓每個機器人解決這些其中的每一個任務。機器人都完成任務後，請輸出每個機器人執行一項任務所需的平均步數。

為了以示公平，請確定兩個機器人是執行相同的任務，而非為每個機器人產生不同的任務。

改善機器人效率（Robot Efficiency）

你是否能寫出一個機器人，比前面範例程式中的 goalOrientedRobot 更快完成任務呢？你是否能從觀察前面範例中的機器人，發現它做了什麼明顯的蠢事？你會如何改進？

如果你已經解出前面的練習題，希望你能用 compareRobots 函式來驗證，你是否改良了宅配機器人。

持久化群組（Persistent Group）

標準 JavaScript 環境中提供的資料結構，大多都不太適合使用在持久化資料上。陣列有 slice 和 concat 方法，讓我們可以輕鬆建立新陣列又不會破壞舊陣列，但是，像 Set 結構就無法利用新增或移除一個項目來建立新的集合。

請寫一個新類別 PGroup，類似第 127 頁「群組」一節裡的 Group 類別，用以儲存一組值。這個類別跟 Group 一樣，有 add、delete 和 has 三個方法。

不過，Pgroup 類別的 add 方法在新增一個已經存在的成員時，會回傳新的實體，舊的成員會保留不變。同樣地，delete 方法是建立一個沒有指定成員的新實體。

這個類別應該適用於處理任何型態的值，不只有字串而已。在處理大量資料值的情況下，不需要具備很好的效率。

建構函式不應該屬於類別的介面的一部分（然而，你一定會想在類別的內部使用），相反地，你可以用空的實體 PGroup.empty 作為起始值。

為什麼只需要一個 PGroup.empty 的值，而不是每次都利用函式建立一個新的空 map 結構？

「程式除錯的難度是一開始寫程式的兩倍，因此，如果你努力發揮自己最大的聰明才智來寫程式，根據定義，你沒有足夠的智力為這個程式除錯。」

—知名計算機科學家 Brian Kernighan、P. J. Plauger，

《*The Elements of Programming Style*》作者

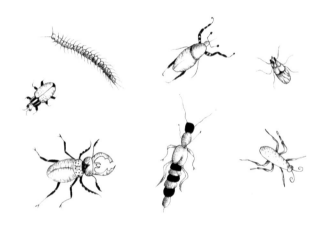

8

臭蟲與錯誤

電腦程式中存在的缺陷通常稱為臭蟲（bug）。想像這些小傢伙是碰巧爬進我們工作的程式裡，只是讓程式設計師自我感覺良好。當然，在現實世界裡，把這些臭蟲放進程式裡的人是我們自己。

如果程式是我們將想法具體化的成果，那麼程式裡的臭蟲大致上可以分為兩類：一類是由混亂的想法所引起的錯誤，另一類則是將想法轉換成程式碼的過程中所導入的錯誤；前者通常比後者更難診斷與修復。

程式語言

電腦如果有足夠的能力知道我們想做什麼，就能自動為我們指出許多錯誤，但是在 JavaScript 的環境中，其鬆散的結構變成了一種阻礙。JavaScript 在變數和屬性方面的概念非常模糊，因此很難在程式實際執行之前抓到拼寫錯誤，甚至還會毫無怨言地容許你寫出一些明顯不合理的程式，例如，計算 true * "monkey"。

JavaScript 確實還是會發出某些抱怨。你要是寫出一個不遵循語言語法的程式，電腦會立刻抱怨，其他像是呼叫的內容不是函式，或是查詢未定義值的屬性，這些也都會導致程式執行時回報錯誤。

不過，這些無意義的計算通常只會產生 NaN 或未定義的值，程式仍舊會開心地繼續執行，相信自己正在做有意義的事，要等到這些虛假的值經過好幾個函式之後，錯誤才會出現，但也有可能根本不會觸發任何錯誤，而是默默地讓程式輸出結果造成錯誤，因此，要追出這類問題的源頭會很困難。

這種為程式找出錯誤（臭蟲）的過程稱為偵錯（debugging）。

嚴格模式

啟用嚴格模式可以提高 JavaScript 的嚴謹程度。只要在文件或函式主體的頂部放上字串「use strict」即可，如下所示：

```
function canYouSpotTheProblem() {
  "use strict";
  for (counter = 0; counter < 10; counter++) {
    console.log("Happy happy");
  }
}

canYouSpotTheProblem();
// → ReferenceError: counter is not defined
```

跟上面範例程式中的變數 counter 一樣，當你忘記在變數前放上關鍵字 let，JavaScript 會悄悄地建立一個全局變數來使用。然而，在嚴格模式下，JavaScript 就會回報錯誤，在某些情況下就非常有幫助。不過，要注意的一點是，當問題中存在的變數已經是全域變數時，這個做法就不可行。在這種情況下，迴圈仍舊會悄悄地覆蓋掉變數的值。

嚴格模式的另一個改變是，在不是以方法呼叫的函式中，this 變數會儲存未定義的值。在嚴格模式之外進行這類的呼叫時，this 指的是全域物件，這個物件的屬性是全域變數。因此，在嚴格模式下，如果不小心以錯誤的方式呼叫方法或建構函式，只要 JavaScript 從 this 讀取某些內容時，就會立刻產生錯誤訊息，而不會自動歡樂地寫成全域變數。

請思考看看以下這個範例程式碼。程式呼叫建構函式時沒有使用關鍵字 new，所以 this 不會引用建構的新物件：

```
function Person(name) { this.name = name; }
let ferdinand = Person("Ferdinand"); // oops
console.log(name);
// → Ferdinand
```

因此，範例程式中的 Person 函式的虛假呼叫雖然成功了，卻回傳了一個未定義的值，並且還創了一個全域變數 name。在嚴格模式下，一樣的做法但結果完全不同。

```
"use strict";
function Person(name) { this.name = name; }
let ferdinand = Person("Ferdinand"); // forgot new
// → TypeError: Cannot set property 'name' of undefined
```

對程式設計師來說，能立刻知道某個寫法有問題，確實很有幫助。

幸運的是，以類別表示法建立建構函式，就算沒有用關鍵字 new 呼叫，JavaScript 也一定會發出抱怨。因此，即便不是在嚴格模式下，也幾乎能避免掉這個問題。

嚴格模式還有更多功能，像是一個函式不容許有多個同名參數，而且會完全刪除某些在程式語言方面有問題的特性。不過，本書不會進一步討論像 with 陳述式這類的錯誤。

簡單來說，將「use strict」放在程式碼頂部，幾乎不會有什麼壞處，還可以幫助你發現問題。

資料型態

某些語言甚至在執行程式之前，就希望知道所有變數和表達式的型態，當程式碼使用某個型態的方式前後不一致時，這些語言會立即提出警告。JavaScript 只有在程式真正執行時才會考慮變數的型態，甚至經常在不通知你的情況下，悄悄地將值轉換為它想要的型態，所以無法在這方面提供太多的協助。

儘管如此，在討論程式上，型態還是提供了一個有用的架構。許多造成錯誤的困擾來源是，傳入或傳出函式的值的型態，如果你把這些資訊寫下來，就不太可能會造成困擾。

可以參考前一章裡 goalOrientedRobot 函式的做法，在函式前加上註解，說明各項參數的型態：

```
// (VillageState, Array) → {direction: string, memory: Array}
function goalOrientedRobot(state, memory) {
  // ...
}
```

在 JavaScript 程式裡註解型態，有許多不同的習慣寫法。此外，關於型態，你還需要了解一點：它們需要導入自己的複雜性，才能描述夠多的程式碼，進而發揮作用。randomPick 函式會回傳一個陣列中的某個隨機元素，你認為這個函式的型態是什麼？針對這個問題，你需要導入一個型態變數 T，用以代表任何型態，所以你可以為 randomPick 函式指定像這樣的型態：([T]) → T（函式從一個陣列裡的數個 T 中取出一個 T）。

當程式型態均為已知的情況，電腦就可以在程式執行之前，幫你檢查程式碼，指出其中的錯誤。JavaScript 裡有幾個特殊語法可以在程式語言裡新增與檢查型態，其中最流行的一種語法稱為 TypeScript。如果你有興趣提高程式的嚴謹性，推薦你試用看看這個語法。

本書會繼續使用 JavaScript 原本就存在的這種程式碼——危險而且無型態。

自動測試

當程式語言本身無法幫助我們發現錯誤的情況，就必須利用其他困難的方式來找出錯誤：透過程式檢查程式碼做的事是否正確。

然而，一次又一次地手動執行程式檢查，真的是一個很糟的想法。因為每次進行更改時都需要花費大量的時間，詳細地測試所有內容，不僅讓人很厭世，往往又沒有效率。

電腦擅長執行重複性任務，其中最具代表性的工作便是測試。自動化測試流程是指寫另一個程式來測試其他程式，比起手動測試，雖然要多花一點功夫寫測試程式，然而一旦完成之後，就會得到一種超能力：只需要幾秒鐘就可以驗證你的程式，知道在所有你寫好的測試情況下，程式是否依舊能正常執行，立刻注意到程式裡有某些內容被破壞了，而不是等到之後的某個時間點，才隨機遇到程式異常的情況。

測試方式通常是採用小型的標記程式，用以驗證某些方面的程式碼。以下的範例程式為 toUpperCase 方法寫了一組測試：

```
function test(label, body) {
  if (!body()) console.log(`Failed: ${label}`);
}

test("convert Latin text to uppercase", () => {
  return "hello".toUpperCase() == "HELLO";
});
```

```
test("convert Greek text to uppercase", () => {
  return "Χαίρετε".toUpperCase() == "ΧΑΊΡΕΤΕ";
});
test("don't convert case-less characters", () => {
  return " 你好 ".toUpperCase() == " 你好 ";
});
```

這種測試程式碼寫起來往往相當重複又棘手，幸運的是，還好有一些軟體可以協助我們建立測試集合（**測試套件**）並且進行測試。這些軟體提供適合的程式語言（函式和方法）來表達測試的內容，當測試失敗時會輸出有用的資訊，這些軟體通常稱為**測試執行器**（test runner）。

有些程式碼比其他程式碼更容易測試。一般而言，與越多外部物件互動的程式碼，就越難設置測試用的背景環境。例如，相較於不斷變化的物件，前一章裡面介紹過的程式設計風格——獨立的持久化資料值往往更容易測試。

偵錯

等你注意到程式因為某個情況而導致行為發生異常或是產出錯誤的結果，下一步就是找出問題是**什麼**。

問題有時很明顯，錯誤訊息會指向程式裡的特定一行，只要查看錯誤說明和那一行程式碼，通常可以看出問題。

但也不一定都能這麼順利。有時，觸發問題的那一行只是第一個點，只是看到一個其他地方產生出來的詭異的值，以無效的方式使用。如果你一直有在解前面幾章的練習題，或許已經經歷過我說的這些情況。

下面的範例程式會重複挑出最後一位數字，除以基數的數字以除去這個數字，目的是將整數轉換為指定基數的字串，但是這個程式目前產生的怪異結果，顯示程式中有錯誤存在。

```
function numberToString(n, base = 10) {
  let result = "", sign = "";
  if (n < 0) {
    sign = "-";
    n = -n;
  }
  do {
    result = String(n % base) + result;
    n /= base;
  } while (n > 0);
```

```
    return sign + result;
}
console.log(numberToString(13, 10));
// → 1.5e-3231.3e-3221.3e-3211.3e-3201.3e-3191.3e-3181.3...
```

即使你已經看出問題了，也請你先假裝沒有看到。我們知道程式運作異常，而且希望找出原因。

此刻，你會開始想在程式碼裡面到處亂改，看看能不能讓程式變好，但請你一定要壓下這樣的衝動。相反地，要請你先想一想，分析目前發生的情況，提出可能造成這個原因的理論。然後，多投入一些觀察來測試這個理論；如果你還沒提出理論，同樣地也是多付出一些心力來觀察目前的情況，幫助你提出一個理論。

此處建議一個還不錯的做法，就是在程式裡有策略性地呼叫幾個 `console.log` 函式，可以得知一些額外的資訊，知道程式正在執行什麼操作。在這個例子裡，我們希望 n 值取 13、1 和 0。首先，在迴圈一開始時先寫出 n 的值。

```
13
1.3
0.13
0.013
...
1.5e-323
```

沒錯，13 除以 10 確實不會產生整數，我們真正想要的不是 `n /= base`，而是 `n = Math.floor(n / base)`，才能將數字正確地「移動」到右邊。

如果不想用 `console.log` 函式探查程式的行為，另一個替代方案是利用瀏覽器的偵錯器（debugger）功能。瀏覽器的功能之一是，可以在程式碼的特定一行上設置中斷點（breakpoint），當程式執行到設有中斷點的那一行時，程式會暫停執行，就可以檢查中斷點那一行程式的變數值。此處不會針對瀏覽器的偵錯功能做詳細的介紹，因為每家瀏覽器的偵錯器都有所差異，請查詢該家瀏覽器的開發人員工具，或是自行上網搜尋更多資訊。

另一種設置中斷點的方法是，在程式中加入偵錯器陳述式，如果有啟用瀏覽器的開發工具，程式遇到這一類的陳述式時會暫停執行。

異常管理

不幸的是，程式設計師無法防止所有的問題發生，只要你的程式有以任何方式與外部世界進行通訊，都有可能出現輸入格式錯誤、工作量超過負荷或網路故障的情況。

如果你設計的程式只是為了自己好玩而開發的，大可以忽略這些問題，等到錯誤發生再來處理。但是，如果你建構出來的程式是要給其他人使用，通常會希望程式採取其他更好的應變方式，而不只是任由程式中斷。遇到輸入錯誤的資料時，有時讓程式從容以對並且繼續執行，也是一種正確的做法。如果是在其他情況下，最好還是向使用者回報發生了什麼錯誤，然後放棄繼續執行程式。然而，不管是哪一種情況，程式都必須積極做一些處理來回應問題。

假設現在有一個函式 promptNumber，要求使用者輸入一個整數並且回傳，萬一使用者輸入「orange」，函式應該回傳什麼？

選擇之一是讓函式回傳一個特定值，常見的選擇是 null、undefined 或 -1。

```
function promptNumber(question) {
  let result = Number(prompt(question));
  if (Number.isNaN(result)) return null;
  else return result;
}

console.log(promptNumber("How many trees do you see?"));
```

依照目前的做法，任何呼叫 promptNumber 函式的程式碼都必須檢查讀取進來的資料是不是真正的數字，如果不是，就必須採取某種方式讓程式恢復執行，可能是要求使用者再次輸入或在程式裡填入預設值；否則就是再次回傳一個特定值給呼叫函式的程式，表示無法完成它的要求。

在許多情況下，回傳一個特定值來指出錯誤是很好的做法，多數是發生在錯誤很常見而且呼叫函式的一方應該明確考慮這些錯誤的情況。不過，這種做法確實有其缺點存在。首先，如果函式已經可以回傳所有可能類型的值呢？在這樣的函式裡，你必須進行一些操作，例如，將結果包裝在一個物件中，以便能夠區分成功與失敗的情況。

```
function lastElement(array) {
  if (array.length == 0) {
    return {failed: true};
  } else {
```

```
    return {element: array[array.length - 1]};
  }
}
```

第二個問題是，回傳特定值的做法會導致程式碼變得非常難用。如果有一段程式碼要呼叫 promptNumber 函式 10 次，那麼函式是否回傳 null 也必須檢查 10 次。萬一函式發現 null 時的回應也是簡單地回傳 null 本身，則呼叫函式的程式也一定要檢查，依此類別。

例外情況

當某個函式無法正常進行時，我們會想停止程式正在執行的動作，立即跳到某個知道如何處理問題的地方，這就是例外情況機制的作用（exception handling）。

例外情況這種機制，是在程式碼在遇到問題時引發（或丟出）例外處理。例外情況可以是任何值，發生例外情況類似函式的強烈反彈：程式不僅會跳出目前執行的函式，還會跳出呼叫它的程式，一直往下跳到最初那個啟動這次執行的呼叫為止，這種行為稱為堆疊展開。你可能還記得本書第 53 頁「呼叫堆疊」一節中提到的函式呼叫堆疊；當例外情況引發堆疊縮小，堆疊會丟棄所有它發生呼叫的背景環境。

如果例外情況一定會縮小到堆疊的底部，就無法發揮太大的效用，只是提供了一種新奇的方式來讓你的程式爆掉。例外情況的強大之處在於可以沿著堆疊設置「障礙」，在堆疊縮小時攔截到例外情況。一旦你發現例外情況，可以利用它做一些處理來解決問題，然後繼續執行程式。

請見以下的範例程式：

```
function promptDirection(question) {
  let result = prompt(question);
  if (result.toLowerCase() == "left") return "L";
  if (result.toLowerCase() == "right") return "R";
  throw new Error("Invalid direction: " + result);
}

function look() {
  if (promptDirection("Which way?") == "L") {
    return "a house";
  } else {
    return "two angry bears";
```

```
    }
}

try {
  console.log("You see", look());
} catch (error) {
  console.log("Something went wrong: " + error);
}
```

關鍵字 throw 用於引發例外處理，攔截例外情況的做法是將一段程式碼包在關鍵字 try 和 catch 之間。當關鍵字 try 後面的程式碼區塊引發例外情況時，就會判斷 catch 後面程式區塊括弧裡綁定的例外值。catch 這一塊程式結束後，或者是 try 這一塊程式正常結束、沒有問題時，程式會繼續在整個 try/catch 陳述式下繼續進行。

在這個範例程式裡，我們使用建構函式 Error 來建立例外值。這是一個標準的 JavaScript 建構函式，建立一個具有 message 屬性的物件。在多數 JavaScript 環境中，這個建構函式的實體還會收集例外情況建立時，當前呼叫堆疊裡的資訊，就是所謂的堆疊追蹤（stack trace）。這項資訊儲存在 stack 屬性中，有助於偵錯問題：說明發生問題的函式以及呼叫失敗的函式。

請注意，look 函式完全忽略了 promptDirection 函式出錯的可能性。這是例外情況的一大優點：只有在發生錯誤的點和處理錯誤的點，才需要寫錯誤處理程式碼，中間的其他函式可以完全忘記這些處理。

好吧，本節要談的內容差不多就是這樣……。

例外處理

例外情況的效果屬於另一種控制流。每一個引發例外情況的操作，都可能導致控制權突然離開你的程式碼，每次呼叫函式和讀取屬性幾乎都有可能發生這樣的情況。

意思是說，當程式碼具有幾個副作用時，就算「正常」控制流看起來一定能運作，但還是有可能發生例外情況，阻止其中一些副作用發生。

以下是一些真的寫得很糟的程式碼。

```
const accounts = {
  a: 100,
  b: 0,
```

```
    c: 20
};

function getAccount() {
  let accountName = prompt("Enter an account name");
  if (!accounts.hasOwnProperty(accountName)) {
    throw new Error(`No such account: ${accountName}`);
  }
  return accountName;
}

function transfer(from, amount) {
  if (accounts[from] < amount) return;
  accounts[from] -= amount;
  accounts[getAccount()] += amount;
}
```

transfer 函式將一筆錢從約定的銀行帳戶轉到另一個銀行帳戶，過程中會詢問另一個帳戶的名稱，如果約定帳戶名稱無效，getAccount 函式會引發例外情況。

但是 transfer 函式是先從約定帳戶中取出這筆錢，再呼叫 getAccount 函式，然後才會將錢新增到另一個銀行帳戶。如果程式在這個時間點因為例外情況而發生中斷，從約定帳戶裡取出的錢就會消失。

這個程式碼的寫法應該可以更聰明一點，例如，在轉帳之前先呼叫 getAccount 函式，但這類的問題往往會發生在更微妙的地方。就算函式看起來不像會丟出例外情況的樣子，也可能會因為特殊情況或程式設計師造成的錯誤而引發例外情況。

解決這個問題的方法之一是，讓程式使用更少的副作用。同樣地，計算新的值而非更改現有的資料值，採用這種程式設計風格也會有所幫助。如果有一段程式碼在建立新的值的過程中停止執行，也不會有人看到這個未完成的值，不會造成任何問題。

但不是所有情況都能用這種做法，所以，try 陳述式還有另一個特性，還可以再跟著關鍵字 finally 的程式區塊，取代 catch 程式區塊或是作為它的補充程式碼。關鍵字 finally 程式區塊的作用是，「無論發生什麼，在嘗試執行 try 的程式碼區塊後，一定會執行這段程式碼。」

```
function transfer(from, amount) {
  if (accounts[from] < amount) return;
```

```
let progress = 0;
try {
  accounts[from] -= amount;
  progress = 1;
  accounts[getAccount()] += amount;
  progress = 2;
} finally {
  if (progress == 1) {
    accounts[from] += amount;
  }
}
}
```

在上面這個版本的範例程式裡，函式會追蹤自己的進度；如果離開函式時注意到函式中斷的地方，建立的程式狀態不一致，函式會修復自己造成的損害。

請注意，即使 try 程式區塊裡丟出例外情況，執行 finally 程式碼，也不會干擾例外情況。finally 程式碼區塊執行完畢後，會繼續展開堆疊。

要寫出即使例外情況總是在意想不到的地方跳出，仍然能可靠運作的程式真的很難。例外情況通常是為特殊情況預留的處理，由於這些問題可能很少發生，甚至從未被注意到，所以許多人根本不理會。這樣究竟是好是壞，取決於軟體在失敗時會造成多大的損害。

選擇性攔截例外情況

當例外情況到堆疊底部為止都沒有被攔截時，就會由程式所在的環境處理，其表示的意義因環境而異。在瀏覽器中，錯誤說明通常會寫入 JavaScript 的控制台（從瀏覽器的工具或開發者選單裡開啟）；Node.js 對資料損壞的情況更加小心，發生未處理的例外情況時，Node.js 會中止整個流程，後續我們會在第 20 章裡討論這種獨立於瀏覽器之外的 JavaScript 環境。

面對程式設計師造成的錯誤，通常你能採取的最佳做法是讓錯誤繼續下去。未處理的例外情況對中斷的程式來說，反而是一種合理的訊號。在目前的瀏覽器環境下，JavaScript 控制台會提供一些資訊，告訴我們發生問題時，堆疊上呼叫了哪些函式。

然而，對於例行使用的程式來說，發生預期的問題卻不做例外處理，放任程式中斷是非常可怕的策略。

以無效的方式使用程式語言，例如，引用不存在的變數、在 null 上查詢屬性或者是呼叫非函式的內容，也都會引發例外情況，這些例外情況也都可以攔截。

當程式執行進入 catch 程式區塊主體時，我們就只知道 try 程式區塊裡的某個點引發例外情況，但是我們不知道程式做了什麼，或者程式引發了哪個例外情況。

對 JavaScript 來說，並沒有直接支持選擇性攔截例外情況這個選項：不是攔截所有例外情況，不然就是全部都不攔截。因此，很容易讓我們假設自己獲得的例外情況，就是 catch 程式碼區塊裡寫的例外情況。

但很有可能和我們假設的情況不同，有可能違反其他某些假設，或者是導入造成例外情況的錯誤。以下這個範例程式企圖持續呼叫 promptDirection 函式，直到它獲得有效的答案為止：

```
for (;;) {
  try {
    let dir = promtDirection("Where?"); // ← typo!
    console.log("You chose ", dir);
    break;
  } catch (e) {
    console.log("Not a valid direction. Try again.");
  }
}
```

範例程式中的建構函式 for (;;) 刻意想建構一個不會自行終止的迴圈，只有在給出有效的方向時，函式才會跳出迴圈，但是因為我們拼錯了 promptDirection 函式的名稱，產生了「未定義變數」的錯誤。由於 catch 程式區塊完全忽略掉例外值（e），想當然爾地認為自己知道問題是什麼，所以錯把變數錯誤當成輸入錯誤資料的指示，不僅導致無限迴圈，還「掩蓋」了有用的錯誤訊息，致使我們不知道變數名稱拼寫錯誤。

一般規則不會全面攔截例外情況，除非我們的目的是要將這些例外情況的資訊「發送」到某個地方，例如，透過網路告訴另一個系統我們的程式中斷了。即使如此，就算沒有全面攔截例外情況，依舊要仔細思考是否有可能因此掩蓋了錯誤資訊。

所以我們想攔截的是特定類型的例外情況，可以藉由 catch 程式區塊來檢查是否得到我們感興趣的例外情況，否則，就重新丟出例外情況，但是我們要如何辨識出例外情況呢？

我們可以比較例外情況的 message 屬性和碰巧得到的錯誤訊息進行比較，但是這種程式碼的寫法並不穩定——我們是利用人類打算消耗（訊息）的資訊來做出程式化的決策，一旦有人更改（或轉變）訊息，程式碼就會停止運作。

因此，我們反而應該定義一種新的錯誤型態，使用 instanceof 來識別出例外情況。

```
class InputError extends Error {}

function promptDirection(question) {
  let result = prompt(question);
  if (result.toLowerCase() == "left") return "L";
  if (result.toLowerCase() == "right") return "R";
  throw new InputError("Invalid direction: " + result);
}
```

前面的範例程式從 Error 類別擴充一個新的錯誤類別，這個類別沒有定義自己的建構函式，也就是說它繼承了 Error 類別的建構函式，以一個字串訊息作為參數。事實上，這個類別是空的，完全沒有定義任何內容。InputError 物件的行為類似 Error 物件，但兩者之間有一個不同之處，讓我們可以辨別它們。

現在迴圈可以更小心地攔截這些例外情況。

```
for (;;) {
  try {
    let dir = promptDirection("Where?");
    console.log("You chose ", dir);
    break;
  } catch (e) {
    if (e instanceof InputError) {
      console.log("Not a valid direction. Try again.");
    } else {
      throw e;
    }
  }
}
```

這個迴圈只會攔截 InputError 的實體，允許沒有關聯的例外情況通過，之後如果程式又出現單字拼寫錯誤的情況，就會正確地回報未定義的變數錯誤。

斷言

斷言（assertion）是程式內部的檢查，用於驗證某個內容是否符合應該遵循的做法，不是用來處理正常運作中可能出現的情況，而是用來發現程式設計師的錯誤。

例如，假設現在我們有一個 `firstElement` 函式。根據函式的描述，如果傳入的陣列是空的，永遠不能呼叫此函式，其程式碼寫法如下所示：

```
function firstElement(array) {
  if (array.length == 0) {
    throw new Error("firstElement called with []");
  }
  return array[0];
}
```

現在，函式不會再默默地回傳 undefined（讀取不存在的陣列屬性時便會回傳）萬一發生誤用的情況，函式會大聲炸毀你的程式，讓你不太可能忽視這類的錯誤，在發生問題時更容易找到原因。

然而，本書不建議你在每種可能出現輸入錯誤的情況都寫斷言，這不僅是一項龐大的工程，而且會造成程式碼裡充滿雜音，希望你將這些能量保留在容易犯的錯誤，或者是發現你自己製造的錯誤上。

本章重點回顧

是人都會犯錯，也都有可能發生輸入錯誤資料的情況，這些都是生活裡不爭的事實，但程式設計裡很重要的一部分是發現、診斷和修復錯誤。如果你有一個自動化測試套件或是對程式新增斷言，可以幫助你更容易注意到問題。

由程式控制之外的因素引起的問題，通常應該以得體的方式處理。當程式能自己處理問題，利用特定回傳值追蹤，有時會是不錯的做法；否則，可能更適合採用例外處理。

丟出例外情況會引發堆疊展開，直到遇到下一個 `try/catch` 的程式碼區塊或是抵達堆疊底部為止。例外值會指定給攔截它的 `catch` 程式區塊，驗證其類型是否真的屬於我們預期的例外情況，如果是，我們再對它進行某種處理。`finally` 程式區塊是為了幫助我們解決，由例外情況引起的非預期控制流；當一段程式區塊執行完畢後，確保一定會執行某一段程式碼。

練習題

再接再厲（Retry）

假設現在有一個函式 primitiveMultiply，有 20% 的機率會將兩個數字相乘，其他 80% 的機率則會引發 MultiplicatorUnitFailure 型態的例外情況。請寫一個函式，將前述這個笨重的函式包裝起來，並且嘗試持續呼叫函式，直到成功為止，然後回傳結果。

請確定你只處理嘗試要處理的例外情況。

上鎖的箱子（The Locked Box）

請思考看看以下這個物件：

```
const box = {
  locked: true,
  unlock() { this.locked = false; },
  lock() { this.locked = true;  },
  _content: [],
  get content() {
    if (this.locked) throw new Error("Locked!");
    return this._content;
  }
};
```

這是一個上鎖的盒子，盒子裡有一個陣列，但只有解開鎖，才能打開盒子，拿出這個陣列，而且禁止直接讀取私有屬性 _content。

請寫一個 withBoxUnlocked 函式來解開盒子的鎖，以一個函式值作為參數。執行函式，然後在回傳陣列之前，不論作為參數的函式是正常回傳還是丟出例外情況，都要確定有將盒子再次上鎖。

```
const box = {
  locked: true,
  unlock() { this.locked = false; },
  lock() { this.locked = true;  },
  _content: [],
  get content() {
    if (this.locked) throw new Error("Locked!");
    return this._content;
  }
};
```

```
function withBoxUnlocked(body) {
  // Your code here.
}

withBoxUnlocked(function() {
  box.content.push("gold piece");
});

try {
  withBoxUnlocked(function() {
    throw new Error("Pirates on the horizon! Abort!");
  });
} catch (e) {
  console.log("Error raised:", e);
}
console.log(box.locked);
// → true
```

還有一點要確認的是，呼叫 withBoxUnlocked 函式時，如果盒子在未上鎖的狀態下，就保持在解鎖狀態。

「有些人遇到問題時認為：『我知道，這種時候用規則運算式就對啦』。結果，現在變成他們手上有兩個問題。」

—美國知名程式設計師 Jamie Zawinski

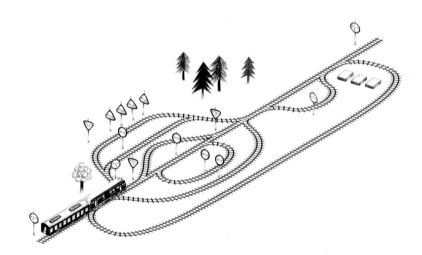

規則運算式

程式設計工具和技術一直不斷進化中，其存活與散布方式
非常混亂。在這個領域獲勝的不見得是那些大家認為很
棒、很厲害的技術和工具，反而是能找到正確利基市場、
運作良好的，或者是剛好與其他成功技術整合的產品。

本章接下來要討論的工具 —— 規則運算式（regular expression）正屬於這種類
型。規則運算式是一種用於描述字串資料模式的方法，這項小型而且獨立的程
式語言自成一派，附屬於許多程式語言和系統裡，其中也包含 JavaScript。

規則運算式雖然笨重卻非常好用，這項程式語言的語法很神秘，JavaScript 為它
們提供的程式設計介面也很難用，但是在檢查和處理字串方面確實是非常強大
的工具。了解規則運算式的正確用法，會讓你成為更有效率的程式設計師。

建立規則運算式

規則運算式屬於物件的一種，其建立方式有二：一個是使用 RegExp 建構函
式，另一個則是將模式寫成文字值，前後以斜線字元（/）封閉。

```
let re1 = new RegExp("abc");
let re2 = /abc/;
```

以上這兩個規則運算式的物件是表示相同的模式：*a* 字元後跟著 *b* 字元，*b* 字元後面跟著 *c* 字元。

使用 RegExp 建構函式時，其模式是寫成一般字串，所以是套用反斜線的一般規則。

第二種表示法則是將模式寫在兩個斜線字元之間，對反斜線的處理有些微不同。第一個差異是，由於斜線代表結束模式，所以如果斜線會出現在模式內容裡，就要在斜線前放一個反斜線；再來就是，不屬於特殊字元程式碼的反斜線（例如，\n）會被保留在模式內容裡，不會像前者的字串一樣被忽略，也不會更改模式的意義。某些字元（例如，問號和加號）在規則運算式中具有特殊意義，如果要表示字元本身，就必須在該字元前面加上反斜線。

```
let eighteenPlus = /eighteen\+/;
```

配對測試

規則運算式物件搭配了許多方法，其中最簡單的一種是 test。如果將一個字串傳給規則運算式，它會回傳一個布林值，告訴我們這個字串是否包含表達式裡的模式，顯示比對的結果。

```
console.log(/abc/.test("abcde"));
// → true
console.log(/abc/.test("abxde"));
// → false
```

規則運算式中如果只有非特殊字元，就只會表示這些字元的序列。只要 *abc* 出現在測試字串中的任何位置，test 就會回傳 true。

字元集

要找出一個字串是否包含 *abc*，還有另一種做法——呼叫 indexOf。規則運算式允許我們以更複雜的模式表達。

假設我們希望能比對任何數字，在規則運算式中，將一組字元放在中括號裡，就可以將這一組字元和表達式裡的模式進行比對。

以下兩個表達式都是比對包含數字的所有字串：

```
console.log(/[0123456789]/.test("in 1992"));
// → true
console.log(/[0-9]/.test("in 1992"));
// → true
```

中括號裡兩個字元之間的連字號（-）是指數字範圍介於這兩個字元間，其中字元的排序是由各字元的 Unicode 編碼決定。在這個範例中，字元 0 到 9 的順序彼此相鄰（編碼從 48 到 57），所以比對之後，[0-9] 涵蓋所有數字。

許多常見的字元群組都有內建快速字元。\d 是指比對其中一個數字，等同 [0-9]。

> \d：比對其中有任何一個字元是數字。

> \w：比對一個文字數字字元。

> \s：比對任何空白字元。

> \D：比對一個非數字的字元。

> \W：比對一個非文字數字字元。

> \S：比對一個非空白字元。

> .：比對換行符號以外的任何字元。

所以，如果你想比對日期和時間（類似這種格式：01-30-2003 15:20 格式），可以用下列的表達式：

```
let dateTime = /\d\d-\d\d-\d\d\d\d \d\d:\d\d/;
console.log(dateTime.test("01-30-2003 15:20"));
// → true
console.log(dateTime.test("30-jan-2003 15:20"));
// → false
```

但是這個表達式看起來非常糟糕，不是嗎？表達式裡面有一半的內容是反斜線，實在很難從這些夾雜在背景內容裡雜音中，點出真正想要表達的模式。我們會在下一節的內容裡，為這個表達式提出一個改良的版本。

程式碼中的這些反斜線也可以放在中括號內使用，例如，[\d.] 表示任何數字或句點字元，但是，句點放在中括號裡會失去它本身的特殊意義，其他特殊字元也是如此，例如，+。

若要反轉一組字元（亦即除了這組字元以外的任何字元都要比對），可以在左邊的中括號後寫一個插入字元（^）。

```
let notBinary = /[^01]/;
console.log(notBinary.test("1100100010100110"));
// → false
console.log(notBinary.test("1100100010200110"));
// → true
```

重複比對部分模式

現在我們已經知道比對單一數字的方法，但是如果我們想比對的是整數（一串數字或更多數字的序列），又該怎麼做呢？

只要在規則運算式中的某個內容後面寫上一個加號（+），就表示前面的元素要重複一次以上。因此，/\d+/ 會比對一個或多個數字字元。

```
console.log(/'\d+'/.test("'123'"));
// → true
console.log(/'\d+'/.test("''"));
// → false
console.log(/'\d*'/.test("'123'"));
// → true
console.log(/'\d*'/.test("''"));
// → true
```

星號（*）作用跟加號類似，但多了一層意義是模式可以不要比對。雖然模式一定會比對星號前面的內容，但如果找不到任何合適的比對文字，模式就不會進行比對。

問號的作用是讓模式的一部分內容具有**選擇性**，意思是這些內容可能不比對或是只比對一次。在下面的範例程式中，模式允許出現 *u* 字元，但也會比對沒有 u 字元的情況。

```
let neighbor = /neighbou?r/;
console.log(neighbor.test("neighbour"));
// → true
console.log(neighbor.test("neighbor"));
// → true
```

如果要讓模式比對精確的次數，請使用大括號下指令。例如，在一個比對元素後放 {4}，表示只要比對四次；也可以利用這種方式指定比對次數的範圍：{2,4} 表示至少要比對兩次，最多比對四次。

我們將前一節裡比對日期和時間模式的範例程式改寫成以下這個版本，現在這個版本可以比對一位數和兩位數的日期、月份和小時，也比較容易了解模式的編碼。

```
let dateTime = /\d{1,2}-\d{1,2}-\d{4} \d{1,2}:\d{2}/;
console.log(dateTime.test("1-30-2003 8:45"));
// → true
```

使用大括號指定範圍時還可以省略數字後面的逗號，表示開放比對的上限範圍。所以，{5,} 表示要比對五次以上。

運算式分組

想要同時對好幾個元素使用 * 或 + 等運算子，必須搭配括號。規則運算式裡的運算子會把封閉在括號裡的部分當作單一元素看待。

```
let cartoonCrying = /boo+(hoo+)+/i;
console.log(cartoonCrying.test("Boohoooohoohooo"));
// → true
```

第一個 + 和第二個 + 字元分別套用在 *boo* 和 *hoo* 裡的第二個 *o*，第三個 + 則是適用於 (hoo+) 整個群組，會比對一個或多個和這個群組類似的字元串。

在上面的範例程式裡，表達式最後的 i，是指這個規則運算式比對時不分大小寫，也就是說，雖然模式本身全部都表示成小寫，但比對時允許輸入字串裡有大寫的 *B*。

分組比對

test 方法絕對是規則運算式裡最簡單的比對方法，但它只會告訴你是否有進行比對，不會提供其他資訊。規則運算式裡還有一個 exec 方法（執行），如果沒有發現可以比對的內容，這個方法會回傳 null；否則，就回傳包含比對資訊的物件。

```
let match = /\d+/.exec("one two 100");
console.log(match);
// → ["100"]
console.log(match.index);
// → 8
```

exec 方法回傳的物件具有一個 index 屬性，說明從字串中的哪個位置開始比
對成功。此外，這個物件跟字串陣列一樣，第一個元素是要比對的字串，以前
面的程式為例，這個字串就是我們要查詢的一串數字。

字串值具有一個類似的方法——match。

```
console.log("one two 100".match(/\d+/));
// → ["100"]
```

當規則運算式包含以括號分組的子表達式，比對這些群組的文字也會顯示在陣
列裡，陣列裡的第一個元素一定是符合整個比對的字串，下一個元素是跟第一
個群組部分符合的字串，依此類推。

```
let quotedText = /'([^']*)'/;
console.log(quotedText.exec("she said 'hello'"));
// → ["'hello'", "hello"]
```

最終還是沒有被比對到的群組（例如，後面有加上問號的群組），輸出陣列
時，它的位置會寫入 undefined；同樣地，一個被比對很多次的群組，陣列裡
只會儲存它最後一次的比對資料。

```
console.log(/bad(ly)?/.exec("bad"));
// → ["bad", undefined]
console.log(/(\d)+/.exec("123"));
// → ["123", "3"]
```

群組非常適用於提取部分字串。如果我們不只是要驗證字串裡是否包含日
期，還要把這部分的資料提取出來，並且建立成表示日期的物件，可以用括號
將數字模式括起來，直接從 exec 方法的輸出結果中提取出日期。

不過，我們要暫時繞到別的地方去，先討論一下 JavaScript 針對日期和時間值
所內建的表達方式。

日期類別

JavaScript 針對日期表示方式提供一個標準類別，或者更確切地說是表示時間
點，這個類別稱為 Date。使用關鍵字 new 簡單建立一個日期物件，就可以獲
得當下的日期和時間。

```
console.log(new Date());
// → Sat Sep 01 2018 15:24:32 GMT+0200 (CEST)
```

也可以用於建立特定時間的物件。

```
console.log(new Date(2009, 11, 9));
// → Wed Dec 09 2009 00:00:00 GMT+0100 (CET)
console.log(new Date(2009, 11, 9, 12, 59, 59, 999));
// → Wed Dec 09 2009 12:59:59 GMT+0100 (CET)
```

JavaScript 表示月份數字時習慣從零開始（所以 12 月是以數字 11 表示），但日期則是從 1 開始。這個部分還蠻令人困惑而且有點蠢，使用時請小心。

最後四個是選擇性參數（小時、分鐘、秒和毫秒），沒有指定參數值時為 0。

時間戳記（timestamp）是從 1970 年開始到現在的總秒數（毫秒），時區為 UTC，這是依照「Unix 時間」設定的慣例，1970 年以前的時間會以負數表示。日期物件的 getTime 方法會回傳這個數字。你可以想像得到，這個數字很大。

```
console.log(new Date(2013, 11, 19).getTime());
// → 1387407600000
console.log(new Date(1387407600000));
// → Thu Dec 19 2013 00:00:00 GMT+0100 (CET)
```

如果指定一個參數給 Date 建構函式，這個參數會當成毫秒數。建立一個新的 Date 物件，然後呼叫 getTime 方法或 Date.now 函式，就能得到當下時間的毫秒數。

Date 物件提供好幾個方法讓我們能提出時間元素，例如，getFullYear、getMonth、getDate、getHours、getMinutes 以及 getSeconds 等方法。除了 getFullYear 之外，其實還有一個 getYear 方法，其作用是讓年份減去 1900，但幾乎沒有什麼人使用。

我們將有興趣的表達式內容加上括號，現在可以從字串建立一個日期物件了。

```
function getDate(string) {
  let [_, month, day, year] =
    /(\d{1,2})-(\d{1,2})-(\d{4})/.exec(string);
  return new Date(year, month - 1, day);
}
```

```
console.log(getDate("1-30-2003"));
// → Thu Jan 30 2003 00:00:00 GMT+0100 (CET)
```

_（底線字元）變數會被忽略，只是用來跳過 exec 方法回傳陣列中的完整比對元素。

單詞邊界

不幸的是，如果你使用 getDate 方法從字串「100-1-30000」中提取日期，這個方法也很樂意回傳一個毫無意義的日期「00-13000」給你。比對可能發生在字串中的任何位置，因此，在這個例子裡，只會從從第二個字元開始比對，然後在倒數第二個字元處結束。

如果想強制比對必須橫跨整個字串，可以新增標記 ^ 和 $；^ 字元是比對輸入字串的開頭，$ 字元是比對字串結尾。所以，/^\d+$/ 要比對的模式是完全由一個或多個數字組成的字串，/^!/ 是比對任何以驚嘆號開頭的字串，/x^/ 則是所有字串都不比對（也就是說 x 不會出現在字串開頭）。

另一方面，如果我們只想確保日期的起始位置均落在單詞邊界上，可以使用標記 \b。單詞邊界可以是字串的開頭或結尾，也可以是字串中的任何一個點（跟 \w 一樣），邊界的一側具有單詞字元，另一側則是非單詞字元。

```
console.log(/cat/.test("concatenate"));
// → true
console.log(/\bcat\b/.test("concatenate"));
// → false
```

請注意，邊界標記不會拿來跟實際字元比對，只是用來強制規則運算式的比對條件，唯有當特定條件出現在模式裡的某部分時才比對。

模式選項

假設我們不只想知道一段文字裡是否包含數字，還想進一步知道 *pig*、*cow*、*chicken* 或者是這些單字的複數型態後是否跟著數字。

雖然可以寫三個規則運算式來輪流測試，但我們還有更好的做法。| 字元表示在左側和右側的模式之間進行選擇，以下列程式為例：

```
let animalCount = /\b\d+ (pig|cow|chicken)s?\b/;
console.log(animalCount.test("15 pigs"));
// → true
console.log(animalCount.test("15 pigchickens"));
// → false
```

將模式裡要套用 | 字元的部分內容放在括號內，還可以將多個 | 字元並排放在一起，表示在兩個以上的方案之間進行選擇。

比對機制

從規則運算式的概念來看，使用 exec 或 test 方法時，規則運算式的引擎會先嘗試從字串的開頭比對表達式，然後從第二個字元，依此類堆，直到比對成功或是抵達字串的結尾，所以這兩個方法不是回傳第一個發現的比對結果，不然就是無法找到符合比對的內容。

為了進行實際比對，引擎將規則運算式視為流程圖。以下列流程圖表示前一個範例中比對家畜的表達式：

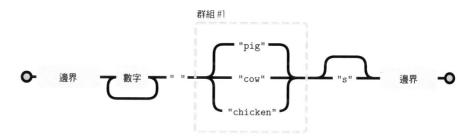

如果能找到一條路徑從流程圖左側通到右側，就會符合我們的表達式。我們會在字串裡設定一個目前的位置，每次移動通過一個盒子時，就會驗證目前這個位置後面的字串內容是否和這個盒子的條件相符。

如果我們想從字串「the 3 pigs」的位置 4 開始比對，流程圖如下所示：

- 位置 4 有單詞邊界，所以通過第一個盒子。

- 繼續留在位置 4，接著找到一個數字，所以也能通過第二個盒子。

- 前進到位置 5，現在有兩條路徑：一條循環回到第二個盒子（數字），另一條則是往前通過有一個空白字元的盒子；位置 5 有一個空格，不是數字，所以我們必須走第二條路徑。

- 現在我們前進到位置 6（字串 *pigs* 的起點），面對流程圖中的三條分支路線。我們在字串裡找不到 *cow* 或 *chicken*，但有發現 *pig*，所以選擇 *pig* 那條分支路線。

- 通過有三條路線的盒子後，我們前進到位置 9。現在又遇到兩條路徑：一條是跳過比對 *s* 的盒子，直接通往最後的單詞邊界，另一條則是比對 *s*。由於字串裡有一個 *s* 字元，而非單詞邊界，所以選擇通過比對 *s* 的盒子。

- 現在我們在位置 10（字串的結尾），這裡只能比對一個單詞邊界；字串結尾視為單詞邊界，所以通過最後一個盒子，到此成功完成字串比對。

回溯

規則運算式 `/\b([01]+b|[\da-f]+h|\d+)\b/` 的意思是，找出符合條件：後面跟著字元 *b* 的二進位數字，或後面跟著字元 *h* 的 16 進位數字（以 16 為計算基礎，字元 *a* 到 *f* 代表數字 10-15），或後面沒有任何字元的十進位數字，其流程圖如下所示：

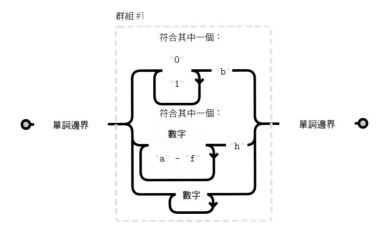

這個表達式進行比對時，即使實際上的輸入字串並沒有包含二進位數字，通常還是會發生進入第一個分支（二進位）的情況。例如，在比對字串「103」的情況，只有比對到 3 的時候才能明顯看出我們跑到錯誤的分支裡，這個字串確實符合表達式的條件，只是與當下所處的分支條件不合。

所以這種時候就要使用*回溯*（backtrack）這項比對技巧。進入一個條件分支時，比對引擎會記住目前的字串位置（在我們舉的例子裡，字串的起點剛好是流程圖裡的第一個盒子），如果與和目前的分支條件不合，就回頭去嘗試其他分支。以前面所舉的字串「103」為例，遇到 3 這個字元後，比對引擎會開始嘗試另外一個 16 進位的分支，但是會再次遇到比對失敗的情況，因為 3 這個數字後面沒有跟著 *b* 字元，所以比對引擎接著會嘗試十進位數字的分支，這次就符合條件了，終於完成比對。

一旦找到完全符合條件的結果，就會停止比對。這表示，雖然有多個分支條件，有可能才用到第一個分支（依照分支出現在規則運算式裡的順序）就比對到我們要的字串。

回溯的技巧也會應用重複比對上，例如，使用運算子『+』和『*』。如果以模式 /^.*x/ 比對字串「abcxe」，『.*』的條件會先試著比對整個字串，然後比對引擎才會注意到比對模式裡有一個 *x* 字元。由於我們要比對的字串末尾沒有 *x* 字元，因此 * 運算子會少比對一個字元。不過，因為比對引擎這次沒有在「abcx」之後找到 *x* 字元，所以會再次回溯，* 運算子這次只會比對「abc」，**現在總算是在符合模式需要的地方找到一個 *x* 字元，比對引擎回報從字串位置 0 到 4 成功比對的結果。**

你也可以寫規則運算式來協助你進行**大量**的回溯比對。當一個模式需要以多種不同的方式比對一段輸入內容時，就會出現這個問題。假設我們不是很清楚如何在規則運算式裡寫二進位的比對條件，致使我們不小心寫出像 /([01]+)+b/ 的條件。

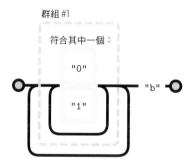

如果引擎嘗試比對某些一長串為 0 的數字和後面沒有字元 *b* 的字串時，會先進入內部迴圈，直到比對完所有數字為止，接著才會注意到沒發現字元 *b*，所以會回溯一個位置，進入外部迴圈再比對一次，然後再度比對失敗，又會再回溯到內部迴圈進行比對。比對引擎會持續透過這兩個迴圈嘗試每條可能的路線，這表示每增加一個字元，比對引擎的工作量就會增加**一倍**，就算只是比對幾十個字元，事實上卻永遠無法獲得比對結果。

replace 方法

字串值的 replace 方法可以用另外一個字串來替換部分字串。

```
console.log("papa".replace("p", "m"));
// → mapa
```

第一個參數也可以使用規則運算式,在這種情況下,會替換掉規則運算式比對到的第一個結果。在這個規則運算式裡加上 g(全域化),表示所有比對到的字串都會被替換,而不只有第一個。

```
console.log("Borobudur".replace(/[ou]/, "a"));
// → Barobudur
console.log("Borobudur".replace(/[ou]/g, "a"));
// → Barabadar
```

如果可以透過 replace 方法的附加參數或是提供另外一個 replaceAll 方法,選擇要替換一個或是所有的比對結果,會是比較合理的做法。不幸的是,由於某些因素,我們還是得依賴規則運算式的屬性。

在 replace 方法裡運用規則運算式,其真正厲害之處在於我們可以在替換字串中引用經過比對的群組。例如,有一個很大的字串,包含大量的人名;每個人名一行,格式為 Lastname(名字),Firstname(姓)。假設我們想將這些人名的名字和姓氏前後交換,並且去掉逗號,變成 Firstname Lastname 這樣的格式,可以利用以下的程式碼:

```
console.log(
  "Liskov, Barbara\nMcCarthy, John\nWadler, Philip"
    .replace(/(\w+), (\w+)/g, "$2 $1"));
// → Barbara Liskov
//   John McCarthy
//   Philip Wadler
```

在上面的範例程式中,替換字串裡的 $1 和 $2 分別為模式裡兩個以括號括起來的群組。$1 會替換成符合第一個群組的文字,$2 則是替換為符合第二個群組的文字,依此類推,直到 $9 為止;使用 $& 可以引用全部的比對結果。

replace 方法的第二個參數要傳入函式,而非字串。每次替換要呼叫函式的時候,會使用符合條件的群組(還有全部的比對結果)作為參數,然後將函式的回傳值插入到新字串中。

舉以下這個小例子來說明：

```
let s = "the cia and fbi";
console.log(s.replace(/\b(fbi|cia)\b/g,
            str => str.toUpperCase()));
// → the CIA and FBI
```

以下為另一個更有趣的例子：

```
let stock = "1 lemon, 2 cabbages, and 101 eggs";
function minusOne(match, amount, unit) {
  amount = Number(amount) - 1;
  if (amount == 1) { // only one left, remove the 's'
    unit = unit.slice(0, unit.length - 1);
  } else if (amount == 0) {
    amount = "no";
  }
  return amount + " " + unit;
}
console.log(stock.replace(/(\d+) (\w+)/g, minusOne));
// → no lemon, 1 cabbage, and 100 eggs
```

這個範例程式是找出一個字串中所有數字後面有出現單字的情況，然後回傳一個字串，其中每種情況的數字都減 1。

(\d+) 群組最後會傳給函式，作為參數 amount 的值；(\w+) 群組則會綁定到 unit 參數。函式會將 amount 的值轉換成一個數字（因為符合 \d+，所以一定可以轉換），數量只有 1 或 0 的情況則會進行一些調整。

貪婪模式

我們還可以利用 replace 方法來寫這樣的函式——從一段 JavaScript 程式碼中刪除所有的註解。第一次嘗試的版本如下：

```
function stripComments(code) {
  return code.replace(/\/\/.*|\/\*[^]*\*\//g, "");
}
console.log(stripComments("1 + /* 2 */3"));
// → 1 + 3
console.log(stripComments("x = 10;// ten!"));
// → x = 10;
console.log(stripComments("1 /* a */+/* b */ 1"));
// → 1  1
```

範例程式中，*or* 運算子之前的部分是比對兩個斜線字元後面跟任意數量的非換行字元，但我們更關心的是那幾行註解。[^] 用於比對所有不在空字元組裡面的字元。這裡的比對不能只使用句點，因為區塊註解可以換行在繼續寫，句點字元不能比對換行字元。

但是最後一行程式輸出的結果似乎錯了，為什麼？

如同我在「回溯」那一節裡說過的，比對引擎會先盡可能找符合表達式 [^]* 的部分，如果導致模式在下一個部分比對失敗，比對引擎會往後退一個字元，然後重新嘗試比對。在這個範例中，比對引擎先試著比對整個字串裡剩餘的部分然後回溯，回溯四個字元之後才發現 */ 並且進行比對，但這不是我們想要的結果，我們的目的是比對單行註解，不是要一直走到程式碼的盡頭和找到最後一個區塊註解的結尾。

看到重複運算子（+、*、? 和 {}）這種行為，我們會說它們很**貪婪**，意思是指這些運算子不僅會儘可能比對更多的內容，還會回溯到前一個位置，重新再進行比對。然而，如果你在這些重複運算子後面加上問號（+?、*?、??、{}?），它們就變得不具貪婪性，會開始縮小比對規模，除非剩餘的模式不適合小規模比對，它們才會比對更多內容。

這才是前面這個範例真正需要的做法。利用 * 運算子比對最小的一段字元會帶我們找到 */，但最終也只消耗了一個區塊註解。

```
function stripComments(code) {
  return code.replace(/\/\/.*|\/\*[^]*?\*\//g, "");
}
console.log(stripComments("1 /* a */+/* b */ 1"));
// → 1 + 1
```

追蹤程式裡規則運算式的錯誤時，發現許多都是因為無意中使用了貪婪運算子而造成的，在這些問題裡，使用不具貪婪性的運算子會更適合。因此，使用重複運算子時，請先考慮讓它們變化成不具貪婪性的運算子。

動態建立 RegExp 物件

在某些情況下，當你在寫程式碼時，可能還不確定要使用的比對模式。假設你想在一段文字中查詢使用者的姓名，並且將底線字元放在姓名的前後，以突顯出查詢結果。由於只有在程式實際執行後才知道使用者姓名，所以不能利用斜線表示法。

但是可以改用 RegExp 建構函式來建立一個字串，請見以下範例：

```
let name = "harry";
let text = "Harry is a suspicious character.";
let regexp = new RegExp("\\b(" + name + ")\\b", "gi");
console.log(text.replace(regexp, "_$1_"));
// → _Harry_ is a suspicious character.
```

在這個範例中，以 \b 建立邊界標記時，必須使用兩個反斜線，因為現在是寫在一個普通字串裡，不是包在兩個斜線裡的規則運算式。RegExp 建構函式的第二個參數是設定規則運算式的選項，範例中的「gi」表示所有比對到的內容而且不分大小寫。

但是，如果因為我們的使用者是一個書呆子少年，所以取的名字是「dea+hl[]rd」呢？在這種情況下會產生一個無意義的規則運算式，實際上是無法比對使用者的名字。

不過，只要在任何具有特殊意義的字元前加上反斜線，就能解決這個問題。

```
let name = "dea+hl[]rd";
let text = "This dea+hl[]rd guy is super annoying.";
let escaped = name.replace(/[\\[.+*?(){|^$]/g, "\\$&");
let regexp = new RegExp("\\b" + escaped + "\\b", "gi");
console.log(text.replace(regexp, "_$&_"));
// → This _dea+hl[]rd_ guy is super annoying.
```

search 方法

雖然我們不能使用規則運算式來呼叫字串的 indexOf 方法，但還有另外一個替代方案──search，這個方法就真的可以使用規則運算式。跟 indexOf 的作用一樣，回傳第一個被規則運算式找到的內容的索引值，沒找到就回傳 -1。

```
console.log("  word".search(/\S/));
// → 2
console.log("    ".search(/\S/));
// → -1
```

不幸的是，這個方法不能指定比對的起始值（跟 indexOf 的第二個參數一樣），不然這項設定在很多情況下都相當實用。

lastIndex 屬性

exec 方法一樣沒有提供簡便的方法，也是不能指定從字串的某個起始位置開始搜尋，確實不太方便。

規則運算式物件具有的屬性之一是 source，包含建立規則運算式的字串；另一個屬性是 lastIndex，可以在某些限制條件環境下，控制下次比對的起始位置。

所謂的條件環境是指規則運算式必須啟用 g（全域化）或 y（堅持性）選項，而且必須透過 exec 方法進行比對。再次強調，只多傳一個額外的參數給 exec 方法，這種解決方案比較不容易造成混淆，但 JavaScript 規則運算式介面的基本特性本身就很令人困惑。

```
let pattern = /y/g;
pattern.lastIndex = 3;
let match = pattern.exec("xyzzy");
console.log(match.index);
// → 4
console.log(pattern.lastIndex);
// → 5
```

如果比對成功，會自動在比對之後呼叫 exec 方法來更新 lastIndex 屬性；比對失敗則會將 lastIndex 的值歸零，也就是新建立的規則運算式物件的值。

全域化和堅持性這兩個選項之間差異在於：啟用堅持性時，只能直接從 lastIndex 開始比對才會成功；啟用全域化時，可以提前尋找要開始比對的位置。

```
let global = /abc/g;
console.log(global.exec("xyz abc"));
// → ["abc"]
let sticky = /abc/y;
console.log(sticky.exec("xyz abc"));
// → null
```

同時呼叫好幾個 exec 方法而且共用同一個規則運算式，在自動更新 lastIndex 屬性時會發生問題，規則運算式有可能會不小心從上一次呼叫遺留的索引值開始比對。

```
let digit = /\d/g;
console.log(digit.exec("here it is: 1"));
// → ["1"]
console.log(digit.exec("and now: 1"));
// → null
```

全域化選項還有另一個有趣的效果是，改變了 match 方法運用在字串上的方式。使用全域化選項呼叫規則運算式時，不會跟 exec 方法一樣回傳陣列，而是 match 方法在字串裡尋找所有符合模式的內容，然後回傳包含這些經過比對字串的陣列。

```
console.log("Banana".match(/an/g));
// → ["an", "an"]
```

因此，請謹慎使用規則運算式的全域化選項。一般來說，只有在必要情況下才會用到這些選項；例如，呼叫 replace 方法時以及想直接使用 lastIndex 的地方。

應用迴圈比對

常見的做法是掃描字串中出現的所有模式，藉此比對迴圈主體中的物件，使用 lastIndex 和 exec 這兩個方法。

```
let input = "A string with 3 numbers in it... 42 and 88.";
let number = /\b\d+\b/g;
let match;
while (match = number.exec(input)) {
  console.log("Found", match[0], "at", match.index);
}
// → Found 3 at 14
//   Found 42 at 33
//   Found 88 at 40
```

由於指定表達式（=）的值就是被指定的值，以 match = number.exec(input) 作為 while 陳述式的判斷條件，在每次迭代開始時執行比對，將比對的結果儲存在變數裡，直到再也找不到符合條件的內容，就停止執行迴圈。

剖析 INI 檔案

最後我們要看一個規則運算式的應用問題，作為本章的結論。請想像我們正在寫一個程式來幫我們自動從網路上收集敵人的資訊（非常抱歉，此處不會實際示範程式如何撰寫，只會說明讀取配置檔案部分的程式。），其配置檔案如下所示：

```
searchengine=https://duckduckgo.com/?q=$1
spitefulness=9.7

; comments are preceded by a semicolon...
; each section concerns an individual enemy
[larry]
fullname=Larry Doe
type=kindergarten bully
website=http://www.geocities.com/CapeCanaveral/11451

[davaeorn]
fullname=Davaeorn
type=evil wizard
outputdir=/home/marijn/enemies/davaeorn
```

上面這份檔案格式（這種格式的用途十分廣泛，通稱為 INI 檔案）的細部規則說明如下：

- 忽略空白和以分號開頭的行數。

- 有中括號 [] 的行數，表示該行以下為另一個新的設定。

- 文字 ID 後面跟著『=』字元的行數，是用於新增當前這個部分的設定。

- 不按照規則撰寫的內容均為無效。

我們的任務是將配置檔案裡的字串轉換為物件，物件的屬性負責儲存第一個中括號標題前的配置字串，子物件則負責儲存每一個標題下的配置字串。

由於我們必須逐行處理檔案裡的格式，一開始比較好的做法是將檔案拆成一行一行獨立的內容，這裡我們要應用本書第 82 頁「字串及其相關屬性」一節裡已經介紹過 split 方法。不過，有些作業系統切到獨立的一行時，不僅會用換行字元，後面還會再跟著 return 字元（\r\n），再加上 split 方法也能用規則運算式作為參數，所以就可以應用「/\r?\n/」這種規則運算式，將內容拆解成一行一行的文字，而且「\n」和「\r\n」這兩種換行方式均適用。

```
function parseINI(string) {
  // Start with an object to hold the top-level fields
  let result = {};
  let section = result;
  string.split(/\r?\n/).forEach(line => {
    let match;
    if (match = line.match(/^(\w+)=(.*)$/)) {
      section[match[1]] = match[2];
    } else if (match = line.match(/^\[(.*)\]$/)) {
      section = result[match[1]] = {};
    } else if (!/^\s*(;.*)?$/.test(line)) {
      throw new Error("Line '" + line + "' is not valid.");
    }
  });
  return result;
}

console.log(parseINI(`
name=Vasilis
[address]
city=Tessaloniki`));
// → {name: "Vasilis", address: {city: "Tessaloniki"}}
```

程式碼循環讀取檔案裡每一行的文字，並且建立成物件。檔案最上層的配置屬性會直接儲存到物件裡，其他個別部分的配置屬性則會儲存在個別的子物件裡，section 變數會指向目前處理的這個部分的物件。

檔案裡的內容明顯分成兩種類型的行數：一種是每個部份標題，另一種是每個部份的屬性配置。如果那一行的內容是一般屬性，就儲存在目前這個部分的物件裡；如果是標題，則建立一個新的 section 物件，將內容指向這個物件。

請注意重複使用 ^ 和 $，確保規則運算式有比對到一整行，而不是只比對到部分文字。雖然忽略這些細節，大部分的程式碼還是可以運作，但有一些輸出結果看起來會很奇怪，可能造成難以追蹤的錯誤。

模式 if (match = string.match(...)) 類似 while 迴圈指定判斷條件的技巧，但呼叫 match 方法時通常無法確定是否呼叫成功，所以只能在這個 if 陳述式中讀取產生的物件。為了不破壞 else if 的形式，我們將比對結果指定給一個變數，然後立即使用指定的變數值來測試 if 陳述式。

如果那一行文字不是某個部分的標題或是屬性，函式就會利用規則運算式 /^\s*(;.*)?$/，檢查這一行是否為註解或空行。你了解這個規則運算式的運作原理嗎？括號之間的部分負責比對註解，『?』是確保也有比對到只有空白字元的行數。如果有某一行文字在比對時無法符合所有我們預期的模式，函式就會拋出例外情況。

國際字元

JavaScript 最初的實作方式非常簡單，事實是這套簡單的方法後來卻成為標準行為。因此，JavaScript 的規則運算式非常不擅長處理英語系裡沒有的字元。例如，JavaScript 規則運算式會把一個「單字的字元」看成只是 26 個拉丁字母裡的其中一個（不管是大寫還是小寫都一樣），也能處理十進位數字，出於某個理由，還有底線字元。在多數情況下，像 é 或 β 這類的字元一定會被視為單字的字元，\w 會跳過它們不比對（\W 就會比對）。

然而，由於 JavaScript 發展歷史上意外出現的怪異事件，\s（空白）反而沒有這個問題，會正常比對所有 Unicode 標準認定的空白字元，包含不換行空格和蒙古文母音分隔符號。

另一個問題是，規則運算式在預設情況下，採用的是編碼單位（本書第 102 頁「字串與字元編碼」一節中曾經討論過），而不是我們實際上用的字母，表示一個字母是由兩個編碼單位組成，這是很怪異的行為。

```
console.log(/🍎{3}/.test("🍎🍎🍎"));
// → false
console.log(/<.>/.test("<🌹>"));
// → false
console.log(/<.>/u.test("<🌹>"));
// → true
```

問題是上面程式碼中第一行的 🍎 被視為兩個編碼單位，{3} 的部分卻只套用在第二個編碼單位；同樣地，『.』是比對一個編碼單位的字元，不是玫瑰這種由兩個編碼單位組成的表情符號。

如果希望規則運算式能正確處理這類的字元，必須加上 u（指 Unicode）。不幸的是，發生錯誤的情況屬於預設行為，更改這個行為可能會造成現有依賴它的程式碼出現問題。

雖然這個部分才剛標準化，在我撰寫本書之時尚未獲得廣泛支持，但可以在規則運算式中使用 \p，比對所有 Unicode 標準分配給指定屬性的字元。

```
console.log(/\p{Script=Greek}/u.test("α"));
// → true
console.log(/\p{Script=Arabic}/u.test("α"));
// → false
console.log(/\p{Alphabetic}/u.test("α"));
// → true
console.log(/\p{Alphabetic}/u.test("!"));
// → false
```

雖然 Unicode 定義了許多有用的屬性，但要找到你需要的屬性總是很繁瑣，這種時候你可以使用 \p{Property=Value} 來進行比對，找出所有指定該屬性值的字元。像 \p{Name} 這種省略屬性名稱的情況，會假設名稱是二進位屬性（例如，Alphabetic）或某個分類（例如，Number）。

本章重點回顧

規則運算式屬於物件，以字串表示模式，使用自己的語言來表達這些模式。

/abc/	一串字元
/[abc]/	字元集中的任何字元
/[^abc]/	任何不在字元集中的字元
/[0-9]/	落在範圍內的任何字元
/x+/	模式 x 重複出現一次或多次
/x+?/	模式 x 重複出現一次或多次，非貪婪模式
/x*/	模式 x 不出現或重複出現多次
/x?/	模式 x 不出現或出現一次
/x{2,4}/	模式 x 出現 2 到 4 次
/(abc)/	一個群組
/a|b|c/	數種模式的其中一種
/\d/	任何數字字元
/\w/	文數字字元（「單字的字元」）
/\s/	任何空白字元
/./	換行符以外的任何字元

/\b/	單詞邊界
/^/	開始輸入
/$/	輸入結束

規則運算式的 test 方法是用於測試指定的字串是否符合，exec 方法則是用於找到符合的內容時，將所有比對到的群組內容存在陣列裡並且回傳，這樣的陣列具有索引值屬性，用於指示比對的起始位置。

字串的 match 方法是利用規則運算式來比對字串；search 方法則是用於搜尋字串，但只會回傳比對結果在字串裡的起始位置；replace 方法可以將模式比對到的內容，替換為你指定的字串或函式。

規則運算式還有一些選項可以設定，直接寫在運算式結尾的斜線後面。i 表示比對時不分大小寫；g 是讓規則運算式全域化，所以 replace 方法會替換掉所有比對到的實體，而不是僅有第一個比對到的內容；y 是讓規則運算式具有堅持性，表示它在比對時不會往前搜尋以及跳過部分字串；u 則是開啟 Unicode 模式，當我們在處理具有兩個編碼單位的字元時，這個選項可以修正很多問題。

規則運算式本身雖然是很敏銳的工具，但處理方式卻很笨拙。雖然能將某些工作任務簡化到極致，但如果應用在複雜的問題上，很快就會變得難以管理。對規則運算式的使用多少有些了解，比較容易壓下心裡的衝動，不會想硬塞一些規則運算式無法清楚表達的內容。

練習題

解決這些練習題的過程中，面對規則運算式某些無法說明的行為，真的會讓人感到困惑，而且挫折感很重。有時可以利用一些線上工具來輔助你，例如，*https://debuggex.com*。在這些工具中輸入你的規則運算式，看看出來的視覺效果是不是你想要的，以及實驗看看輸入各種字串後，規則運算式的回應方式是什麼。

Regexp 高爾夫（Regexp Golf）

Code golf 這個名詞是指一種程式競賽，這個競賽的目標是要用最簡短的程式碼，實作出一個特定的程式。*Regexp* 高爾夫這個練習題的目標也是一樣，請練習最簡短的程式碼寫出規則運算式，依據指定模式比對字串，而且只能用這個模式。

根據以下每一項規則，寫出一個規則運算式來測試字串裡是否出現任何指定的子字串。規則運算式應該只要比對以下說明的其中一種子字串，而且除非說明裡有直接提到，否則不要擔心單詞邊界。等你成功寫出一個可行的規則運算式後，再看看是否可以寫得更簡短。

1. *car* 和 *cat*

2. *pop* 和 *prop*

3. *ferret*、*ferry* 和 *ferrari*

4. 任何以 *ious* 結尾的單字

5. 空白字元後跟著一個句點、逗號、冒號或分號

6. 長度超過六個字母的單字

7. 沒有字母 *e*（或 *E*）的單字

需要協助的話，請參見「本章重點回顧」所列出的指令表。完成之後，請找幾個測試字串來測試每個解決方案。

更換引號風格（Quoting Style）

請想像一下，你寫了一個故事，而且整篇故事裡的對話片段都以單引號標記。現在你想將所有標記對話的引號都換成雙引號，同時還要保留簡寫標記為單引號，例如，*aren't*。

請思考一種模式來區分出這兩種用途的引號，然後呼叫 `replace` 方法，正確地替換引號。

比對數字（Numbers Again）

請寫一個規則運算式，只比對 JavaScript 風格的數字。必須支援可以選擇在數字前放負號或正號、小數點和指數符號（`5e-3` 或 `1E10`），而且指數前也要可以放正負號。此外，請注意小數點前後不一定會有數字，但單獨一個點不能視為數字；也就是說，`.5` 和 `5.` 對 JavaScript 來說是合法的數字，只有一個點的話就不是。

「刪掉我們寫出來的程式碼，非常簡單，然而，擴展
程式碼卻很難。」

　　　　　　　　　　　　—程式設計師 Tef，
　　　　　　　　《*Programming Is Terrible*》部落格

10

模組

理想的程式要具有清晰易懂的程式結構，而且易於說明程式的運作方式，對程式中每個部分所扮演的角色均定義完善。

真實的程式通常是有生命的。當你提出新的需求，就會增加一段程式碼來處理新的功能。建立程式結構和維護結構都要額外付出工作量，而且這方面的投入無法立即獲得回報，將來使用這個程式的人才能享受成果，所以很容易忽視這方面的投入，讓程式的各個部分陷入深深的糾纏。

這樣的情況會造成兩個現實的問題。首先，理解這樣的系統很困難；如果所有一切的程式彼此之間都有關聯，很難單獨看其中一個部分的內容，你會被迫對整體事物建立全盤的理解。其次是，如果你想從這種類型的程式裡，拆出任何一個功能用在其他情況下，與其從現有的程式環境中分離出來，還不如重寫比較容易。

英文有個片語「big ball of mud」（一團爛泥），通常就是用於形容這種毫無結構的大型程式。當所有一切都黏在一起時，如果你試圖挑出其中一塊，整體會四分五裂，全盤瓦解，然後就弄髒你的手啦。

建立模組區塊

模組（module）的目的就是試著想避免這些問題。模組也是一段程式，會指定自身依靠哪些程式，以及提供哪些功能給其他模組使用，也就是介面。

模組介面與物件介面的共同性很高，請參見第 109 頁「封裝」一節提過的內容。模組會將自身的一部分內容提供給外界使用，其餘部分則為模組私有內容。由於限制模組之間的互動方式，系統變得更像樂高積木，每一塊程式透過完整定義的連結器進行互動，所以比較不會像一團爛泥一樣，所有東西都攪和在一起。

模組之間的關係稱為**相依性**（dependency）。當一個模組需要另一個模組的一部分時，我們就會說這個模組依賴那個模組。當模組本身明確指定這個事實，就表示它使用某個指定模組時，需要哪些其他模組存在，而且會自動載入相依模組。

為了以這種方式將不同的模組隔開，每個模組都需要自己的私有域（private scope）。

只是將 JavaScript 程式碼分別存在不同的檔案裡，並不能滿足這樣的需求。檔案之間仍然可以共享同一個命名空間，因此，可能會在有意或無意間干擾彼此的變數，而且相依結構依然不夠明確。我們有更好的做法，本章後續會討論這個部分。

確實很難為程式規劃合適的模組結構。當你還在探索問題，嘗試哪些不同的做法是否可行時，通常不想在這個階段投入太多心力在這方面，因為會分散掉很多的注意力。等到你有一些比較明確的想法時，就是退一步、重新組織這些內容的好時機。

套件

利用各個單獨而且實際上能夠獨立執行的程式碼來建立一個程式，其優點在於，可以把相同的程式碼應用在不同的程式裡。

但是要如何設定呢？假設我想在另一個程式裡，使用第 176 頁「剖析 INI 檔案」一節裡的 parseINI 函式。如果很清楚函式的相依性（在這個例子裡沒有），可以將所有必要的程式碼複製到新專案裡使用。可是，萬一我在這段程式碼中發現錯誤，可能只記得修正當下使用的程式，忘記也應該要修正其他有用到這段程式碼的程式。

因此，一旦你開始複製程式碼，很快就會發現自己將浪費很多時間和精力，忙於移動程式碼副本，並且讓這些程式碼都保持在最新版本。

這就是套件（package）出現的原因。套件是一塊可以發送的程式碼，所以可以複製和安裝。套件包含一個或多個模組，具有其他相依套件的資訊，通常還會自帶說明文件，目的是讓套件作者以外的人也知道如何使用。

當套件發現問題或增加新功能時，就會更新。如此一來，依賴這個套件的程式或其他套件，就可以升級到新版本。

這種工作方式需要一套基礎設施，要有一個地方負責儲存和查詢套件，和一個方便安裝和升級套件的方法。在 JavaScript 的世界裡，由 NPM（*https://npmjs.org*）提供這套基礎設施。

NPM 包含兩個部分：一個線上服務，負責讓你下載和上傳套件；另一個是幫助你安裝和管理套件的程式（和 Node.js 環境綁在一起）。

撰寫本章的時候，NPM 上有超過 50 萬種不同的套件可供使用。應該說其中大部分都是垃圾，但幾乎所有有用的、公開提供的套件，你都可以在這裡找到。例如，在套件名稱 ini 下可以找到一個 INI 檔案剖析器，類似我們先前在第 9 章建立的程式。

後續第 20 章會介紹如何使用 npm 命令列程式，在本機安裝這類的套件。

提供有品質的套件讓大家下載是非常有價值的做法，這表示我們可以避免常常要重新發明一個需要 100 個人才能寫好的程式，現在在我們只需按幾個鍵，就能得到可靠、經過完整測試的實作方法。

複製軟體的成本很低，所以只要有人去寫軟體，然後發送給其他人，就是一個有效的流程。但是，首先寫程式需要投入工時，有人發現程式碼裡有問題，回應這些問題也需要工時，當有人想提出新功能，又需要更多的工時。

在預設情況下，程式碼的作者會擁有版權，其他人只能在作者的授權下使用。不過，有些人很好心，再加上發布品質良好的軟體可以幫助他們在程式設計師之間變得小有名氣，所以很多套件發布時，都會明確授權其他人可以使用。

在 NPM 上，多數程式碼都是以這種方式授權。某些授權方式還會要求你也要跟套件用一樣的授權方式，並且釋出你寫的程式碼；其他類型的授權方式要求較低，只要在散布程式碼時保留授權，JavaScript 社群採用的授權方式主要是後者。總之，使用其他人的套件時，請你一定要了解對方的授權方式。

權宜之計下的模組

2015 年以前，JavaScript 這個程式語言一直都沒有內建模組系統，然而，在那之前的十幾年，人們一直在用 JavaScript 建構大型系統，他們需要模組。

於是，程式設計師自行在 JavaScript 上設計了自己的模組系統，利用 JavaScript 函式來建立區域範圍和物件，用以表達模組介面。

下面這個模組是用於切換日期名稱和數字（跟 Date 類別的 getDay 方法回傳的值一樣），其介面由 weekDay.name 和 weekDay.number 組成，將區域變數 names 隱藏於函式的作用範圍內。

```
const weekDay = function() {
  const names = ["Sunday", "Monday", "Tuesday", "Wednesday",
                 "Thursday", "Friday", "Saturday"];
  return {
    name(number) { return names[number]; },
    number(name) { return names.indexOf(name); }
  };
}();

console.log(weekDay.name(weekDay.number("Sunday")));
// → Sunday
```

這種風格的模組某種程度上算是獨立，但是不宣告相依性，反而只是將介面放在全域範圍裡，希望自己的相依性（如果有的話）也採用相同的做法。網頁程式設計有相當長的一段時間都是以這種做法為主，但現在幾乎已經過時了。

如果想讓相依性成為程式碼的一部分，就必須載入相依性。採用這種做法需要將字串視為程式碼來執行，JavaScript 可以做到這一點。

將資料轉換為程式碼

有好幾種方法可以取得資料（一串程式碼），並且將資料作為當前程式的一部分來執行。

最明顯的方法是利用特殊運算子 eval，會在目前的作用範圍內執行一個字串。這個主意通常很糟，因為會破壞某些作用範圍具有的一般屬性，像是隨便就能預測指定名稱引用哪個變數。

```
const x = 1;
function evalAndReturnX(code) {
  eval(code);
  return x;
}

console.log(evalAndReturnX("var x = 2"));
// → 2
console.log(x);
// → 1
```

將資料轉譯為程式碼時，比較沒那麼可怕的方法是用 Function 建構函式，需要兩個參數：第一個字串包含以逗號分隔的參數名稱列表，第二個字串則是包含函式主體。這個做法是將程式碼包裝在函式值裡，如此一來，不僅有自己的程式作用範圍，也不會對其他作用範圍造成怪異的影響。

```
let plusOne = Function("n", "return n + 1;");
console.log(plusOne(4));
// → 5
```

這正是我們需要的模組系統，將模組的程式碼包裝在一個函式裡，然後將函式的作用範圍視為模組的作用範圍。

模組規範 CommonJS

附加在 JavaScript 模組裡，使用最廣泛的方法為 *CommonJS* 模組，不僅 Node.js 環境採用這套模組，也是 NPM 上多數套件使用的系統。

CommonJS 模組中的主要概念是 require 函式，以相依性的模組名稱呼叫 require 函式，確保模組已經載入並且回傳模組的介面。

由於載入器將模組程式碼包裝在函式裡，所以模組能自動取得自己作用的區域範圍。這套模組的主要功能就是呼叫 require 函式取得相依性，然後放進 exports 物件裡。

以下範例程式中的模組是提供日期格式化的功能。這個模組使用兩個 NPM 上的套件：一個是 ordinal，負責將數字轉換成字串，例如，「1st」和「2nd」；另一個是 date-names，負責取得星期幾和月份的英文名稱。最後輸出 formatDate 函式，以 Date 物件和樣板字串作為參數。

樣板字串包含引導格式的程式碼，例如，YYYY 表示某一年，Do 表示某個月份中的第幾天。假設給一個像「MMMM Do YYYY」格式的字串，輸出結果會是「2019 年 11 月 22 日」。

```
const ordinal = require("ordinal");
const {days, months} = require("date-names");

exports.formatDate = function(date, format) {
  return format.replace(/YYYY|M(MMM)?|Do?|dddd/g, tag => {
    if (tag == "YYYY") return date.getFullYear();
    if (tag == "M") return date.getMonth();
    if (tag == "MMMM") return months[date.getMonth()];
    if (tag == "D") return date.getDate();
    if (tag == "Do") return ordinal(date.getDate());
    if (tag == "dddd") return days[date.getDay()];
  });
};
```

ordinal 的介面是一個函式，date-names 則是輸出一個包含多項資料的物件，其中 days 和 months 是存放名稱的陣列。想為匯入的介面建立變數時，解構是非常方便的做法。

模組將其介面函式新增到 exports 物件裡，依賴這個模組的其他程式碼就能透過介面使用這個模組，使用方式如下所示：

```
const {formatDate} = require("./format-date");

console.log(formatDate(new Date(2019, 8, 13),
                       "dddd the Do"));
// → Friday the 13th
```

require 函式的最小定義形式，如下所示：

```
require.cache = Object.create(null);

function require(name) {
  if (!(name in require.cache)) {
    let code = readFile(name);
    let module = {exports: {}};
    require.cache[name] = module;
    let wrapper = Function("require, exports, module", code);
    wrapper(require, module.exports, module);
```

```
  }
  return require.cache[name].exports;
}
```

在以上的範例程式中，readFile 是我們虛構出來的函式，假裝它可以讀取檔案，並且以字串型態回傳檔案的內容。JavaScript 的標準環境並沒有提供這樣的功能，可是其他不同的環境，例如，瀏覽器和 Node.js 都有提供自家方法讓程式讀取檔案。在這個範例中，我們只是假裝有 readFile 這樣的函式存在。

為了避免多次載入同一個模組，require 函式會將已經載入的模組儲存在快取裡。呼叫函式時，會先檢查程式要求的模組是否已經載入，如果不存在才會載入，這部分的流程包含讀取模組的程式碼、將程式碼包裝在一個函式裡，然後呼叫函式。

前面看過的 ordinal 套件，其介面不是物件而是函式。CommonJS 模組有一個詭異的做法，雖然模組系統會建立一個空的 exports 物件給你，但你還是可以重寫 module.exports，將物件替換為任何值。有許多模組會這麼做，輸出單一值而不是介面物件。

為產生的包裝函式定義 require、exports 和 module 參數，在呼叫函式時傳入適當的參數值，載入器會確保模組作用範圍內可以用這些變數。

指給 require 函式的字串要轉換成實際的檔案名稱或網址，不同的系統有不同的做法。當字串以「./」或「../」開頭，通常會解釋為跟當前模組的檔名有關。因此，前面範例中的「./format-date」會命名為 format-date.js，並且存放在同一個目錄下。

Node.js 如果找不到相對應的名稱，就會根據模組名稱來查詢已經安裝的套件。在本章的範例程式碼中，我們這些模組名稱都是引用 NPM 套件，後續第 20 章會再進一步介紹如何安裝和使用 NPM 模組。

現在你只要知道，我們用的 INI 檔案剖析器是 NPM 上現成的模組，不是我們自己寫的。

```
const {parse} = require("ini");

console.log(parse("x = 10\ny = 20"));
// → {x: "10", y: "20"}
```

模組規範 ECMAScript

CommonJS 模組運作得相當好又能跟 NPM 結合，幫助 JavaScript 社群開始大規模分享程式碼。

但 CommonJS 模組有點像急就章的方法，其表示法比較難用，例如，新增到 **exports** 物件的內容無法在區域範圍內使用；而且，因為 **require** 是一般函式，呼叫函式時接受任何類型的參數，不僅是字串文字，所以在不執行程式碼的情況下，很難判斷模組的相依性。

這就是為什麼 JavaScript 從 2015 年起，要導入另外一套自家設計的不同模組系統，通常稱為 ES 模組，其中 ES 表示 *ECMAScript*。這兩個模組在相依性和介面兩個主要概念上維持不變，差異之處在於一些細節。其中一項差異是，表示法現在已經整合到程式語言裡，呼叫函式時不需要再讀取相依性，只要使用關鍵字 **import**。

```
import ordinal from "ordinal";
import {days, months} from "date-names";

export function formatDate(date, format) { /* ... */ }
```

同樣地，關鍵字 **export** 是用於匯出內容，可以放在函式、類別或變數定義（**let**、**const** 或 **var**）的前面。

ES 模組的介面並不是單一值，而是一套經過命名的變數。之前用過的模組是將 **formatDate** 綁定到函式，所以當你從另外一個模組匯入變數而不是定值，表示模組匯出時隨時有可能改掉變數的值，在這個情況下，之前匯入的模組就會看到新的變數值。

當變數命名為 **default**，就會被視為模組的主要匯出值。如果你導入的模組類似範例程式中的 **ordinal**，變數名稱周圍沒有大括號，就會得到變數 **default**。不同變數名稱搭配模組 **default** 的匯出設定，這些模組還是可以輸出其他變數。

設定預設的匯出內容時，寫法是在表達式、函式宣告或類別宣告之前撰加上「**export default**」。

```
export default ["Winter", "Spring", "Summer", "Autumn"];
```

匯入變數時搭配關鍵字「as」，可以順便對變數重新命名。

```
import {days as dayNames} from "date-names";

console.log(dayNames.length);
// → 7
```

另一個重要的差異是，ES 模組是在開始執行腳本之前就先匯入模組，表示這套模組不會在函式或程式區塊中宣告 import，相依性的名稱必須寫成帶引號的字串，而不是任意表達式均可。

我在寫這篇文章的時候，JavaScript 社群已經開始採用這種風格來寫模組程式，然而這會是一個漫長的過程。縱使格式已經定下來，但要瀏覽器和 Node.js 開始支持這項新格式，還要再花上好幾年的時間。雖然大部分運行 JavaScript 的環境現在表示會支援這個格式，但仍然存在一些需要討論的議題，例如，如何透過 NPM 擴散這些模組還在討論實際的做法。

目前許多採用 ES 模組撰寫而成的專案，在發布時會自動轉換為其他格式。由於當前我們正處在兩套不同模組系統的過渡時期，如果具備讀取和撰寫這兩套模組程式碼的能力會比較有利。

模組的建立與封裝

如果從技術面來看，許多 JavaScript 的專案甚至根本不是採用 JavaScript，還有許多延伸的技術可用，像是本書第 143 頁「資料型態」一節裡曾經提過某一種檢查型態的特殊語法。許多人很早以前就開始使用這些延伸技術，專案完成後才會加到實際實際執行 JavaScript 的平台上。

為了達成這個目的，這些人在編譯程式碼的時候，會將他們選擇使用的 JavaScript 特殊語法轉換成一般舊版的 JavaScript（甚至是更早期的版本），以便於舊版的瀏覽器環境可以執行他們所寫的程式。

假設有一個網頁是由一個模組化程式組成，包含 200 個不同的檔案，這樣的網頁會產生自己的問題。如果透過網頁讀取一個檔案需要 50 毫秒，那麼載入所有 200 個檔案就需要 10 秒，如果同時載入好幾個檔案，或許只需要一半的時間，但還是會浪費掉大量的時間。由於讀取單一大檔往往比讀取一大堆零散的小檔更快，所以網頁設計師已經開始使用工具將程式滾成一個大檔，然後再發布到網頁上，這類的工具就稱為打包工具（bundler）。

我們還可以更進一步。除了檔案數量的多寡，檔案的大小也會決定了它們在網路上的傳輸速度，因此，JavaScript 社群發明了壓縮器（minifier）。這些工具會幫 JavaScript 程式瘦身，它們會自動刪除程式碼裡的註解和空白、為變數重新命名，以及使用佔用空間更少但效果一樣的程式碼來取代原有的一段程式碼。

因此，在 NPM 套件找到的程式碼或是在網頁上執行的程式碼，很少經歷多個轉換階段——從現代版 JavaScript 轉換為舊版 JavaScript，從 ES 模組格式轉換為 CommonJS 模組、打包和壓縮。本書不會詳細介紹這些工具，因為這部分的內容往往很乏味而且變化很快。只要注意這一點，你執行的 JavaScript 程式碼通常不是你當初寫的那份程式碼。

模組設計

建立程式結構是程式設計的奧妙之一，任何複雜的功能都能以各種方式建立模型。

什麼才是好的程式設計，這一點十分主觀——權衡利弊和個人品味的問題。若想了解一項結構完善設計其價值之所在，最好的方法是閱讀或處理大量程式，並且注意哪些可行，哪些不可行。不要認為一團令人痛苦的混亂「本來就該是這樣」，你要放更多心力去思考原因，幾乎所有事物的結構都能因此改善。

模組設計的考量之一是易於使用。不論你設計的程式是打算提供給很多人使用或者只做為自己使用，三個月之後，你不再記得當初寫程式的細節時，如果介面本身簡單又很容易聯想，會是十分有幫助的設計。

這表示你的設計可能需要參照現有的程式慣例，ini 套件就是一個很好的例子。這個模組仿照標準 JSON 物件，提供 parse 和 stringify（寫入 INI 檔案）函式，功能跟 JSON 一樣，會在字串和原始物件之間進行轉換，所以這個模組的介面不僅小而且讓使用者覺得十分親切，用過一次之後，就可能會記住用法。

就算你沒找到現成的標準函式或相當普及的套件可以模仿，至少還可以讓模組保持容易聯想的特性，像是使用簡單的資料結構、專注在單一功能上。例如，NPM 上有許多 INI 檔案剖析模組就只提供一個函式——直接從硬碟讀取 INI 檔案，並且進行剖析。不過，這類模組無法用在瀏覽器上，原因在於無法直接讀取檔案系統，如果希望有更好的解決方法，模組就要結合某種檔案讀取功能，但這會增加模組的複雜性。

這也指出模組設計好用的另一面——可以輕鬆地將某些東西與其他程式碼結合在一起。比起一些執行複雜操作又具有副作用的大型模組，將功能專注於計算值的模組更容易應用於多種範疇的程式上。此外，在檔案內容來自於其他來源的情況下，硬要從硬碟讀取 INI 檔，只會徒勞無功。

另一個相關的議題是，在某些情況下，有狀態的物件很有用甚至有存在的必要，但如果可以用函式完成，請優先使用。NPM 上有幾個 INI 檔案讀取模組會提供某種風格的介面，要求你先建立一個物件，然後將檔案載入到物件裡，最後再利用特定的方法獲得結果。這種做法在傳統的物件導向中很常見，而且很可怕，並不是呼叫一個函式就能移動物件，而是物件通過各種狀態時都一定要完成這個流程；再加上資料現在包裝在一個特定型態的物件裡，變成所有跟資料互動的程式碼都必須先知道這個特定型態，因而讓彼此之間產生無謂的相依性。

定義新的資料結構通常無法避免（一般程式語言通常只提供幾個標準的基本型態），而且許多資料型態一定比陣列或 map 更複雜。因此，如果陣列就已經夠用，請優先使用陣列。

第 7 章的圖形算是一個比較複雜的資料結構例子，JavaScript 沒有方式可以直接表示這種圖，其使用的物件屬性具有好幾個字串陣列，表示從某個節點可以到哪些其他節點。

NPM 上有好幾個不同的路徑搜尋套件，但沒有任何一個套件使用這種圖形格式。這些套件通常是讓圖的輪廓線具有權重，也就是以相關的成本或距離作為權重，我們的表示方法則做不到這一點。

以 `dijkstrajs` 套件為例，這是相當知名的路徑搜尋套件用（和本書的 `findRoute` 函式十分類似），稱為 *Dijkstra 演算法*，以首次寫出這個演算法的荷蘭科學家 Edsger Dijkstra 的姓氏命名，套件名稱後面通常會加上 `js`，表示用 JavaScript 寫的。`dijkstrajs` 套件使用的圖形格式和本書類似，只不過它不是使用陣列而是用物件，物件的屬性值為數字表示輪廓線的權重。

所以，如果我們要使用這個套件，就必須將我們的圖形儲存成這個套件需要的格式。由於我們的模型經過簡化，將每條路的成本視為相同，因此圖形中所有輪廓線的權重都一樣。

```
const {find_path} = require("dijkstrajs");

let graph = {};
```

```
for (let node of Object.keys(roadGraph)) {
  let edges = graph[node] = {};
  for (let dest of roadGraph[node]) {
    edges[dest] = 1;
  }
}

console.log(find_path(graph, "Post Office", "Cabin"));
// → ["Post Office", "Alice's House", "Cabin"]
```

當各種套件使用不同的資料結構來描述相似的內容時，很難組合這些套件，這可能是你在組合模組上會遇到的障礙。因此，如果你想設計模組的組合性，請找出其他人正在使用的資料結構，視情況仿照他們的範例。

本章重點回顧

將程式碼分成好幾塊模組，使其具有清晰的介面和相依性，可以為更大的程式提供結構。介面是模組中讓其他介面看到的門面，相依性則表示這個模組有用到哪些其他模組。

JavaScript 過去並沒有提供模組系統，造就 CommonJS 系統於其上建立了一套模組。此後，JavaScript 在某個時機點也**真的**內建了一套自己的模組系統，目前與 CommonJS 系統勉強維持共存的局面。

套件是一塊可以自行散佈的程式碼，NPM 可以說是儲存 JavaScript 套件的資料庫，讓你可以從中下載各種有用的套件。

練習題

模組化機器人（A Modular Robot）

以下這些名稱是第 7 章實作專案裡建立的變數：

```
roads
buildGraph
roadGraph
VillageState
runRobot
randomPick
randomRobot
mailRoute
routeRobot
```

如果你要將該專案的程式模組化，需要建立哪些模組？哪些模組彼此之間有相依性，它們的介面長怎樣？

又有哪些部分可以從 NPM 上取得事先寫好的程式？你比較喜歡使用 NPM 上的套件還是自己寫？

道路模組（Roads Module）

以第 7 章的實作專案為例，練習寫 CommonJS 模組，包含一個道路陣列，以及輸出表示道路路網的圖形資料結構 roadGraph。相依性模組為 ./graph，這個模組會輸出 buildGraph 函式，用於建構圖形，需要一個二元陣列作為函式的參數（作為道路的起點和終點）。

循環相依性（Circular Dependencies）

迴圈相依性這種情況是指，模組 A 依賴模組 B，模組 B 也直接或間接依賴模組 A。許多模組系統會完全禁止這種情況發生，原因在於，載入這類模組時，不管你選擇的順序為何，都無法確保每個模組的相依性會在執行之前載入。

CommonJS 模組雖然允許使用迴圈相依性，但有限制條件：模組不能把預設的 exports 物件換掉，而且一定要先載入相依性，才能讀取彼此的介面，只要遵守這兩個條件就能使用迴圈相依性。

第 187 頁「模組規範 CommonJS」一節中介紹過的 require 函式就支援這種類型的迴圈相依性。這個函式是如何處理迴圈的，你看出來了嗎？當迴圈中的模組真的換掉預設的 exports 物件時，又會出現什麼問題？

「孰能濁以靜之徐清？孰能安以動之徐生？」

　　　　　　　　　　　　　　　　　—老子，《道德經》

非同步程式設計

電腦核心部分稱為處理器（**processor**），負責執行組成程式的各個步驟。截至目前為止，我們帶大家看的這些程式都是讓處理器保持忙碌，直到完成工作。某些程式的執行速度（例如，處理數字的迴圈），幾乎完全取決於處理器的速度。

然而，許多程式還會跟處理器之外的事物進行互動，例如，透過電腦網路進行通訊或是從硬碟讀取資料（相較於記憶體讀取，速度會慢很多）。

此時，讓處理器無事可做，未免太可惜了，或許可以讓它在閒置的時候做一些其他工作。某種程度上是由作業系統來發號施令，切換處理器去處理多個正在執行的程式。但是，如果遇到的情況是單一程式正在等待網路回應它的請求，就無法利用閒置的處理器幫助這個程式繼續執行。

非同步性

在同步程式設計模型（synchronous programming model）裡，同時只會發生一件事。因此，當你呼叫函式執行的動作要花很長的時間時，只能等這個動作完成後才會回傳結果，函式執行這個動作的期間，則會停止運行程式。

非同步模型（asynchronous model）則允許多件事情同時發生，即使函式開始執行一項動作，程式仍舊會繼續執行，等動作完成時會通知程式去取得結果（例如，從硬碟讀取資料）。

這裡我們舉一個小例子來比較同步和非同步程式這兩種設計：假設現在有一個程式要從網路取得兩個資源，然後組合成幾項結果。

在同步設計環境下，函式只會在完成工作後才會回傳程式請求的結果，因此，執行工作任務時，最簡單的做法是一次只提出一個請求，然後一個接著一個執行。這種設計的缺點是，第一個請求完成後，才會開始執行第二個請求，總共需要的執行時間至少會是回應兩次請求的時間總和。

在同步系統中，解決這個問題的方案是啟動其他的控制執行緒。執行緒（thread）是另一個正在執行的程式，作業系統可能會交錯執行某個執行緒和其他程式。由於現在的電腦大部份都有多個處理器，甚至可能在不同的處理器上同時執行多個執行緒。回到我們的例子，第二個執行緒會啟動第二個請求，然後等兩個執行緒都回傳結果後，再重新同步以合併結果。

下圖中，粗線表示程式正常執行所花費的時間，細線表示等待網路所花費的時間。在同步模型中，網路花費的時間要當成控制執行緒時間軸的一部分；在非同步模型中，啟動網路這項動作在概念上會導致時間軸出現分裂，而啟動動作的程式會繼續執行，等動作完成後再通知程式。

同步，控制單一執行緒

同步，控制兩個執行緒

非同步

還有一種說法可以描述兩者之間的差異：等待動作完成的時間已經內含在同步模型的時間軸裡，但在非同步模型中，我們可以明確控制這部份的時間。

非同步性就像一把兩面刃，有利有弊。對於不適合直線控制模型的程式來說，非同步性可以簡化程式的表達，然而，依循直線控制模型的程式用了，其表達方式就會變得更加棘手，本章稍後會介紹一些方法來解決這個棘手的情況。

JavaScript 的兩大重要程式設計平台——瀏覽器和 Node.js 都是採用非同步方式來處理需要耗費一些時間的操作，並非依靠執行緒。由於有用到執行緒的程式設計是出了名的困難（當一個程式同時進行多項工作時，要理解程式的運作是難上加難），所以採用非同步性這點通常會視為一項優點。

烏鴉世界的技術

多數人都知道烏鴉是非常聰明的鳥類，它們具有使用工具、事前計畫、記憶等能力，彼此之間甚至可以溝通。

多數人不知道的還有，烏鴉有能力做很多事情，只是它們在人類面前隱藏得很好。一位著名的（聽來或許有些古怪）鴉科鳥類專家告訴我，烏鴉的技術與人類相去不遠，而且它們正在迎頭趕上。

例如，從許多烏鴉文化中可以發現，它們有能力建造計算裝置，但不是人類這種電子式的計算裝置，而是透過迷你昆蟲的動作進行操作，這些昆蟲的種類近似白蟻，已經與烏鴉建立共生關係。鳥類為昆蟲提供食物，昆蟲回報鳥類的方式則是建立與操作自身複雜的生物群，昆蟲在體內這些生物群的幫助下執行計算。

這些生物群通常生存於大型、時間悠久的巢穴中，鳥類和昆蟲共同建構了一個黏土球結構的網路，將其隱藏在巢穴的樹枝之間，昆蟲則在巢穴裡生活與工作。

為了與其他裝置通訊，這些機器會使用光線作為信號。烏鴉的特殊通訊方式是在植物的莖裡面嵌入反射材料，昆蟲再將些材料反射到另一個巢穴，藉此將資料編碼成一連串的快速閃光，這表示唯有巢穴之間能以不間斷的視覺方式連接，才能進行通訊。

我們的鴉科專家朋友已經針對 Rhône 河畔一處 Hières-sur-Amby 村，繪製這個村的烏鴉鳥巢網路圖，下圖為各個烏鴉鳥巢及鳥巢之間的連結關係。

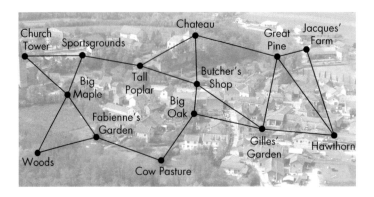

在這個趨同演化的例子裡，你將看到一個令人驚訝的事實，烏鴉電腦會執行 JavaScript，本章會寫幾個基本的網路函式來表現烏鴉電腦的功能。

回呼函式

非同步程式設計的方法之一是，讓執行時間較長的函式接受一個額外的參數，也就是回呼函式（callback function）；開始執行動作，等動作完成時，以其產生的結果呼叫函式。

例如，Node.js 和瀏覽器環境都有提供的 **setTimeout** 函式，會先等待指定的毫秒數（一秒為一千毫秒），再呼叫函式。

```
setTimeout(() => console.log("Tick"), 500);
```

等待也是一種工作但通常不受到重視，然而在某些情況下就非常有用，例如，更新動畫或是檢查某項操作花費的時間是否超過我們指定的時間。

搭配回呼函式連續執行多個非同步動作，表示每當一個動作結束後就必須呼叫一個新函式，因此會不斷傳遞新函式來處理連續計算。

大部分的烏鴉鳥巢電腦都有一個球莖，負責長期儲存資料，其做法是將一段的資訊刻在植物的細枝上，以便於日後可以取出資料。刻資料或取出資料都要花一些時間，因此負責長期儲存資料的介面屬於非同步而且會用到回呼函式。

球莖儲存裝置是將 JSON 編碼資料儲存在各個名稱下。烏鴉可能會在「food caches」（食物暫存區）儲存和隱藏食物地點相關的資訊，暫存區下有一個名稱陣列，指向其他用以描述真正暫存區的資料。烏鴉為了從放在**大橡樹**（Big Oak）鳥巢的球莖儲存裝置裡查詢食物暫存區，會執行像以下這樣的程式碼：

```
import {bigOak} from "./crow-tech";

bigOak.readStorage("food caches", caches => {
  let firstCache = caches[0];
    console.log(info);
  });
});
```

（所有烏鴉語言使用的變數名稱與字串均已翻譯成英文。）

這種程式設計風格雖然可行，但由於程式最終會進入另一個函式，所以每增加一個非同步動作，就會提高程式縮排的程度。因此，遇到更複雜的操作時會變得有點棘手，例如，同時執行多個動作。

烏鴉鳥巢電腦建置的通訊模式為「請求—回應」（request-response），這表示當一個鳥巢將訊息發送到另外一個鳥巢後，該鳥巢會立即回送一個訊息，不僅確認收到訊息，同時也可能回覆訊息中詢問的問題。

每個訊息都會標記類型，用以決定處理訊息的方式。程式碼可以針對特定類型的請求，定義處理機制；此後，當這種類型的請求進來時，程式會呼叫相應的處理機制來產生回應。

「./crow-tech」模組匯出的介面是針對通訊提供回呼函式。鳥巢具有 send 方法，負責送出請求，這個方法預期的前三個參數有目標鳥巢的名稱、請求類型和請求內容，其第四個也是最後一個參數是請求進來時要呼叫的函式。

```
bigOak.send("Cow Pasture", "note", "Let's caw loudly at 7PM",
            () => console.log("Note delivered."));
```

但是為了讓目標鳥巢可以接收請求，首先必須定義一種請求類型「note」，負責處理請求的程式碼，不僅要能在目標鳥巢的電腦上執行，還要在所有接收這種類型訊息的鳥巢上執行。現在我們假設有一隻烏鴉飛過所有鳥巢，並且在其上安裝我們寫的處理程式碼。

```
import {defineRequestType} from "./crow-tech";

defineRequestType("note", (nest, content, source, done) => {
  console.log(`${nest.name} received note: ${content}`);
  done();
});
```

在上面的範例程式中，defineRequestType 函式定義了一種新的請求類型。針對「note」這種類型的請求，新增支持方式，而且每次只能傳送一個「note」請求給一個指定的鳥巢。在我們的實作裡會呼叫 console.log 函式，以便於驗證我們送出的請求是否有到達指定鳥巢。每個鳥巢都具有 name 屬性，負責儲存鳥巢自己的名字。

指定給處理機制的第四個參數 done 是一個回呼函式，當請求完成時，必須以其結果呼叫這個函式。如果我們使用處理程式的回傳值作為回應，表示處理請求的程式本身不能執行非同步的動作。執行非同步工作的函式通常是在工作完成之前回傳結果，而且在完成時，呼叫事先安排好的回呼函式。因此，我們需要一些非同步機制（在這個例子裡是另一個回呼函式），才能在收到請求時發出信號。

在某種程度上，非同步性具有感染性。當一個函式呼叫非同步工作的函式，則函式本身一定屬於非同步，使用回呼或類似機制來傳遞函式的結果。比起單純回傳一個值，呼叫回呼這種做法更複雜也更容易出錯，因此，需要建立結構龐大的程式時，採用非同步程式設計就不是非常聰明的做法。

Promise 類別

當抽象概念可以用一般值表示時，通常更容易處理。在非同步操作的情況下，可以回傳一個物件來表示未來的事件，不用等到未來的某個時間點，再去呼叫某個事先安排好的函式。

這就是標準類別 Promise 的用途。*Promise* 屬於非同步操作，在某個時間點完成並且產生一個值。當 Promise 物件提供值給其他程式使用時，會通知任何對這個值感興趣的程式。

要建立 Promise 物件，最簡單的方法是呼叫 Promise.resolve，這個函式一定會將指定的值包裝成 Promise 物件。如果該結果已經是 Promise 物件，就直接回傳；否則，就以指定的值作為結果，立即產生一個新的 Promise 物件並且回傳。

```
let fifteen = Promise.resolve(15);
fifteen.then(value => console.log(`Got ${value}`));
// → Got 15
```

使用 Promise 類別的 **then** 方法，可以得到 Promise 物件的結果。**then** 方法會註冊一個回呼函式，等 Promise 物件成功解決並且產生一個值，再以這個值呼叫回呼函式。一個 Promise 物件可以增加多個回呼，即使是在 Promise 物件成功解決（完成）後才新增，一樣可以呼叫。

但 **then** 方法的作用不只如此。當處理函式回傳一個值，則 **then** 方法會以這個值實現另一個物件並且回傳；如果處理函式回傳的是被擱置的物件，則 **then** 方法會等待這個物件的結果來實現它要回傳的物件。

一個有用的想法是把 Promise 物件視為裝置，能實現以非同步的方式來移動值。一般值一定會在那裏，但 Promise 物件的值可能已經存在，也可能在未來某個時間點才會出現。根據 Promise 類別定義的運算會作用在這些包裝在物件裡的值上，等這些值可以使用，再以非同步的方式執行。

利用 **Promise** 建構函式也可以建立 Promise 物件。這個建構函式的介面有點奇怪，因為它需要一個函式作為參數；傳入這個函式時，介面會立即呼叫這個函式來實現 Promise 物件。舉個例子，在這種運作方式下，只有當初建立 Promise 物件的程式碼才能實現這個物件，反而不會採用 **resolve** 方法。

以下程式碼示範如何以 Promise 類別為基礎，建立 **readStorage** 函式的介面：

```
function storage(nest, name) {
  return new Promise(resolve => {
    nest.readStorage(name, result => resolve(result));
  });
}

storage(bigOak, "enemies")
  .then(value => console.log("Got", value));
```

這個非同步函式會回傳一個有意義的值。這是 Promise 類別的主要優點——簡化非同步函式的用法。除了必須傳遞回呼函式，以 Promise 類別為基礎的函式看起來很類似規則函式：都是會將輸入內容作為參數，並回傳輸出值。唯一的差異是，非同步函式的輸出值可能還不能使用。

異常

JavaScript 的規則運算可能會因拋出例外情況而失敗，非同步計算通常也需要類似的處理。網路請求可能會發生失敗，或者某些處理非同步計算的程式碼可能會引發例外情況。

在非同步程式設計上，回呼風格程式最迫切的問題之一是，如何確保以正確的方式，將程式失敗的情況回報給回呼函式，這是目前極難處理的問題。

普遍使用的慣例是以回呼函式的第一個參數表示操作失敗，第二個參數則表示操作成功時產生的值。這種類型的回呼函式每次都會檢查函式是否收到例外情況，確定函式引起的任何問題（包括呼叫函式時拋出的例外情況）都有被攔截到，並且指定給正確的函式。

Promise 類別能簡化這個情況：不是解決（成功完成的操作），就是拒絕（失敗）。只有當操作成功時才會呼叫解決情況的處理函式（**then** 方法註冊的函式），拒絕情況會自動傳遞新的 Promise 物件（由 **then** 方法回傳）。當處理程式拋出例外情況時，會自動呼叫 **then** 方法，產生 Promise 物件。因此，如果一連串的非同步操作中有任何元素發生失敗，則整個操作鏈的結果會標記為拒絕，而且，除非遇到失敗的情況，否則不會呼叫成功情況的處理函式。

這跟在解決情況下，Promise 物件會提供一個值一樣，拒絕情況下也會提供一個值，通常稱為拒絕的 _原因_。當處理函式中的例外情況引發拒絕時，例外情況的值就會被當作原因。同樣地，當處理函式回傳拒絕情況下產生的 Promise 物件，這個拒絕的情況會傳入下一個 Promise 物件。**Promise.reject** 函式會建立一個新的 Promise 物件，立即產生已拒絕的狀態。

為了直接處理這種拒絕情況，Promise 類別的 **catch** 方法會註冊一個處理函式，當 Promise 物件被拒絕時，就能呼叫這個處理函式，類似 **then** 這種處理函式處理一般解決情況的做法。因為會回傳一個新的 Promise 物件，所以也跟 **then** 方法非常相似；在正常解決的情況下，新物件為原始 Promise 的值，否則為 **catch** 處理函式的結果。如果 **catch** 處理函式拋出錯誤，則新的 Promise 物件也會被拒絕。

then 處理函式還接受拒絕狀態的處理程式作為第二個參數，因此，可以在單一方法裡，安裝這兩種類型的處理函式。

傳給 **Promise** 建構函式的函式，其接收第二個參數時會伴隨 resolve 函式，用來拒絕新的 Promise 物件。

呼叫 then 和 catch 建立一連串的 Promise 物件值，可以看成一個管道，負責移動非同步值或失敗狀態。因為它們是由註冊過的處理函式建立，所以每一個物件值之間的連結都會有一個處理成功情況的函式或是拒絕情況的函式，也可能兩者都有。與結果（成功或失敗）類型不合的處理函式將被忽略。呼叫那些符合結果類型的函式，根據其結果決定接下來會出現什麼樣的值；回傳非Promise 物件類型的值，表示成功，拋出例外情況，並且回傳其中一個 Promise物件的結果，表示拒絕。

```
new Promise((_, reject) => reject(new Error("Fail")))
  .then(value => console.log("Handler 1"))
  .catch(reason => {
    console.log("Caught failure " + reason);
    return "nothing";
  })
  .then(value => console.log("Handler 2", value));
// → Caught failure Error: Fail
// → Handler 2 nothing
```

跟環境處理未攔截到的例外情況一樣，JavaScript 環境會偵測何時有拒絕狀態的Promise 物件尚未處理，並且回報為錯誤。

建立網路的難度很高

烏鴉的鏡子系統有時會因為沒有足夠的光線，而無法傳輸信號，或者是因為有東西擋住傳輸信號的路徑，所以發送信號後，有可能永遠都不會收到。

事實上，這會導致指定給 send 方法的回呼函式，永遠沒有被呼叫的機會，甚至有可能會造成程式停止執行，卻沒有注意到問題的存在。比較好的做法是，如果在指定的時間內沒有得到回應，就判定為請求逾時並且回報失敗。

傳輸失敗通常是隨機發生的意外，就像車子的大燈干擾燈光信號一樣，只要重新發送請求，就有可能成功。因此，當我們遇到這種情況時，讓 request 函式在放棄之前自動重試，多發送幾次請求。

既然我們已經建立 Promise 物件這個好東西，也要讓 request 函式回傳 Promise物件。就兩者表達的內容來看，回呼和 Promise 物件的作用一樣；回呼類型的函式可以包裝在 Promise 類別的公有介面裡，反之亦然。

即使成功傳遞請求與回應，回應結果也可能出現失敗，例如，如果請求嘗試使用的請求類型尚未定義，或者是處理函式拋出錯誤。為了支援這個目的，send 和 defineRequestType 依照前面提到的慣例，傳給回呼的第一個參數是失敗原因（如果有），第二個是實際的結果。

我們可以利用包裝函式，將這些都轉換成處理解決狀態和拒絕狀態的 Promise 物件。

```
class Timeout extends Error {}

function request(nest, target, type, content) {
  return new Promise((resolve, reject) => {
    let done = false;
    function attempt(n) {
      nest.send(target, type, content, (failed, value) => {
        done = true;
        if (failed) reject(failed);
        else resolve(value);
      });
      setTimeout(() => {
        if (done) return;
        else if (n < 3) attempt(n + 1);
        else reject(new Timeout("Timed out"));
      }, 250);
    }
    attempt(1);
  });
}
```

這個做法可行，因為 Promise 物件只能被解決（或拒絕）一次。第一次呼叫 resolve 或 reject 負責決定 Promise 物件的結果，以及是否要再進行其他呼叫，例如，請求完成後逾時到達，或是完成另一個請求後，忽略回傳的請求。

為了建構非同步迴圈，我們需要針對重新執行這個操作，使用遞迴函式——一般迴圈不能在等待非同步操作時，暫停執行迴圈。attempt 函式的作用是嘗試發送一次請求，這個函式還能設定逾時，如果 250 毫秒之後沒有回應，就重新再試一次，如果已經是第三次嘗試，則建立 Timeout 實體，以此作為拒絕 Promise 物件的原因。

每四分之一秒重試一次，如果四分之二秒後沒有回應就放棄，這樣的做法確實有點武斷，甚至有可能發生這樣的情況：請求確實送達了，但是因為程式需要多花一點時間處理，導致請求被傳送了很多次。因此，撰寫處理程式時，我們會一併考慮這個問題——重複傳遞的訊息應該被視為無傷大雅的情況。

整體而言，本章不會建立一個世界級、健全的網路，因為烏鴉在計算方面還沒有很高的期望。

為了將自己的程式與回呼函式完全隔開，接著為 defineRequestType 定義一個包裝函式，讓處理函式能回傳一個 Promise 物件或原始值，並且連接到回呼函式。

```
function requestType(name, handler) {
  defineRequestType(name, (nest, content, source,
                          callback) => {
    try {
      Promise.resolve(handler(nest, content, source))
        .then(response => callback(null, response),
              failure => callback(failure));
    } catch (exception) {
      callback(exception);
    }
  });
}
```

Promise.resolve 用於將 handler 函式回傳的值轉換為 Promise 物件（如果物件尚未存在）。

請注意，必須在 try 這個程式區塊裡呼叫 handler 函式，以確保函式產生的所有例外情況都會指定給回呼函式。這正好說明使用原始回呼函式時，正確處理錯誤的困難度——你很容易就會忘記要正確傳送這類的例外情況，如果沒做，失敗狀態就不會回報給正確的回呼函式。Promise 物件的作用就是讓大部分的操作自動化，因而降低錯誤發生的機率。

promise 物件的集合

每個鳥巢電腦的 neighbors 屬性都有一個陣列，儲存傳輸距離內有哪些鳥巢。我們要寫一個函式來檢查目前可以拜訪哪些鳥巢，嘗試向每個鳥巢發送「ping」這項請求（僅單純要求回應），看看有哪個鳥巢會回傳。

同時處理 Promise 物件的集合時，`Promise.all` 是很好用的函式，這個函式會回傳一個 Promise 物件。當陣列中的所有的 Promise 物件都成功解決後，再把產生出來的這些 Promise 物件建立成一個陣列（和原始陣列的順序相同），並且回傳。如果有其中一個 Promise 物件被拒絕，`Promise.all` 的結果本身也會被拒絕。

```
requestType("ping", () => "pong");

function availableNeighbors(nest) {
  let requests = nest.neighbors.map(neighbor => {
    return request(nest, neighbor, "ping")
      .then(() => true, () => false);
  });
  return Promise.all(requests).then(result => {
    return nest.neighbors.filter((_, i) => result[i]);
  });
}
```

當我們還沒取得鄰居的資料時，不希望 Promise 物件組合失敗，因為什麼都還不知道。所以，將負責鄰居集合轉換成 Promise 物件的函式附加上處理程式，請求成功就產生 `true`，拒絕則產生 `false`。

函式在處理這些經過組合的 Promise 物件時，使用 `filter` 函式從 `neighbors` 陣列中刪除那些值為 false 的元素。這是利用一項事實：`filter` 函式會把目前元素在陣列中的索引值，當作第二個參數傳給過濾函式（`map`、`some` 和其他類似的高階陣列方法）。

網路洪泛

鳥巢只能跟自己的鄰居交談，這一點大幅限制了網路的實用性。

為了跟整個網路廣播資訊，解決方案之一是建置另外一種請求類型，會自動轉發訊息給鄰居，這些鄰居再輪流將資訊轉發給它們的鄰居，直到整個網路都收到這個訊息。

```
import {everywhere} from "./crow-tech";

everywhere(nest => {
  nest.state.gossip = [];
});

function sendGossip(nest, message, exceptFor = null) {
```

```
nest.state.gossip.push(message),
for (let neighbor of nest.neighbors) {
    if (neighbor == exceptFor) continue;
    request(nest, neighbor, "gossip", message);
  }
}


requestType("gossip", (nest, message, source) => {
  if (nest.state.gossip.includes(message)) return;
  console.log(`${nest.name} received gossip '${
              message}' from ${source}`);
  sendGossip(nest, message, source);
});
```

為了避免整個網路上永遠都在發送相同的訊息,每個鳥巢各自有一個陣列,儲存已經看過的八卦字串。上面的範例程式使用 everywhere 函式(在每個鳥巢上執行程式碼)來定義這個陣列,為鳥巢的狀態物件新增屬性,維持鳥巢本身的狀態。

當鳥巢收到重複的八卦訊息時,會忽略這些訊息,因為有可能是每個鳥巢都盲目地重新發送這些訊息,然而當鳥巢收到一條新訊息時,會興奮地告訴所有鄰居(除了原本發送這條訊息的那個鳥巢)。

引發新的八卦在網路中散播,就像在水中暈開的墨漬。某些鳥巢之間的連結即使當下無法正常運作,但如果有替代路徑可以到指定的鳥巢,八卦訊息依舊可以透過這條路徑抵達鳥巢。

這種風格的網路通訊方式稱為洪泛(flooding),也就是讓一段資訊在網路中氾濫,直到網路裏的所有節點都擁有這個資訊。

訊息選路

如果發生的情況是指定節點要跟其他單一節點通訊,上一節所介紹的洪泛就不是很有效率,尤其是當網路規模很大時,會浪費掉大量的資料傳輸。

可以建立另外一種替代方式,讓訊息從一個節點跳到另一個節點,直到訊息抵達目的地。這個方法的困難之處在於需要網路配置的知識,為了向遠處的鳥巢發送請求,必須知道哪個鄰居鳥巢離目的地比較近,不然,將訊息發送到錯誤的方向就不太好了。

由於每個鳥巢只認識跟它有直接連結的鄰居，所以鳥巢本身並沒有計算路線所需的資訊。因此，我們必須採取某種方式，將這些和鳥巢之間連結有關的資訊散播到所有鳥巢，如果能隨時間改變當然是更好的做法，日後有鳥巢荒廢或是建立新的鳥巢，就能隨時更新資訊。

此處，我們可以再次利用網路洪泛，不過，這次我們不是用來檢查鳥巢是否已經收到指定的訊息，而是用於比對指定鳥巢新舊鄰居的差異，檢查是否要更新鳥巢的連結資訊。

```
requestType("connections", (nest, {name, neighbors},
                            source) => {
  let connections = nest.state.connections;
  if (JSON.stringify(connections.get(name)) ==
      JSON.stringify(neighbors)) return;
  connections.set(name, neighbors);
  broadcastConnections(nest, name, source);
});

function broadcastConnections(nest, name, exceptFor = null) {
  for (let neighbor of nest.neighbors) {
    if (neighbor == exceptFor) continue;
    request(nest, neighbor, "connections", {
      name,
      neighbors: nest.state.connections.get(name)
    });
  }
}

everywhere(nest => {
  nest.state.connections = new Map;
  nest.state.connections.set(nest.name, nest.neighbors);
  broadcastConnections(nest, nest.name);
});
```

上面的範例程式選擇利用 JSON.stringify 來比對兩個鳥巢，因為『 == 』運算子用在物件或陣列上，只有當兩者完全相同時才會回傳 true，不符合此處的需求。利用比較 JSON 字串來比對兩者的內容時，雖然比較粗略但效率較高。

節點會立刻開始透過連結廣播，迅速提供目前的網路地圖給每個鳥巢，除非是那些已經完全無法抵達的鳥巢。

如同我們在第 7 章所介紹的，有了網路圖之後，就能從中找出路線。如果我們找出一條路徑朝向訊息送往的目的地，就能知道要將訊息發送到哪個方向。

以下範例程式中的 findRoute 函式相當類似第 7 章中的 findRoute 函式，在路網中搜尋，找出一個可以到達指定節點的方法，但本章的函式不會回傳整個路線，只會回傳下一步，下一個鳥巢再利用目前的網路資訊，決定將訊息發送到哪個鳥巢。

```
function findRoute(from, to, connections) {
  let work = [{at: from, via: null}];
  for (let i = 0; i < work.length; i++) {
    let {at, via} = work[i];
    for (let next of connections.get(at) || []) {
      if (next == to) return via;
      if (!work.some(w => w.at == next)) {
        work.push({at: next, via: via || next});
      }
    }
  }
  return null;
}
```

現在我們可以建構一個函式，發送訊息到遠方的鳥巢。如果發送訊息的地址是隔壁鄰居，照平常的方式發送訊息；如果不是，就將訊息包裝在物件裡，發送到更接近目標的鄰居，採用「route」請求類型，會導致該鄰居重複相同的行為。

```
function routeRequest(nest, target, type, content) {
  if (nest.neighbors.includes(target)) {
    return request(nest, target, type, content);
  } else {
    let via = findRoute(nest.name, target,
                        nest.state.connections);
    if (!via) throw new Error(`No route to ${target}`);
    return request(nest, via, "route",
                   {target, type, content});
  }
}

requestType("route", (nest, {target, type, content}) => {
  return routeRequest(nest, target, type, content);
});
```

我們在原始通訊系統上建構數個層級的功能，便於使用。這個模型雖然被簡化過，但非常適合表示現實世界中電腦網路的運作方式。

電腦網路有一個明顯的特性是不可靠，建立在網路之上的抽象行為雖然可以幫助我們解決事情，但我們無法將網路故障的情況抽離出來。因此，網路程式設計通常十分注重預測和故障處理。

async 函式

為了儲存重要資訊，烏鴉會在許多鳥巢上複製資訊，如此一來，當老鷹破壞某一個鳥巢時，才不至於失去所有資訊。

如果鳥巢裡的儲存莖沒有指定的資訊，則鳥巢電腦會隨機從網路裡的其他鳥巢查詢，直到找出擁有它要的資訊的鳥巢。

```
requestType("storage", (nest, name) => storage(nest, name));

function findInStorage(nest, name) {
  return storage(nest, name).then(found => {
    if (found != null) return found;
    else return findInRemoteStorage(nest, name);
  });
}

function network(nest) {
  return Array.from(nest.state.connections.keys());
}

function findInRemoteStorage(nest, name) {
  let sources = network(nest).filter(n => n != nest.name);
  function next() {
    if (sources.length == 0) {
      return Promise.reject(new Error("Not found"));
    } else {
      let source = sources[Math.floor(Math.random() *
                                      sources.length)];
      sources = sources.filter(n => n != source);
      return routeRequest(nest, source, "storage", name)
        .then(value => value != null ? value : next(),
              next);
    }
  }
  return next();
}
```

因為 connections 的型態為 Map，所以不能使用 Object.keys。connections 本身雖然有 keys 方法，是回傳迭代器而不是陣列，不過，可以使用 Array. from 函式將迭代器轉換為陣列。

即使用了 Promise 物件，這個程式碼感覺也有點難用。多個非同步操作以不明顯的方式連結在一起，我們需要再次請出遞迴函式（next），建立鳥巢之間循環的模式。

事實上，程式碼的行為完全是線性的，每次都要等前一個動作完成，才能開始下一個動作。在同步程式設計模型中，表達方式會比較簡單。

好消息是 JavaScript 允許我們寫偽同步程式碼來描述非同步計算。async 函式的做法是間接回傳 Promise 物件，函式內部等待（await）其他 Promise 物件解析，看起來就像是同步程式。

我們重新撰寫 findInStorage 函式的程式碼，如下所示：

```
async function findInStorage(nest, name) {
  let local = await storage(nest, name);
  if (local != null) return local;

  let sources = network(nest).filter(n => n != nest.name);
  while (sources.length > 0) {
    let source = sources[Math.floor(Math.random() *
                                    sources.length)];
    sources = sources.filter(n => n != source);
    try {
      let found = await routeRequest(nest, source, "storage",
                                     name);
      if (found != null) return found;
    } catch (_) {}
  }
  throw new Error("Not found");
}
```

在關鍵字 function 之前標記 async，表示非同步函式；在方法名稱前加上 async，一樣可以表示非同步方法。呼叫這類的函式或方法，會回傳一個 Promise 物件。只要函式內部有回傳某些內容，就表示 Promise 物件解析完成，如果拋出例外情況，則表示 Promise 物件被拒絕。

在 async 函式中，表達式前面加上 await，表示等待 Promise 物件解析完成後，再繼續執行函式。

這種函式的執行方式跟一般的 JavaScript 函式不一樣，不再從開始到完成一氣呵成。相反地，這種 await 函式可以在任何程式點暫停，過一段時間之後再恢復執行。

面對所有複雜的非同步程式碼，這種表示法通常比直接使用 Promise 物件更方便。即使你需要做一些不適合同步模型的操作（例如，同時執行多個動作），也很容易將這兩者結合起來使用：await 與直接使用 Promise 物件。

生成器函式

函式可以先暫停再重新啟動，並非 async 函式獨有的能力，JavaScript 還有一個特性可以做到，稱為**生成器函式**（generator function）。兩者非常類似，差在沒有 Promise 物件。

以 function*（在關鍵字 function 後加上星號）定義一個函式，這個函式就變成生成器函式。先前在第 6 章裡已經看過，呼叫生成器函式會回傳迭代器。

```
function* powers(n) {
  for (let current = n;; current *= n) {
    yield current;
  }
}

for (let power of powers(3)) {
  if (power > 50) break;
  console.log(power);
}
// → 3
// → 9
// → 27
```

在上面的範例中，一開始呼叫 powers 函式，函式會先暫停執行。迭代器每次呼叫 next 方法，就會執行函式直到 yield 表達式這一行，然後暫停執行函式，把 yield 表達式產生的值作為迭代器產生的下一個值。當函式回傳時（範例程式不會執行這一步），迭代器就完成工作。

使用生成器函式寫迭代器，通常會比較容易。Group 類別（請見第 127 頁練習題「迭代群組」）的迭代器可以用這種生成器函式來寫：

```
Group.prototype[Symbol.iterator] = function*() {
  for (let i = 0; i < this.members.length; i++) {
```

```
    yield this.members[i];
  }
};
```

不需要再建立物件來儲存迭代狀態，生成器函式每次都會自動儲存迭代器自身的狀態。

這種 yield 表達式只會直接出現在生成器函式內部中，不會出現在你定義的函式內部。生成器函式產生時儲存的狀態，只是自身的區域環境和產生時的位置。

async 函式是一種特殊類型的生成器函式。呼叫 async 函式時會產生 Promise 物件，解析完成後回傳物件，拒絕時函式會拋出例外情況。async 函式每次產生（等待）Promise 物件，物件的結果（回傳值或拋出例外情況）就是 await 表達式的結果。

事件迴圈

非同步程式是分成一塊一塊的程式碼執行，每個部分的程式碼可能會啟動一些動作，在動作完成或失敗時，排定要執行的程式碼。執行這些程式碼段落之間，程式處於閒置狀態，等待下一個動作。

所以排定回呼函式的程式碼不會直接呼叫回呼函式，如果從函式內部呼叫 setTimeout，則會在呼叫回呼函式時回傳這個函式。當回呼函式回傳時，控制權不會回到排定回呼的函式上。

非同步函式在自身的空函式呼叫堆疊時發生非同步行為，在沒有 Promise 物件的情況下，這種行為就是造成非同步程式碼之間，很難管理例外情況的原因之一。由於每個回呼一開始幾乎都是空的堆疊，catch 處理程式不會在堆疊中拋出例外情況。

```
try {
  setTimeout(() => {
    throw new Error("Woosh");
  }, 20);
} catch (_) {
  // This will not run
  console.log("Caught!");
}
```

不論事件（例如，逾時或傳入請求）發生的間隔緊密程度為何，JavaScript 環境一次都只能執行一個程式，可以把這個情況想成是**圍繞**程式執行一個巨大迴圈，我們稱此為**事件迴圈**（event loop）。沒有事件需要執行時，這個迴圈就會停止，但是，當事件進來時，就會被新增到一個佇列裡，一個接著一個執行事件的程式碼。由於同時不能執行兩件事，所以執行很慢的程式碼可能會延遲其他事件的處理。

以下的範例程式中雖然有設置逾時處理，但會一直拖延到超過預期的時間點後才執行，因而造成逾時處理延遲。

```
let start = Date.now();
setTimeout(() => {
  console.log("Timeout ran at", Date.now() - start);
}, 20);
while (Date.now() < start + 50) {}
console.log("Wasted time until", Date.now() - start);
// → Wasted time until 50
// → Timeout ran at 55
```

解析或拒絕一個 Promise 物件，一定會視為新事件。即使 Promise 物件已經完成解析，函式不會立刻回傳，會等目前的腳本完成後，先執行回呼函式。

```
Promise.resolve("Done").then(console.log);
console.log("Me first!");
// → Me first!
// → Done
```

後續章節裡會再介紹事件迴圈裡執行的各種其他類型的事件。

非同步錯誤

同步程式執行時，除了程式本身所做的更改之外，不會更改任何狀態。非同步程式則不同，在這些程式執行過程中的時間間隙，可能會執行其他程式碼。

舉個例子。烏鴉的嗜好之一是數全村每年孵化的小雞數量，然後將計算的數量儲存在鳥巢的植物莖裡。以下程式碼會根據程式指定的某一年，列舉出所有鳥巢儲存的計算數量：

```
function anyStorage(nest, source, name) {
  if (source == nest.name) return storage(nest, name);
  else return routeRequest(nest, source, "storage", name);
```

```
}
async function chicks(nest, year) {
  let list = "";
  await Promise.all(network(nest).map(async name => {
    list += `${name}: ${
      await anyStorage(nest, name, `chicks in ${year}`)
    }\n`;
  }));
  return list;
}
```

程式碼「`async name =>`」顯示，在箭頭函式前加上 async 也可以變成非同步函式。

以上的範例程式碼乍看之下並無可疑之處……它將非同步箭頭函式映射到一組鳥巢，建立一個 Promise 物件陣列，然後在回傳函式建立的清單之前，使用 **`Promise.all`** 函式，等待所有 Promise 物件進行處理。

然而，這個函式有一個很嚴重的情況，每次一定只會輸出一行，而且列出回應最慢的鳥巢。

你搞清楚原因了嗎？

問題在於運算子『`+=`』，其取陳述式開始執行時 list 當下的值，然後等 await 完成後，再將變數 list 設為這個值並且加上新增的字串。

但是在陳述式開始執行的時間和完成的時間之間，存在非同步時間間隙。在任何內容新增到 list 之前執行 map 表達式，所以每個運算子『`+=`』都會從一個空字串開始，再從儲存裝置裡取出資料，並且將 **list** 設為單行清單後才結束。

與其更改變數和建立 list，應該從 Promise 物件的映射中回傳 lines 變數的內容，然後呼叫 join 方法處理 **`Promise.all`** 的結果，就能輕鬆避免這種情況。老話一句，計算新值比更改現有值更不容易出錯。

```
async function chicks(nest, year) {
  let lines = network(nest).map(async name => {
    return name + ": " +
      await anyStorage(nest, name, `chicks in ${year}`);
  });
  return (await Promise.all(lines)).join("\n");
}
```

這樣的錯誤很容易發生，尤其是使用 await 時，更應該注意程式碼中會發生時間間隙的位置。JavaScript 的非同步性（不論是回呼、Promise 類別還是 await）有一個明顯的優點，就是非常容易發現時間間隙。

本章重點回顧

非同步程式設計可以等待長時間執行的動作，但不需要在這些動作執行期間暫停程式。JavaScript 環境通常使用回呼函式來實作這種風格的程式設計，動作完成後要呼叫的函式就是回呼函式。事件迴圈會在適當的時機點排定這樣的回呼函式，然後一個接著一個呼叫，如此一來，函式的執行就不會相互重疊。

Promise 物件代表可能在未來完成的動作，用以簡化非同步程式設計。async 函式允許我們把非同步程式假裝成同步程式。

練習題

手術刀追跡程式（Tracking the Scalpel）

村子裡的烏鴉擁有一把舊手術刀，烏鴉們偶爾會在執行特殊任務時使用這把刀，例如，切開紗門或物品的外包裝。為了快速追踪這把手術刀的位置，每次手術刀移到另一個鳥巢時，就會在擁有手術刀的鳥巢以及要拿走手術刀的鳥巢，各別新增一項名為「scalpel」（手術刀）的資料，並且附帶新的位置值。

這表示找到手術刀的這個問題，是追蹤儲存資料裡的麵包屑軌跡，直到找到一個軌跡指向自身的鳥巢。

請撰寫一個非同步函式 locateScalpel 來執行這項操作，從執行操作的鳥巢開始。可以使用之前已經定義的 anyStorage 函式，存取任意鳥巢裡的儲存資料。由於手術刀已經存在相當長的一段時間，可以假設每個鳥巢的儲存資料裡都有「scalpel」這個項目。

接著，請在不使用 async 和 await 的情況下，再寫一次相同的函式。

請問：在這兩個版本的函式裡，請求失敗是否正確地表示為回傳 Promise 物件的拒絕狀態？方式為何？

建立 Building Promise.all 函式（Building Promise.all）

給定一個 Promise 物件陣列，陣列中所有 Promise 物件完成後，`Promise.all` 會回傳一個 Promise 物件。如果全部物件都成功就會產生一個結果值陣列；如果陣列中有某個 Promise 物件失敗，`Promise.all` 回傳的物件也會失敗，失敗原因來自失敗的 Promise 物件。

請以規則函式的做法，實作一個類似的函式 `Promise_all`。

請記住，已經成功或失敗 Promise 物件不能再次成功或失敗，而且如果再次呼叫函式來解析物件，則予以忽略，用以簡化 Promise 物件失敗時的處理方式。

「程式語言裡判定表達式意義的評估工具，不過是另外一個程式。」

—知名計算機科學家 Hal Abelson、Gerald Sussman，

《*Structure and Interpretation of Computer Programs*》作者

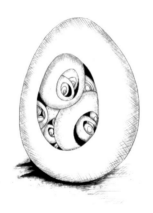

12

實作專案：自創一個小型的程式語言

建構自己的程式語言，出乎意外地簡單（只要你的目標不要設得太高）而且非常具有啟發性。

本章主要介紹的內容是，不需要任何魔法就能建構自己的程式語言。我經常覺得人類世界裡有些發明非常聰明但也非常複雜，我永遠無法理解，可是藉由一些閱讀和實驗，這些發明往往就變得非常平凡。

本章將建構一個名為 Egg 的程式語言，這是一個非常精巧、簡單的語言但功能強大，足以表達任何你能想到的計算。Egg 語言的函式支援簡單的抽象類別。

剖析

程式語言最直接可見的部分就是*語法*或符號。剖析器（parser）本身是一個程式，作用是讀取一段文字並且產生資料結構，反映出包含這段文字的程式結構。如果文字沒有形成有效的程式，剖析器應該指出錯誤。

本章將建立具有簡單、統一語法的程式語言。Egg 語言中的一切都是表達式，可以是變數名稱、數字、字串或應用（application）。應用表達式用於呼叫函式，也用於建立像 if 或 while 這類的結構。

為了簡化剖析器的用法，Egg 語言中的字串不支持像反斜線這類的跳脫字元。一串以雙引號括起來的字元就是字串，但雙引號除外；數字是一串數字；變數名稱可以包含任何字元，但空格和語法中有特殊含義的字元除外。

應用表達式的撰寫方式和 JavaScript 相同，一樣是在表達式後加上括號，參數數量不限，但每個參數要以逗號隔開。

```
do(define(x, 10),
   if(>(x, 5),
      print("large"),
      print("small")))
```

Egg 語言的統一性表示：在這個語言裡 JavaScript 中的運算子（例如，『>』）視為正常變數，跟其他函式的應用方式一樣。由於 Egg 的語法沒有程式區塊的概念，因此需要利用 do 結構，表示依照順序執行多項操作。

剖析器利用資料結構來描述程式，說明組成程式的表達式物件，每個物件都有 type 屬性，指出它是哪種類型的表達式；物件還有其他屬性，用以描述物件內容。

「value」型態的表達式代表文字值或數字，其 value 屬性包含它們代表的字串或數字值。「word」型態的表達式用於 ID（名稱），這類的物件有 name 屬性，將 ID 名稱儲存為字串。最後是「apply」表達式，代表應用，具有 operator 屬性，指向應用的表達式，以及 args 屬性，包含一個儲存參數表達式的陣列。

在上面的範例程式中，『>(x, 5)』部分的程式碼表示如下：

```
{
  type: "apply",
  operator: {type: "word", name: ">"},
  args: [
    {type: "word", name: "x"},
    {type: "value", value: 5}
  ]
}
```

這樣的資料結構稱為**語法樹**（syntax tree）。如果你把物件想像成點，點與點之間的連結就像是線，整個資料結構就像是一個樹的形狀。表達式可以包含其他表達式，而這些表達式又可能包含更多表達式，這個情況類似於樹枝分裂再分裂。

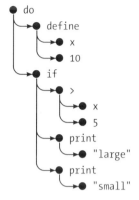

相較於先前在第 176 頁「剖析 INI 檔案」一節裡寫過的檔案配置格式,本章撰寫的剖析器結構較為簡單,先前的結構是:將輸入內容拆解成數行資料,然後全部一起處理,一行資料只允許有幾種簡單的形式。

本章必須找到一種不同的方法,表達式不拆分成不同的行數,而且具有遞迴結構,而且,應用型態的表達式包含其他表達式。

幸運的是,撰寫一個以遞迴方式運作的剖析器函式,就能順利解決這個問題;這個剖析器函式反映程式語言的遞迴特性。

這個實作專案定義了一個函式 parseExpression,以一個字串作為輸入參數,函式回傳的物件包含表達式(開頭要為字串)的資料結構,以及剖析表達式後剩下的字串部分;然後再次呼叫這個函式剖析剩餘的表達式,產生參數表達式和剩餘的文字,剩餘文字有可能反過來包含更多參數,也可能是結束參數列表的右括號。

以下為剖析器第一部分的程式碼:

```
function parseExpression(program) {
  program = skipSpace(program);
  let match, expr;
  if (match = /^"([^"]*)"/.exec(program)) {
    expr = {type: "value", value: match[1]};
  } else if (match = /^\d+\b/.exec(program)) {
    expr = {type: "value", value: Number(match[0])};
  } else if (match = /^[^\s(),#"]+/.exec(program)) {
    expr = {type: "word", name: match[0]};
  } else {
    throw new SyntaxError("Unexpected syntax: " + program);
  }
```

```
    return parseApply(expr, program.slice(match[0].length));
}

function skipSpace(string) {
  let first = string.search(/\S/);
  if (first == -1) return "";
  return string.slice(first);
}
```

因為 Egg 和 JavaScript 一樣，不會限制元素之間的空格數量，所以必須從程式
字串的開頭刪除重複的空格，這就是 skipSpace 函式的作用。

跳過程式開頭所有空格後，parseExpression 函式使用三個規則運算式，點出
三個 Egg 支援的基本要素：字串、數字和單詞。剖析器根據其中一個比對的結
果，建立不同類型的資料結構。如果輸入的內容不符合這三種形式之一，就不
是有效的表達式，剖析器會拋出錯誤。我們以 SyntaxError 作為建構函式的例
外情況，而非 Error，因為這是另一種標準錯誤類型，而且更具體，這也是執
行無效 JavaScript 程式時拋出的錯誤類型。

然後我們從程式字串中切出符合的部分，和表達式的物件一起傳給
parseApply，檢查表達式是否為應用表達式。如果是，則剖析括號中的參數
列表。

```
function parseApply(expr, program) {
  program = skipSpace(program);
  if (program[0] != "(") {
    return {expr: expr, rest: program};
  }

  program = skipSpace(program.slice(1));
  expr = {type: "apply", operator: expr, args: []};
  while (program[0] != ")") {
    let arg = parseExpression(program);
    expr.args.push(arg.expr);
    program = skipSpace(arg.rest);
    if (program[0] == ",") {
      program = skipSpace(program.slice(1));
    } else if (program[0] != ")") {
      throw new SyntaxError("Expected ',' or ')'");
    }
  }
  return parseApply(expr, program.slice(1));
}
```

如果程式的下一個字元不是左括號，就不是應用表達式，parseApply 會回傳指定的表達式。

否則會跳過左括號，為應用表達式表達式建立語法樹物件。然後重複呼叫 parseExpression，剖析每個參數直到找到一個右括號為止。parseApply 和 parseExpression 互相呼叫，進行間接遞迴。

因為應用表達式本身可以拿來使用（例如，multiplier(2)(1)），所以 parseApply 必須在剖析應用表達式後再次呼叫自己，檢查應用表達式是否有另一組括號。

這就是剖析 Egg 語言所需的一切能力。我們將這些能力全部包裝在一個方便的 parse 函式中，這個函式在剖析表達式後（Egg 程式是單一表達式），會驗證是否已經到達輸入字串的結尾，並且提供程式的資料結構。

```
function parse(program) {
  let {expr, rest} = parseExpression(program);
  if (skipSpace(rest).length > 0) {
    throw new SyntaxError("Unexpected text after program");
  }
  return expr;
}

console.log(parse("+(a, 10)"));
// → {type: "apply",
//    operator: {type: "word", name: "+"},
//    args: [{type: "word", name: "a"},
//           {type: "value", value: 10}]}
```

這個剖析函式能用！雖然剖析失敗時不會為我們提供非常有用的資訊，不會儲存每個表達式開始的行和列，幫助我們日後回報錯誤，但就我們的目的來說已經足夠。

求值器

我們可以用程式的語法樹做什麼？當然是，執行它！這就是求值器（evaluator）的作用。將一個語法樹和一個作用範圍物件（連結名稱和值）提供給求值器，求值器會評估語法樹表示的表達式，回傳表達式產生的值。

```
const specialForms = Object.create(null);

function evaluate(expr, scope) {
  if (expr.type == "value") {
    return expr.value;
  } else if (expr.type == "word") {
    if (expr.name in scope) {
      return scope[expr.name];
    } else {
      throw new ReferenceError(
        `Undefined binding: ${expr.name}`);
    }
  } else if (expr.type == "apply") {
    let {operator, args} = expr;
    if (operator.type == "word" &&
        operator.name in specialForms) {
      return specialForms[operator.name](expr.args, scope);
    } else {
      let op = evaluate(operator, scope);
      if (typeof op == "function") {
        return op(...args.map(arg => evaluate(arg, scope)));
      } else {
        throw new TypeError("Applying a non-function.");
      }
    }
  }
}
```

求值器具有每種表達式類型需要的程式碼。文字值表達式產生自身的值，例如，表達式 100 就是產生數字 100。我們必須檢查作用範圍中是否確實有定義變數，如果有，就能獲得變數值。

應用表達式牽涉的範圍更廣。如果是像 if 這種特殊形式，則不會產生任何值，只會將參數表達式和作用範圍傳給專門處理這種形式的函式。在正常呼叫的情況下，會判斷運算子以及驗證表達式為函式，然後以經過判斷的參數呼叫函式。

此處以 JavaScript 的原始函式值，表示 Egg 語言的函式值。後續第 230 頁「函式」一節裡，定義特殊呼叫形式 fun 的時候，會再回頭來談這個部分。

evaluate 函式的遞迴結構類似 parser 函式，兩者均反映出程式語言本身的結構。所以也可以將剖析器和求值器整合在一起，在剖析程式的過程中求值，不過，將兩者拆開能讓程式更容易理解。

要直譯 Egg 語言的內容，真的就只需要這些。雖然一切就是這麼簡單，但如果不定義一些特殊形式，為環境新增一些有用的值，還無法利用本章創造的程式語言做更多的事。

特殊語法格式

specialForms 物件用於定義 Egg 語言中的特殊語法，為單詞與判斷這些形式的函式建立關係。這個物件目前是空的，讓我們為它新增 if 結構。

```
specialForms.if = (args, scope) => {
  if (args.length != 3) {
    throw new SyntaxError("Wrong number of args to if");
  } else if (evaluate(args[0], scope) !== false) {
    return evaluate(args[1], scope);
  } else {
    return evaluate(args[2], scope);
  }
};
```

Egg 語言的 if 結構需要三個參數。如果判斷第一個參數的結果不是 false，會判斷第二個參數；否則，就判斷第三個參數。相較於 JavaScript 的 if 結構，這種結構的形式更像是 JavaScript 的『?:』運算子。這種形式為表達式，不是陳述式，會產生一個值，也就是第二個或第三個參數的結果。

Egg 語言與 JavaScript 的不同之處，還有兩者如何處理 if 結構的條件值，Egg 語言不會將零或空字串視為 false，只有結果真的為假，才會當成 false。

之所以將 if 結構視為特殊形式而非一般函式，原因在於函式的所有參數都會在函式呼叫之前進行計算，然而，if 結構只會根據第一個值判斷第二個或第三個參數。

while 結構的形式也很類似。

```
specialForms.while = (args, scope) => {
  if (args.length != 2) {
    throw new SyntaxError("Wrong number of args to while");
  }
  while (evaluate(args[0], scope) !== false) {
    evaluate(args[1], scope);
  }

  // Since undefined does not exist in Egg, we return false,
```

```
  // for lack of a meaningful result.
  return false;
};
```

另一個要建立的基本區塊結構為 do，作用是從上到下依序執行所有參數，最後一個參數產生的值就是回傳值。

```
specialForms.do = (args, scope) => {
  let value = false;
  for (let arg of args) {
    value = evaluate(arg, scope);
  }
  return value;
};
```

為了建立變數並且指定變數值，還需要創造一種特殊形式「define」。define 需要的第一個參數是一個單詞，第二個參數是表達式，用來將表達式產生的值指給單詞。既然 define 和其他表達式一樣，就一定要有回傳值，回傳值就是指定給變數的值（作用同 JavaScript 的『=』運算子）。

```
specialForms.define = (args, scope) => {
  if (args.length != 2 || args[0].type != "word") {
    throw new SyntaxError("Incorrect use of define");
  }
  let value = evaluate(args[1], scope);
  scope[args[0].name] = value;
  return value;
};
```

程式開發環境

evaluate 接受的作用範圍是一個物件，其屬性名稱對應變數名稱，屬性值對應變數值。讓我們定義一個物件來表示全域。

為了使用之前定義的 if 結構，必須存取布林值。因為布林值只有兩種，所以不需要針對它們定義特殊語法，只要簡單地將兩個名稱綁定為 true 和 false 就能使用。

```
const topScope = Object.create(null);

topScope.true = true;
topScope.false = false;
```

現在我們可以判斷一個簡單的表達式，像以下範例程式中，否定布林值的表達式。

```
let prog = parse(`if(true, false, true)`);
console.log(evaluate(prog, topScope));
// → false
```

為了提供基本的算術和比較運算子，還要在作用範圍裡新增一些函式值。此處會在迴圈中使用 Function，把一堆運算子函式合成為一個，而不是單獨定義它們，目的是讓持程式碼保持精簡。

```
for (let op of ["+", "-", "*", "/", "==", "<", ">"]) {
  topScope[op] = Function("a, b", `return a ${op} b;`);
}
```

輸出值也是很實用的方法，所以我們將 console.log 包裝成 print 函式。

```
topScope.print = value => {
  console.log(value);
  return value;
};
```

如此一來，我們就有足夠的基本工具來寫一個簡單的程式。以下函式的作用是提供一種剖析程式的簡便方式，以及在新的作用範圍內執行程式：

```
function run(program) {
  return evaluate(parse(program), Object.create(topScope));
}
```

在以下的程式碼裡，使用物件原型鏈來表示巢狀作用範圍，讓程式不用改變最頂層的作用範圍，就能在區域範圍裡新增變數。

```
run(`
do(define(total, 0),
   define(count, 1),
   while(<(count, 11),
         do(define(total, +(total, count)),
            define(count, +(count, 1)))),
   print(total))
`);
// → 55
```

這種程式我們之前已經看過很多次，就是拿來計算數字 1 到 10 的總和的程
式，只不過是改用本章的 Egg 語言表示。相較於 JavaScript 程式，Egg 語言寫的
程式雖然作用相同，但寫法明顯較醜。不過，對於一個實作上不超過 150 行程
式碼的程式語言來說，算是很不錯了。

函式

一個程式語言如果沒有支援函式，確實是很糟糕的設計。幸運的是，要新增一
個結構「fun」，並不是太困難的事。這個結構會把最後一個參數視為函式主
體，前面的所有參數當作是函式的參數名稱。

```
specialForms.fun = (args, scope) => {
  if (!args.length) {
    throw new SyntaxError("Functions need a body");
  }
  let body = args[args.length - 1];
  let params = args.slice(0, args.length - 1).map(expr => {
    if (expr.type != "word") {
      throw new SyntaxError("Parameter names must be words");
    }
    return expr.name;
  });

  return function() {
    if (arguments.length != params.length) {
      throw new TypeError("Wrong number of arguments");
    }
    let localScope = Object.create(scope);
    for (let i = 0; i < arguments.length; i++) {
      localScope[params[i]] = arguments[i];
    }
    return evaluate(body, localScope);
  };
};
```

Egg 語言裡的函式有自己的區域範圍。fun 這個特殊形式產生的函式會建立區域範圍，在這個範圍內新增函式綁定的參數，然後判斷這個作用範圍內的函式本體，並且回傳結果。

```
run(`
do(define(plusOne, fun(a, +(a, 1))),
   print(plusOne(10)))
`);
// → 11

run(`
do(define(pow, fun(base, exp,
    if(==(exp, 0),
        1,
        *(base, pow(base, -(exp, 1)))))),
   print(pow(2, 10)))
`);
// → 1024
```

編譯程式

本章建構的其實是一個直譯器（interpreter），在判斷程式碼期間，直譯器會直接作用於剖析器產生的程式。

在剖析程式碼和執行程式之間增加另一個處理流程，就是編譯（compilation），其作用是盡可能完成事前的準備工作，把程式轉換為可以更有求值效率的內容。例如，在設計良好的程式語言裡，這一點就很明顯。每次使用變數時會直接引用變數，不需要真的執行程式，避免每次存取變數時都要查詢一次變數名稱，只要直接從某個事先定義的記憶體位置讀取即可。

傳統上，編譯涉及的流程包含將程式轉換為機器碼，也就是電腦處理器可以執行的原始格式，不過，其實所有將程式轉換為不同表現形式的過程都可以視為編譯。

我們也可以為 Egg 語言寫另一種求值策略。先將程式轉換為 JavaScript 程式，使用 Function 呼叫 JavaScript 的編譯器，然後執行結果。如果實作方法正確，不僅實作方法相當簡單，還能讓 Egg 語言的執行速度變得非常快。

如果你對這個主題感興趣並且願意花一些時間研究，鼓勵你練習寫寫看，自己實作一個像這樣的編譯器。

秘技

前面定義 if 和 while 結構時，你或許已經注意到了，我們是將 JavaScript 本身的 if 和 while 結構包裝成一個簡化版。同樣地，Egg 語言中的值只是 JavaScript 原本正常產出的值。

在 JavaScript 的架構之上實作 Egg 語言，和直接以機器提供的原始功能性開發一項程式語言，如果就兩者所需的工作量與複雜度進行比較，根本天壤之別。不管怎樣，本章的目的是想藉由這個實作專案的範例程式，讓各位對程式語言的運作方式有初步的印象。

當你想完成某件事時，與其什麼都自己來，求助於密技會更有效率。雖然本章實作的程式語言就像玩具一樣，無法跟 JavaScript 的功能相提並論，但在某些情況下，撰寫小型語言有助於完成實際上的工作。

這種小型程式語言不必跟典型的程式語言一樣。例如，假設 JavaScript 沒有搭配規則運算式，你可以為規則運算式寫自己的剖析器和求值器。

或者是想像你正在建造一隻巨大的機器人恐龍，需要寫程式表現機器人恐龍的行為。為了執行這項工作任務，JavaScript 可能不是最有效方法，此時，就有可能會選擇像以下這樣的語言作為替代方式：

```
behavior walk
  perform when
    destination ahead
  actions
    move left-foot
    move right-foot

behavior attack
  perform when
    Godzilla in-view
  actions
    fire laser-eyes
    launch arm-rockets
```

這種語言通常稱為領域特定語言 (domain-specific language)，是針對特定領域知識量身訂製的語言。這樣的語言比通用語言更有表現能力，因為其設計的宗旨在於去蕪存菁，能精確地描述領域本身需要的事物。

練習題

陣列（Arrays）

請在最上層的作用範圍，為 Egg 語言新增三個函式，以支援陣列：
`array(...values)`、`length(array)` 和 `element(array, n)`；
`array(...values)` 負責建立包含參數值的陣列，`length(array)` 負責取得陣列的長度，`element(array, n)` 則是取得陣列裡第 n 個元素。

閉包（Closure）

Egg 語言定義 fun 形式的做法跟 JavaScript 函式一樣，函式可以引用周遭環境的作用範圍，函式本體能使用函式定義的可用區域值。

拿以下程式來說明這項特性：函式 f 回傳的函式是將函式本身的參數與函式 f 的參數相加，這表示函式需要讀取函式 f 的區域範圍，才能使用變數 a。

```
run(`
do(define(f, fun(a, fun(b, +(a, b)))),
   print(f(4)(5)))
`);
// → 9
```

回到 fun 形式的定義，請解釋其運作機制。

註解（Comments）

如果能在 Egg 語言的程式裡寫註解會更好。例如，每當程式讀取到井字號（『#』），就會把這一行剩餘的內容視為註解並且予以忽略，作用類似 JavaScript 的『//』。

不需要對剖析器進行任何重大的修改就能支援這項功能。只要修改 `skipSpace` 函式，就能跟之前跳過空格一樣，也能跳過註解。如此一來，呼叫 `skipSpace` 函式，也能同時跳過註解。請進行這項修改。

修正作用範圍

目前指定變數值的唯一方法是 `define`，這種結構不僅能用於定義新變數，也能為現有的變數指定新的值。

然而，這種曖昧不清的做法會導致一個問題：當你為一個非區域變數指定一個新的值，最後還是要以相同的名稱定義一個區域變數來代替。某些程式語言的運作方式就是採取這樣的設計，但我一直覺得這種處理作用範圍的方式很難用。

請新增一個特殊形式 set，類似 define 的設計，作用是為變數指定一個新的值，如果內部作用範圍有這個變數就更新，沒有則更新外部作用範圍的變數。萬一兩邊的作用範圍都沒有定義這個變數，則拋出另外一個標準錯誤型態 ReferenceError。

到目前為止，本章是以簡單的物件來表示作用範圍，這項技巧讓我們能方便處理工作，但可能會在某些狀況上造成阻礙。你或許會想使用 Object.getPrototypeOf 函式回傳物件原型，但請記住一點，由於我們的作用範圍物件並不是繼承自 Object.prototype，如果想以這個物件呼叫 hasOwnProperty，必須使用以下這個比較難用的表達式：

```
Object.prototype.hasOwnProperty.call(scope, name);
```

PART II

瀏覽器

「全球資訊網背後的夢想是，全世界的人都能在這個共同的資訊空間裡，彼此交流與共享資訊。因此，最重要的一點是普遍性：網路上的超連結可以指向任何內容，可以是和個人、區域或全球有關，也可以是草稿或精美潤飾過的文章。」

—全球資訊網的發明者 Tim Berners-Lee，
《*The World Wide Web: A very short personal history*》作者

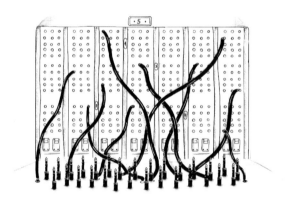

13

Javascript 與瀏覽器

本書接下來的幾個章節將討論網頁瀏覽器。沒有網頁瀏覽器，就沒有今日的 JavaScript，就算有，也不會有人注意到它的存在。

網頁技術的發展打從一開始就非常分散，不僅是在技術上，還有在它的發展方式上。各家瀏覽器供應商以自家特有的方式增加新功能，有時甚至未經深思熟慮，然後其中有些功能最後還被其他供應商採用，最終成為業界標準。

這樣的情況可以說是禍福相倚。網頁技術發展過程中，一方面沒有授權一個中央組織來控制系統發展，反而是讓各方組織以鬆散的合作方式（有時甚至是公開敵對的方式），對系統進行改善；另一方面，網頁技術這種毫無計畫的開發方式，意味著其產生出來的系統缺乏內部的一致性，實在很難說它是一項光采的開發案例，甚至有某些部分不僅令人十分困惑而且設計想法不良。

電腦網路與網際網路

電腦網路大概是從 1950 年代問世之後，就一直發展到現在。只要你在兩台或多台電腦之間設置網路線，並且讓這些電腦透過網路線來回發送資料，就可以做各種驚奇的事。

如果連接同一棟建築物裡的兩台機器就能讓我們做驚奇的事，那麼連接散落在地球上各個角落的機器應該會更美好。為了實作這項願景，從 1980 年代開始發展技術，最後產生出來的網路就是大家所熟知的網際網路（internet），這項技術實現了它對願景的承諾。

一台電腦使用網際網路，可以將位元數發送給另外一台電腦。為了從這些發送的位元數裡產生任何有效的通訊，網路兩端的電腦都必須知道位元數應該代表什麼意義。所有指定順序的位元數，其意義完全取決於位元數想要表達的事物類型，以及其所使用的編碼機制。

網路通訊協定（network protocol）就是用來說明網路通訊的方式。針對不同的通訊目的有不同的網路協定，像是發送電子郵件、收取電子郵件、共享文件，甚至還有通訊協定不巧被惡意軟體感染，因而發生控制電腦的情況。

以**超文本傳輸協定**為例（Hypertext Transfer Protocol，簡稱 HTTP），這種通訊協定是用於檢索已經命名的資源（訊息區塊），例如，網頁或圖片。HTTP 指定發送端送出的請求內容應該以下列這行文字開頭，表明資源名稱以及想要使用的通訊協定版本：

```
GET /index.html HTTP/1.1
```

請求方還可以包含更多訊息，回傳資源的另一方也有許多包裝內容的方式，後續第 18 章裡針對 HTTP 做進一步的介紹時，會再說明更多的規則。

絕大多數的通訊協定是建立在其他通訊協定之上。HTTP 將網路視為類似流體的設備，你可以將位元數放入網路流，讓它們以正確的順序抵達正確的目的地。正如本書先前在第 11 章裡提過的，要確保這些事情中的各項環節已經是相當困難的問題。

為了解決這個問題，**傳輸控制協定**（Transmission Control Protocol，簡稱 TCP）應運而生。所有連接網際網路的設備都會以這項協議進行對話，網際網路上絕大多數的通訊都建立在這個基礎之上。

TCP 連線的工作原理為：一台電腦必須等待或**監聽**（listening），直到其他電腦開始與其對話。為了在一台機器上同時監聽不同類型的通訊，每個監聽器都會針對一項通訊設定相關編號，稱之為**通訊埠**（port）。大多數的通訊協定會指定預設情況下應該使用哪個通訊埠，例如，當我們想使用 SMTP 通訊協定發送電子郵件時，發送端的機器應該監聽通訊埠 25。

另外一台電腦就會使用正確的通訊埠編號來建立連線，讓發送端可以連接到目標機器。如果可以和目標機器取得聯繫，對方也正在監聽指定的通訊埠，就表示成功建立連線。監聽端的電腦稱為*伺服器*（server），連接端的電腦則稱為*客戶端*（client）。

這種連線方式就像一個雙向管線，位元數透過這個管線流動，管線兩端的機器都可以將資料放入其中。一旦位元數傳輸成功，另一端的機器就會重新讀取出這些位元數的內容。這個通訊模式非常方便，可以說 TCP 為網路提供了一種抽象的表達方式。

網頁

全球資訊網（World Wide Web，請勿將其與整個網際網路搞混）具有一組通訊協定和格式，讓使用者能藉由瀏覽器訪視網頁內容。「World Wide Web」裡的「Web」是指網頁彼此之間可以輕鬆連結，從而串成一個巨大的網格，讓使用者可以在其中穿梭移動。

如果要讓一台機器成為全球資訊網的一份子，必須將其與網際網路連線，使用HTTP 通訊協定，監聽通訊埠 80，如此一來，其他電腦便可以向這台機器請求文件。

全球資訊網裡所有文件都是由*統一資源定位符*（Uniform Resource Locator，簡稱 URL）命名，如以下所示：

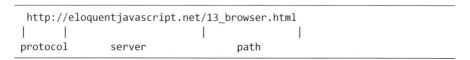

URL 的第一部分表示其使用 HTTP 通訊協定（與之相反的是加密版 HTTP，例如，*https://*）；接著表明我們要從哪個伺服器請求文件；最後是路徑字串，用於指定我們有興趣的文件（或資源）。

機器連接到網際網路後會獲得 *IP 位址*（IP address），有了這個數字，就可以發送訊息給機器，IP 位址類似 `149.210.142.219` 或 `2001:4860:4860::8888`。然而這些數字清單在記憶上或輸入上多少有些棘手，另一種替代方式是為特定位址或一組位址註冊*網域名稱*（domain name）。我個人就註冊一個網域名稱「*eloquentjavascript.net*」，指向我控制的機器 IP 位址。因此，我可以使用這個名稱來提供網頁服務。

如果你在瀏覽器的位址欄中輸入我註冊的 URL，瀏覽器會嘗試檢索，並且顯示位於這個 URL 的文件。首先，瀏覽器必須找出網域名稱「*eloquentjavascript.net*」指向的位址，接著，使用 HTTP 通訊協定連接到該位址的伺服器，向伺服器請求資源『*/13_browser.html*』。如果一切順利，伺服器會回送一個文件，然後瀏覽器就會將文件內容顯示在你的螢幕上。

HTML

超文本標記語言（Hypertext Markup Language，簡稱 HTML）是一種用於網頁的文件格式。HTML 文件包含文字以及指定文字結構的標籤（tag），說明像是連結、段落和標題等等的內容。

以下範例為一個簡短的 HTML 文件：

```
<!doctype html>
<html>
  <head>
    <meta charset="utf-8">
    <title>My home page</title>
  </head>
  <body>
    <h1>My home page</h1>
    <p>Hello, I am Marijn and this is my home page.</p>
    <p>I also wrote a book! Read it
      <a href="http://eloquentjavascript.net">here</a>.</p>
  </body>
</html>
```

瀏覽器中所呈現的文件內容如下所示：

My home page

Hello, I am Marijn and this is my home page.

I also wrote a book! Read it here.

角括號（< 和 >，就是小於和大於的符號）裡的標籤負責提供和文件結構相關的資訊，其他文字只是純文字。

文件開頭的文字 `<!doctype html>` 是告訴瀏覽器以現代 HTML 的格式直譯網頁的內容，而非採用過去使用的各種程式方言。

HTML 文件具有標頭（head）和土體（body），標頭包含和文件有關的資訊，主體則包含文件本身。在上面的範例中，head 標籤底下宣告該文件的標題名稱為「My home page」，使用 UTF-8 編碼（這是一種將 Unicode 編碼文字轉換為二進位資料的方法）。文件主體包含一個標題（`<h1>` 表示標題 1，`<h2>` 到 `<h6>` 則是產生其餘的子標題）和兩個段落（`<p>`）。

HTML 文件具有多種形式的標籤。每一個元素（像是文件主體、段落或是連結）都是從一個起始標籤開始（例如，`<p>`），結束於一個結尾標籤（例如，`</p>`）。有些起始標籤會包含額外的資訊，例如，連結標籤（`<a>`）和『name="value"』會以成對的形式出現，這些資訊就稱為屬性（attribute）。在前面的範例裡，連結的目的地是指定為『href="http://eloquentjavascript.net』，其中 href 是「hypertext reference」的縮寫，表示超連結引用的網址。

某些類型的標籤不包含任何內容，因此不需要結尾標籤，詮釋資料（metadata）標籤 `<meta charset="utf-8">` 就是一個例子。

由於角括號在 HTML 文件裡具有特殊意義，為了讓角括號也能在文件中作為純文字使用，必須導入另外一種形式的特殊表示法。純文字的左角括號寫成『&lt』（「小於」），右角括號寫成『&gt』（「大於」）；『&』字元加上英文名稱或字元編碼再加上分號（;），可以在 HTML 文件裡呈現『&』字元的實體（entity），瀏覽器會以對應該實體的編碼置換這個特殊符號。

這種表示法類似 JavaScript 字串中使用反斜線的方式。由於這個機制也賦予『&』字元特殊意義，因此，如果要將『&』字元以純文字表示，就必須以『&』表示；如果要在雙引號括起來的屬性值裡，插入真正的純文字引號字元，可以表示成『"』。

HTML 剖析文件內容時，其容錯程度非常驚人，當文件遺漏應該存在的標籤時，瀏覽器會自己重建標籤。這已經是標準做法，所有現代瀏覽器都會以相同的方式處理。

以下這份 HTML 文件的處理方式會和之前介紹過的範例一樣：

```
<!doctype html>

<meta charset=utf-8>
<title>My home page</title>

<h1>My home page</h1>
```

```
<p>Hello, I am Marijn and this is my home page.
<p>I also wrote a book! Read it
  <a href=http://eloquentjavascript.net>here</a>.
```

在這份文件裡，`<html>`、`<head>` 和 `<body>` 這幾個標籤完全消失，但瀏覽器知道 `<meta>` 和 `<title>` 屬於標頭，`<h1>` 表示文件主體由此開始。此外，這份文件不再以結尾標籤明確結束段落，因為開啟新段落或結束文件，會間接結束前面的段落，連原本寫在屬性值前後的引號也消失了。

為了維持 HTML 文件的簡潔性，本書範例通常會省略 `<html>`、`<head>` 和 `<body>` 標籤，但是會關閉標籤並且在屬性前後加上引號。

本書通常還會省略 doctype 和 charset 的宣告。我並不是鼓勵大家從 HTML 文件中刪除這些內容，當你忘記這些標籤的存在時，瀏覽器通常會做出一些荒謬的事，而是應該將 doctype 和詮釋資料 charset 想成是範例中那種間接存在的方式，即使它們並沒有實際出現在文字裡。

HTML 與 JavaScript

在本書的背景環境下，HTML 文件最重要的標籤是 `<script>`，這個標籤容許我們在文件中納入一段 JavaScript 程式碼。

```
<h1>Testing alert</h1>
<script>alert("hello!");</script>
```

當瀏覽器讀取 HTML 文件時，只要遇到 `<script>` 標籤，就會執行範例中這樣的腳本。開啟這個網頁時會彈出一個對話框 —— alert 函式，其作用類似 prompt 函式，雖然也會彈出一個小視窗，但只會顯示訊息，不會要求使用者輸入文字。

在 HTML 文件中直接納入大型程式，就實務面來看，通常不切實際。在這種情況下，可以讓 `<script>` 標籤指定 src 屬性，從 URL 讀取腳本檔案，也就是包含 JavaScript 程式碼的純文字檔。

```
<h1>Testing alert</h1>
<script src="code/hello.js"></script>
```

上面範例中指定的檔案「*code/hello.js*」包含相同的程式，也是 `alert("hello!")`。當 HTML 頁面引用其他 URL 提供的檔案作為自身內容的一部分時（例如，圖檔或腳本），網頁瀏覽器會立即讀取這些資源，並且將它們納進網頁內容裡。

使用 script 標籤時，即使你引用的腳本檔案並沒有包含任何程式碼，還是必須加上結尾標籤 `</script>`。萬一你忘記了，網頁其餘部分的內容就會被直譯為腳本的一部分。

在 script 標籤裡指定屬性『`type="module"`』，可以在瀏覽器中載入 ES 模組（請參見第 190 頁「模組規範 ECMAScript」）。在 `import` 宣告要使用 URL 處的檔案作為模組名稱，這類模組可以依賴其他模組。

某些屬性也可以納入 JavaScript 程式。以下範例中的 `<button>` 標籤（顯示為按鈕）具有 `onclick` 屬性，每次點擊按鈕時，都會執行屬性值。

```
<button onclick="alert('Boom!');">DO NOT PRESS</button>
```

請注意，`onclick` 屬性中的字串使用了單引號，這是因為雙引號已經用來括住整個屬性值，此處也可以改用『`&quot;`』來表示純文字的雙引號。

沙盒環境

執行從網際網路下載的程式可能會有危險。那些你所拜訪的網站，背後開發人員在做些什麼，其實你並不清楚，他們不一定都心懷善意。如果你下載了心懷不軌的人開發的程式，並且在你的電腦上執行，就會害你的電腦中毒、資料被盜，還有入侵你的帳號。

然而，這也是網頁的吸引力──你可以隨意拜訪所有網頁，但不需煩惱它們是否可信。這就是為什麼瀏覽器會嚴格限制 JavaScript 程式只能做哪些事的原因：不能查看你電腦上的檔案或是修改與內嵌網頁無關的所有內容。

這種完全獨立的程式運行環境，我們稱之為*沙盒環境*（sandboxing），其設計想法是把程式放在沙盒中執行，不讓程式對電腦造成危害，但是，你應該把這種特殊設計的沙盒想像成一個籠子，籠子上面還綁了一條粗厚的鋼筋，在裡面執行的程式實際上根本就出不去。

實作沙盒的困難之處在於：一方面要給程式足夠的發揮空間，使其具有實用性；同時還要對程式處處設限，防止其做出任何危險的事。許多實用的功能也都有可能做出有問題、侵犯隱私的行為，例如，與其他伺服器通訊，或是讀取存在於剪貼簿上複製貼上的內容。

不時就會有人想出新方法來規避瀏覽器的限制，做出某種有害的行為，危害範圍分布之廣，小從洩漏個人資訊，大到接管瀏覽器本身運行環境的整台機器。瀏覽器開發人員的對策是修復漏洞，讓一切情況再次恢復正常，等到下次發現問題時，又繼續修復漏洞，不過，前提是這些漏洞有被公開，而不是被某些政府機構或黑手黨暗中利用。

相容性與瀏覽器爭霸戰

網頁發展的早期階段，是由一家名為 Mosaic 的瀏覽器主導了市場。數年後，Netscape 打破了市場的平衡，沒多久又被微軟的瀏覽器 IE（Internet Explorer）佔走了大部分的市場。每當有一家瀏覽器位居主導地位時，該瀏覽器的供應商就會單方面覺得自己擁有開發網頁新功能的權利。由於多數使用者都會使用時下最流行的瀏覽器，網站自然也就開始支援這些新功能，不在乎是否支援其他瀏覽器。

這段時期可說是相容性的黑暗年代，通常稱之為瀏覽器爭霸戰。當時網頁開發人員手上只有標準不一的網頁功能，和兩、三個不相容的平台。更糟的是，2003 年左右使用的瀏覽器都充滿了臭蟲，當然，每家瀏覽器的臭蟲還都不一樣。對網頁開發人員來說，是非常艱難的生存時期。

2000 年代後期，Netscape 旗下的非營利組織 Mozilla 推出 Firefox，挑戰微軟 IE 的龍頭地位。當時因為微軟對於保持瀏覽器競爭力並不是特別感興趣，所以 Firefox 從中奪走了很大一塊的市場佔有率。約在同一時期，Google 推出了 Chrome 瀏覽器、Apple 的 Safari 瀏覽器也開始流行起來，致使整個市場出現四強鼎立的局面，而非原本一家獨大的情況。

新的市場參與者以更認真的態度看待瀏覽器標準，還有更嚴謹的工程實踐，降低瀏覽器之間不相容性的程度與發生錯誤的情況。後來微軟發現 IE 的市場佔有率急速下滑，才轉而採取這些開發態度，並且以 Edge 瀏覽器取代 IE。如果你是現今才開始學習網頁開發的人，真的要認為自己是幸運兒。當前主流瀏覽器的最新版本表現都相當一致，而且相較於以前的版本，錯誤較少。

「喔，又來了！這真是太糟了！又是等你蓋完房子後才發現，無意間學到的某些知識，你真的應該在開始前就要具備。」

—德國哲學家 Friedrich Nietzsche，
《*Beyond Good and Evil*》作者

14

文件物件模型

以瀏覽器開啟網頁時，瀏覽器會讀取網頁的 HTML 文字並且剖析這些文字，其做法非常類似先前第 12 章介紹過的剖析程式的方式。瀏覽器會建立文件的結構模型，然後利用這個模型，將網頁內容繪製在螢幕上。

這種文件表示方法是 JavaScript 沙盒環境中提供的眾多程式工具之一，是一種可以讀取或修改的資料結構，而且是富有生命力的資料結構：當文件被修改後，螢幕上會更新網頁內容，反映文件所做的修改。

文件結構

你可以將 HTML 文件想像為一組巢狀結構的盒子，`<body>` 和 `</body>` 這類的標籤包覆住其他標籤，而其他標籤又依序包覆住另外的標籤或文字。以下是前一章的範例文件：

```
<!doctype html>
<html>
  <head>
    <title>My home page</title>
  </head>
  <body>
    <h1>My home page</h1>
    <p>Hello, I am Marijn and this is my home page.</p>
```

```
  <p>I also wrote a book! Read it
    <a href="http://eloquentjavascript.net">here</a>.</p>
  </body>
</html>
```

網頁結構如下所示：

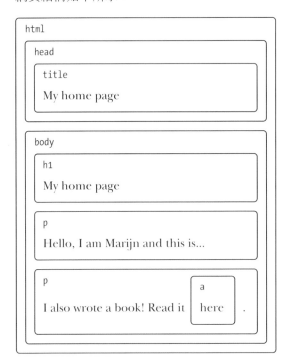

瀏覽器使用這種資料結構，依照這樣的形態來表示文件。在這個結構裡，每一個盒子都有一個物件，我們可以跟每一個物件互動，從中獲得一些發現，例如，HTML 標籤代表什麼、包含哪些盒子與文字，這種表示方法稱為**文件物件模型**（Document Object Model），或簡稱 DOM。

透過全域變數 document 使用這些物件，documentElement 屬性引用 <html> 標籤的物件。由於每個 HTML 文件都有一個標頭和主體，因此，也會有 head 和 body 屬性，指向這些元素。

樹狀結構

請稍微回想本書第 221 頁「剖析」一節裡所談過的語法樹，語法樹的結構與此處瀏覽器文件的結構是不是出奇地相似。每個**節點**會引用其他節點，也就是子節點，而這些子節點又會有自己的子節點。這樣的形狀便是典型巢狀結構的特徵，結構之中的元素可以包含與其自身相似的子元素。

當資料結構本身具有分支結構、沒有迴圈（一個節點可能不會直接或間接包含自身節點），還有單一完善定義的**根節點**（root），就將這種資料結構稱之為樹。在 DOM 的情況下，`document.documentElement` 就是它的根結點。

在電腦科學的領域裡，樹狀結構出現的頻率很高，除了表示遞迴結構（例如，HTML 文件或程式），還經常用於維護有序資料集合，因為相較於扁平式的陣列結構，樹狀結構在查詢或插入元素的操作上通常更有效率。

典型的樹狀結構具有不同種類的節點。先前實作專案裡的 Egg 語言，其語法樹具有 ID、值和應用節點；應用節點會有子節點，而 ID 和值是**葉子節點**或沒有子節點的節點。

DOM 的情況也是一樣，代表 HTML 標籤的**元素**節點會決定文件結構，這些元素節點會有子節點。另一個例子是 `document.body`。其中某些子節點是葉節點，例如，文字或註解節點。

所有 DOM 的節點物件都具有 `nodeType` 屬性，包含標識節點類型的編碼（數字）。元素的編碼為 1，也定義為常數屬性 `Node.ELEMENT_NODE`；文字節點的編碼為 3（`Node.TEXT_NODE`），代表文件中的一段文字；註解節點的編碼為 8（`Node.COMMENT_NODE`）。

以下為另外一種視覺方法所表現的文件樹狀結構：

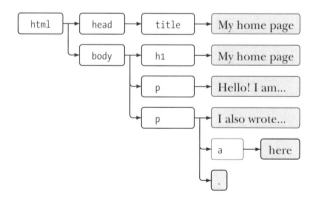

在這個結構裡，葉子是文字節點，箭頭表示節點之間的父子關係。

介面標準

以表面沒有意義的編碼數字來表示節點類型，不太像是 JavaScript 的行事風格。本章稍後會介紹 DOM 介面的其他部分，同樣也讓人感到不是那麼有效率又有點另類。DOM 之所以採取這種做法的原因是，它並不是專為 JavaScript 設計的模型。DOM 的目標是成為中立語言，使其能適用於其他系統，而不僅僅用在 HTML 上，還可適用於 XML（類似 HTML 語法的通用資料格式）。

沒錯，標準通常很實用，但不幸的是，DOM 企圖創造出跨語言一致性的優勢，並沒有獲得大家的青睞。比起為各種不同的程式語言提供相似的介面，讓介面適當整合使用者使用的程式語言，才能為使用者節省更多時間。

舉一個整合差的例子。DOM 的元素節點有 `childNodes` 屬性，這個屬性包含一個類似陣列的物件，有長度屬性和使用子節點需要的數字標記屬性，但是這個屬性是 `NodeList` 型態的實體，不是真正的陣列，所以不支援 `slice`、`map` 等方法。

除此之外，還有其他單純因為設計不良而導致的問題。例如，無法在建立新節點的同時，立即為其增加子節點或屬性，反而要先新增節點，再使用副作用分別增加一個個的子節點和屬性。因此，如果程式碼與 DOM 互動的比例很高，就會變得冗長、重複性高而且很醜。

還好這些缺陷還不算致命。由於 JavaScript 容許程式設計師自己建立抽象，因此能設計改良的方式來表達程式正在執行的操作，許多用於瀏覽器程式設計的函式庫都有支援這類的工具。

樹狀結構內的移動

DOM 節點包含大量指向鄰近節點的連結，如以下流程圖所示：

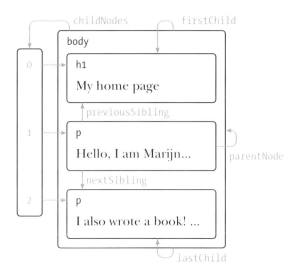

雖然圖中每一種類型的節點只顯示一個連結，但每個節點都有 parentNode 屬性，指向屬性本身所屬的節點（如果存在）。同樣地，每個元素節點（節點類型 1）都有 childNodes 屬性，指向一個類似陣列的物件（負責儲存子節點）。

理論上，只要使用這些父連結和子連結，就能在樹狀結構中任意四處移動，但是 JavaScript 還容許你使用許多其他便利的連結。firstChild 和 lastChild 這兩個屬性分別指向第一個和最後一個子元素，沒有子節點則指向 null 值。同樣地，previousSibling 和 nextSibling 屬性是指向相鄰節點，分別指向父節點相同的前一個和後一個節點。所以，第一個子節的 previousSibling 屬性值為 null，最後一個節點的 nextSibling 屬性值也是 null。

此外，還有 children 屬性，類似 childNodes 但只包含元素（類型 1）子節點，不包含其他類型的子節點。如果是想過濾掉不感興趣的文字節點時，這個屬性就很實用。

處理像以下範例中的巢狀資料結構時，遞迴函式通常能派上用場。下列函式會掃描文件中的文字節點是否包含指定字串，有找到的話就回傳 true：

```
function talksAbout(node, string) {
  if (node.nodeType == Node.ELEMENT_NODE) {
    for (let child of node.childNodes) {
      if (talksAbout(child, string)) {
        return true;
      }
    }
    return false;
```

```
  } else if (node.nodeType == Node.TEXT_NODE) {
    return node.nodeValue.indexOf(string) > -1;
  }
}

console.log(talksAbout(document.body, "book"));
// → true
```

文字節點的 nodeValue 屬性是儲存表示文字內容的字串。

尋找樹狀結構內的元素

一般情況下，使用父節點、子節點和相鄰節點之間的連結導航，通常就很好用了。然而，如果是想在文件中尋找特定節點，從 document.body 開始，沿著固定的路徑尋找，就不是個好主意，而且採用這種做法的前提是，程式會依賴精確的文件結構，然而，你有可能以後會想改變結構。另一個複雜的因素是，DOM 甚至會為節點之間的空格建立文字節點。在前面的範例文件中，<body> 標籤不只三個子節點（<h1> 和兩個 <p> 元素），實際上有七個節點：除了這三個節點，還要再加上節點前後的空格和節點之間的空格。

因此，如果是要讀取文件中連結的 href 屬性，我們不希望是「讀取文件主體的第六個子節點的第二個子節點」，最好是「讀取文件中的第一個連結」，而且確實可以做到。

```
let link = document.body.getElementsByTagName("a")[0];
console.log(link.href);
```

所有元素節點都具有 getElementsByTagName 方法，作用是從後代節點裡（直接或間接子節點都算），收集所有具有指定標籤名稱的元素，並且以類似陣列的物件回傳這些元素。

另一種做法是，使用 document.getElementById，以 id 屬性找出特定節點。

```
<p>My ostrich Gertrude:</p>
<p><img id="gertrude" src="img/ostrich.png"></p>

<script>
  let ostrich = document.getElementById("gertrude");
  console.log(ostrich.src);
</script>
```

第三種類似的做法是 getElementsByClassName，跟 getElementsByTagName 一樣，搜尋元素節點的內容，取出 class 屬性中具有指定字串的所有元素。

修改文件

所有跟 DOM 資料結構相關的內容，幾乎都可以修改。透過修改文件的樹狀結構形狀可以改變父子關係；節點具有 remove 方法，讓節點可以將自身從目前的父節點中移除；使用 appendChild，可以將子節點增加到元素節點；使用 insertBefore，可以將第一個參數指定的節點插入到第二個參數指定的節點前。

```
<p>One</p>
<p>Two</p>
<p>Three</p>

<script>
  let paragraphs = document.body.getElementsByTagName("p");
  document.body.insertBefore(paragraphs[2], paragraphs[0]);
</script>
```

每個節點都只能存在於文件中的某一個地方。因此，範例中將段落 *Three* 插入到段落 *One* 前，首先會從文件末尾移除段落 *Three*，再將段落 *Three* 插入到段落 *One* 前，最後產生的結果是 *Three / One / Two*。所有將節點插入到某處的操作均具有這樣的副作用，都會先將節點從目前的位置移除（如果有的話）。

replaceChild 方法是以另外一個節點置換掉目前的子節點，這個方法需要兩個參數：一個新節點和要置換掉的節點，要置換掉的節點必須是呼叫這個方法的元素的子節點。請注意，replaceChild 和 insertBefore 都需要將新節點作為第一個參數。

建立節點

假設現在要寫一個腳本，將文件中的所有圖片（<img> 標籤）置換為 alt 屬性儲存的文字，這些文字是圖片的替代文字。

這項操作不僅涉及刪除圖片，還牽扯到增加新的文字節點來置換原本的圖片節點，使用 document.createTextNode 方法建立文字節點。

```
<p>The <img src="img/cat.png" alt="Cat"> in the
  <img src="img/hat.png" alt="Hat">.</p>

<p><button onclick="replaceImages()">Replace</button></p>

<script>
  function replaceImages() {
    let images = document.body.getElementsByTagName("img");
    for (let i = images.length - 1; i >= 0; i--) {
      let image = images[i];
      if (image.alt) {
        let text = document.createTextNode(image.alt);
        image.parentNode.replaceChild(text, image);
      }
    }
  }
</script>
```

在上面的範例程式中，createTextNode 會以指定字串建立一個文字節點，再將節點插入到文件中，最後顯示在螢幕上。

利用迴圈，從列表的結尾開始重複處理所有的圖片。由於 getElementsByTagName（或是 childNodes 這類的屬性）回傳的節點列表會動態改變，所以必須從列表尾端反過來處理，也就是說，這份列表會隨著文件的改變而更新。如果從列表的起頭開始處理，刪除第一個圖片時，列表會失去第一個元素，接著重複進行第二次迴圈，此時 i 的值是 1，但集合的長度也是 1，迴圈就會停止。

如果你想要的是不會即時更新，而是固定的節點集合，可以呼叫 Array. from，將集合轉換為一個真正的陣列。

```
let arrayish = {0: "one", 1: "two", length: 2};
let array = Array.from(arrayish);
console.log(array.map(s => s.toUpperCase()));
// → ["ONE", "TWO"]
```

使用 document.createElement 方法可以建立元素節點，這個方法以標籤名稱為參數，根據指定類型回傳一個新的空節點。

以下範例定義一個工具程式 elt，功能是建立一個元素節點，將剩下的參數視為該節點的子節點，然後使用這個函式為『quote』增加屬性。

```
<blockquote id="quote">
  No book can ever be finished. While working on it we learn
  just enough to find it immature the moment we turn away
  from it.
</blockquote>

<script>
  function elt(type, ...children) {
    let node = document.createElement(type);
    for (let child of children) {
      if (typeof child != "string") node.appendChild(child);
      else node.appendChild(document.createTextNode(child));
    }
    return node;
  }

  document.getElementById("quote").appendChild(
    elt("footer", "--",
        elt("strong", "Karl Popper"),
        ", preface to the second editon of ",
        elt("em", "The Open Society and Its Enemies"),
        ", 1950"));
</script>
```

最後產生的文件如下所示：

No book can ever be finished. While working on it we learn
just enough to find it immature the moment we turn away
from it.
　—**Karl Popper**, preface to the second editon of *The Open
Society and Its Enemies*, 1950

屬性

透過元素的 DOM 物件的同名屬性，可以使用某些元素的屬性，例如，連結 href。這是最常見的標準屬性用法。

HTML 文件容許在節點上設置任何你想要的屬性，這項特性非常實用，讓你可以在文件中儲存額外的訊息。不過，如果是你自己建立的屬性名稱，則不會出現在元素節點上的屬性上，必須改用 getAttribute 和 setAttribute 方法才能使用這類的屬性。

```
<p data-classified="secret">The launch code is 00000000.</p>
<p data-classified="unclassified">I have two feet.</p>

<script>
  let paras = document.body.getElementsByTagName("p");
  for (let para of Array.from(paras)) {
    if (para.getAttribute("data-classified") == "secret") {
      para.remove();
    }
  }
</script>
```

建議針對這種自訂屬性,在名稱前加上『data-』,確保它們不會與其他屬性發生衝突。

以上範例有用到一個常用的屬性 class,class 同時也是 JavaScript 語言中的關鍵字。因為一些歷史淵源,某些舊版本的 JavaScript 在實作上無法處理和關鍵字同名的屬性,所以用 className 讀取這個屬性。如果想以真正的名稱『class』讀取屬性,可以改用 getAttribute 和 setAttribute 方法。

版面配置

你可能已經發現,不同類型的元素具有不同的版面配置。例如,段落 (<p>) 或標題 (<h1>) 這類的元素會佔據文件的整個寬度,而且會以單行方式顯示,這些元素稱為區塊元素。其他像是連結 (<a>) 或 <strong> 元素,則會跟元素周圍的文字一起呈現在同一行,這類元素稱為內聯元素(inline element)。

瀏覽器能夠針對所有指定文件,根據每個元素的類型和內容,為每個元素提供尺寸大小和位置,計算出版面配置,然後再使用這些配置資訊,實際繪製文件。

JavaScript 可以直接使用元素的尺寸大小和位置。offsetWidth 和 offsetHeight 屬性是指定元素佔用的空間,以像素(pixel)為單位。像素是瀏覽器中的基本測量單位,在傳統做法上,像素是對應螢幕可以繪製的最小點,但是現代的顯示裝置可能不再適用,現在可以繪製非常小的點,而且瀏覽器像素能跨越多個顯示點。

clientWidth 和 clientHeight 一樣可以提供元素內部空間的大小,但會忽略邊框寬度。

```
<p style="border: 3px solid red">
  I'm boxed in
</p>

<script>
  let para = document.body.getElementsByTagName("p")[0];
  console.log("clientHeight:", para.clientHeight);
  console.log("offsetHeight:", para.offsetHeight);
</script>
```

為一個段落指定邊框,瀏覽器會在段落周圍繪製一個矩形。

I'm boxed in

想要找出元素在螢幕上的精確位置,最有效的做法是 getBoundingClientRect 方法,這個方法會回傳一個物件,包含 top、bottom、left 和 right 屬性,表示元素各邊相對於螢幕左上角的位置(以像素為單位)。如果你希望元素的位置是相對於整個文件,則必須加上目前捲動的位置,可以從 pageXOffset 和 pageYOffset 變數查出這個值。

版面配置需要相當大的工作量,為了提高速度,瀏覽器引擎不會在每次更改文件時立即重新配置,會盡可能等到最後一刻才更新。當 JavaScript 程式完成文件修改後,瀏覽器必須計算新的版面配置,再將修改過後的文件內容繪製在螢幕上。萬一程式讀取 offsetHeight 屬性或是呼叫 getBoundingClientRect,請求某些元素的位置或尺寸大小,瀏覽器為了提供正確的資訊,還是需要重新計算版面配置。

程式如果重複讀取 DOM 配置資訊或是修改 DOM 內容,會迫使瀏覽器大量計算版面配置,造成瀏覽器運行速度變得非常緩慢,以下列程式碼為例。這份程式碼包含兩個不同的程式,分別以 X 字元建立一條寬 2,000 像素的線,並且計算兩個程式最後所花費的時間。

```
<p><span id="one"></span></p>
<p><span id="two"></span></p>

<script>
  function time(name, action) {
    let start = Date.now(); // Current time in milliseconds
    action();
    console.log(name, "took", Date.now() - start, "ms");
  }
```

```
time("naive", () => {
  let target = document.getElementById("one");
  while (target.offsetWidth < 2000) {
    target.appendChild(document.createTextNode("X"));
  }
});
// → naive took 32 ms

time("clever", function() {
  let target = document.getElementById("two");
  target.appendChild(document.createTextNode("XXXXX"));
  let total = Math.ceil(2000 / (target.offsetWidth / 5));
  target.firstChild.nodeValue = "X".repeat(total);
});
// → clever took 1 ms
</script>
```

風格

到目前為止已經看到不同的 HTML 元素，其繪製方式也不一樣，有些會顯示為區塊，有些則顯示為內聯。還可以再增加一些風格，例如，<strong> 是將文字內容加粗，<a> 則是將文字內容變成藍色和加上底線。

<img> 標籤顯示圖片或點擊 <a> 標籤會觸發其後的連結，兩者做法都跟元素類型有密切相關，但我們可以更改與元素相關的風格，例如文字顏色或底線。以下是使用 style 屬性的範例：

```
<p><a href=".">Normal link</a></p>
<p><a href="." style="color: green">Green link</a></p>
```

以下第二個連結會變成綠色，而非原本預設的連結顏色。

Normal link

Green link

風格屬性可能有一個或多個宣告，寫法是屬性名稱（例如，color）後加上冒號，再加上一個值（例如，green）。有多個宣告時，每個宣告之間必須以分號隔開，例如，『color: red; border: none』。

文件有許多方面都會受到風格影響，例如，display 屬性是控制元素要顯示為區塊還是內聯元素。

```
This text is displayed <strong>inline</strong>,
<strong style="display: block">as a block</strong>, and
<strong style="display: none">not at all</strong>.
```

block 標籤會結束在自己這一行，因為區塊元素不會跟元素周圍的文字顯示在同一行。最後一個標籤完全不顯示內容，因為 display: none 阻止元素顯示在螢幕上，這是一種隱藏元素的方法。通常比較好的做法是將元素從文件中完全刪除，不然以後很容易又會出現。

This text is displayed **inline**,
as a block
, and .

JavaScript 程式碼可以透過元素的 style 屬性，直接處理元素的風格。style 屬性包含一個物件，具有所有可以使用的風格屬性。這些屬性值是字串，寫入字串就能更改特定的元素風格。

```
<p id="para" style="color: purple">
  Nice text
</p>

<script>
  let para = document.getElementById("para");
  console.log(para.style.color);
  para.style.color = "magenta";
</script>
```

有些風格屬性的名稱會包含連字號，例如，font-family，但是這種屬性名稱不適合用在 JavaScript（必須寫成 style["font-family"]），JavaScript 會將這種 style 物件的屬性名稱移除連字號，並且讓原本連字號後面的字母變成大寫，例如，style.fontFamily。

CSS 寫作風格

HTML 的風格系統稱為 CSS（Cascading Style Sheets），亦即階層式樣式表。風格表單（style sheet）是一套規則，說明如何為文件中的元素設定風格，可以在 <style> 標籤內指定。

```
<style>
  strong {
    font-style: italic;
```

```
    color: gray;
  }
</style>
<p>Now <strong>strong text</strong> is italic and gray.</p>
```

CSS 名稱中的「階層」指出一個事實：多項樣式規則結合在一起，產生元素的最終風格。在以下範例中，`<strong>` 標籤的預設風格是 `font-weight: bold`，會被 `<style>` 標籤中的規則蓋掉，並且增加 `font-style` 和 `color` 這兩個風格屬性。

當多個規則重複定義相同的屬性值，由最近一次讀取的規則獲勝，得到最高的優先順序。因此，如果 `<style>` 標籤中的規則包含 `font-weight: normal`，與預設的 `font-weight` 規則相互牴觸，則文字會顯示為正常（normal），而非粗體（bold）。`style` 屬性中的風格會直接應用於節點，永遠贏得最高的優先順序。

在 CSS 規則中除了標籤名稱，還能將其他內容訂為規則。`.abc` 規則可以套用在所有 `class` 屬性中有『abc』的元素，`#xyz` 規則可以套用在 id 屬性為『xyz』（應該是文件中唯一存在）的元素。

```
.subtle {
  color: gray;
  font-size: 80%;
}
#header {
  background: blue;
  color: white;
}
/* p elements with id main and with classes a and b */
p#main.a.b {
  margin-bottom: 20px;
}
```

只有當規則具有相同**特殊性**時，優先規則才適用於最近定義的規則。規則的特殊性是衡量規則符合元素的精確程度有多高，取決於規則要求的元素數量與種類（標籤、類別或 ID），例如，規則訂為 `p.a`，比只訂為 `p` 或 `.a` 的規則更具體，所以優先順序更高。

符號 `p > a {...}` 是將指定風格套用於所有 `<p>` 標籤的直接子代 `<a>` 標籤，`p a {...}` 一樣是套用於 `<p>` 標籤內的所有 `<a>` 標籤，但不管 `<a>` 標籤是直接子代還是間接子代均可。

Query 選擇器

本書不會使用過多的風格表單。設計瀏覽器程式時，理解這些風格表單很有幫助，但其複雜程度足以單獨寫成另外一本書。

本節介紹選擇器語法的主要原因在於，這個微型語言一樣能找出 DOM 元素，而且效率更高；選擇器語法是用於風格表單的表示法，判斷要套用在一組風格裡的哪些元素上。

document 物件和元素節點都有定義 querySelectorAll 方法，以選擇器字串作為參數，回傳 NodeList，其中包含所有符合的元素。

```
<p>And if you go chasing
  <span class="animal">rabbits</span></p>
<p>And you know you're going to fall</p>
<p>Tell 'em a <span class="character">hookah smoking
  <span class="animal">caterpillar</span></span></p>
<p>Has given you the call</p>

<script>
  function count(selector) {
    return document.querySelectorAll(selector).length;
  }
  console.log(count("p"));            // 所有的 <p> 元素
  // → 4
  console.log(count(".animal"));      // animal 類別
  // → 2
  console.log(count("p .animal"));    // <p> 元素裡的 animal 類別
  // → 2
  console.log(count("p > .animal")); // <p> 元素的直接子代
  // → 1
</script>
```

querySelectorAll 回傳的物件和 getElementsByTagName 等方法不同，不會動態更新，也就是說，修改文件內容時，物件不會隨著更新。即使如此，這個物件依舊不是真正的陣列，如果想把它當成陣列，還是需要呼叫 Array. from。

querySelector 方法（沒有 All）的運作方式非常相似，適合尋找特定的單一元素，只會回傳第一個符合的元素，找不到符合元素時，則回傳 null。

定位與動畫

在版面配置裡，風格屬性 position 具有強大的影響力，預設屬性值為
static，表示該元素位於文件中的正常位置；設為 relative 時，表示元素仍
然佔用文件中的空間，但位置變成相對於正常位置偏移，偏移值使用風格屬性
top 和 left 的值；當 position 設為 absolute，元素會從正常的文件串中移
除，也就是不再佔用文件空間，可能會與其他元素重疊。此外，其絕對位置是
相對於最接近的封閉元素的左上角，偏移值使用風格屬性 top 和 left 的值，
而且封閉元素的 position 屬性不能是 static；如果沒有符合條件的封閉元素
存在，則相對於文件的正常位置。

我們可以使用這項風格屬性來建立動畫，以下文件顯示一張圖片，有一隻貓繞
著橢圓軌跡移動：

```
<p style="text-align: center">
  <img src="img/cat.png" style="position: relative">
</p>
<script>
  let cat = document.querySelector("img");
  let angle = Math.PI / 2;
  function animate(time, lastTime) {
    if (lastTime != null) {
      angle += (time - lastTime) * 0.001;
    }
    cat.style.top = (Math.sin(angle) * 20) + "px";
    cat.style.left = (Math.cos(angle) * 200) + "px";
    requestAnimationFrame(newTime => animate(newTime, time));
  }
  requestAnimationFrame(animate);
</script>
```

灰色箭頭顯示圖片移動的路徑。

這張圖片置於網頁的頁面中心，指定 position 屬性為 relative。為了移動圖片，需要重複更新圖片的風格屬性 top 和 left。

腳本使用 requestAnimationFrame 安排，每當瀏覽器準備重繪螢幕時，就執行 animate 函式。animate 函式本身再次呼叫 requestAnimationFrame，安排下一次更新。當瀏覽器視窗（或 Tab 鍵）處於活動狀態下，更新頻率是每秒 60 次左右，通常能產生漂亮的動畫。

如果迴圈只更新 DOM，網頁會暫停不動，螢幕上不會顯示任何內容。瀏覽器執行 JavaScript 程式時，不會更新顯示內容，也不容許與網頁進行任何互動。這就是我們需要呼叫 requestAnimationFrame 的原因，通知瀏覽器我們已經完成工作，可以繼續執行瀏覽器要做的事情，例如，更新螢幕畫面和回應使用者操作。

將目前的時間作為參數傳給動畫函式，為了確保貓每毫秒可以穩定移動，根據移動速度改變兩個時間差之間（目前時間與前一次執行函式的時間）的角度。如果只是固定每幾步移動角度，貓會斷斷續續地移動；如果是同一台電腦上正在執行另一個繁重的任務，會讓函式暫停執行零點幾秒。

利用三角函式 Math.cos 和 Math.sin，讓貓沿著圓周移動。因為我們接下來會有機會用到三角函式，不過有些人不是很熟悉，所以本章會簡短介紹三角函式。

在以點（0,0）為圓心、1 為半徑的圓上要尋找點，Math.cos 和 Math.sin 是很實用的方法。這兩個函式能將它們的參數闡釋為圓上的位置，零表示圓最右邊的點，順時針方向轉到 2π（約 6.28），就是繞一整個圓。Math.cos 可以計算出對應於圓上指定一點的 x 座標，Math.sin 可以產生 y 座標。大於 2π 或小於 0 的位置（或角度）都有效，因為重複轉一圈後，$a + 2\pi$ 和 a 兩者的角度一樣。

用於測量角度的單位稱為弧度，一個完整的圓是 2π 弧度，類似以度為單位測量的 360 度。常數 π 在 JavaScript 中為 Math.PI。

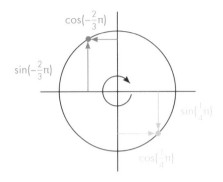

貓動畫的程式碼中有一個計數器變數 angle，記錄動畫目前的角度，每次呼叫 animate 函式時，就會增加計數器的值，接著使用這個角度來計算圖像元素目前的位置。風格屬性 top 的計算是 Math.sin 乘以 20，就是橢圓的垂直半徑；風格屬性 left 則是 Math.cos 乘以 200，所以橢圓的寬度遠大於高度。

請注意，風格通常都需要指定**單位**，本書是在數字後加上『px』，告訴瀏覽器以像素為計算單位，而非公分、「ems」或其他單位。這一點很容易遺忘。風格屬性值的數字後如果沒有加上單位，瀏覽器就會忽略這個風格，除非數字是 0，0 的後面不管加什麼單位，結果都一樣。

本章重點回顧

JavaScript 程式透過 DOM 資料結構，檢查與修改瀏覽器顯示的文件。這個資料結構代表瀏覽器的文件模型，JavaScript 程式可以修改它來改變瀏覽器顯示的文件。

DOM 具有樹狀結構組織，其中元素會根據文件的結構分層排列。表示元素的物件具有許多屬性，例如，parentNode 和 childNodes，可在樹狀結構中引導方向。

文件的顯示方式會受到**風格**的影響，可以直接在節點上附加風格屬性，或者是定義符合某些節點的規則。風格有許多不同的屬性，例如，color 或 display，JavaScript 程式碼可以直接從元素的 style 屬性來處理元素的風格。

練習題

建立表格（Build a Table）

請利用以下標籤結構建立 HTML 表：

```
<table>
  <tr>
    <th>name</th>
    <th>height</th>
    <th>place</th>
  </tr>
  <tr>
    <td>Kilimanjaro</td>
    <td>5895</td>
    <td>Tanzania</td>
  </tr>
</table>
```

HTML 表每建立一行，`<table>` 標籤就會包含一個 `<tr>` 標籤；每一個 `<tr>` 標籤內，可以放單元格元素：標題單元格（`<th>`）或一般單元格（`<td>`）。

給定一組資料集（內容是山的名稱）和一個物件陣列（具有 `name`、`height` 和 `place` 屬性），讓 HTML 表列舉物件，並且為這個表產生 DOM 結構。應該有一欄是 key 值，一行是物件，再加上頂部的標題行 `<th>` 元素（列出欄的標題名稱）。

請撰寫這個程式，使用資料中第一個物件的屬性名稱，從物件自動衍生出欄。

將產生的表增加到元素中，其 `id` 屬性為『`mountains`』，這樣就能顯示在文件裡。

完成後，請將元素的 `style.textAlign` 屬性設為『`right`』，讓單元格的數值靠右對齊。

從標籤查詢名稱（Elements by Tag Name）

`document.getElementsByTagName` 方法回傳所有符合指定標籤名稱的子元素。請將自己的版本實作為一個函式，一個節點和一個字串（標籤名稱）作為參數，回傳一個陣列，包含具有指定標籤名稱的所有後代元素節點。

使用元素的 nodeName 屬性，可以得到元素的標籤名稱，但是請注意，回傳的標籤名稱全都是大寫，使用字串的 toLowerCase 或 toUpperCase 方法，可以補足這一點。

貓與帽子（The Cat's Hat）

延伸第 262 頁「定位與動畫」一節裡定義的貓動畫，讓貓和它的帽子（<img src="img/hat.png">）沿著橢圓形的軌道運行，兩者分別位於橢圓的兩側。

你也可以讓帽子圍繞貓移動，或是以其他有趣的方式改變動畫。

為了更輕鬆地定位多個物件，切換到絕對位置可能是個比較好的想法，這表示 top 和 left 是相對於文件左上角計算偏移值。此外，負的座標值會導致圖片超出網頁的可視範圍，為了避免發生這個情況，可以把位置座標值加上固定的像素量。

「外在的事件不能影響你的心智，你才是那個擁有主導權的人。清楚意識到這一點，你才能找到自己的力量。」

——羅馬帝國皇帝 Marcus Aurelius・《沉思錄》作者

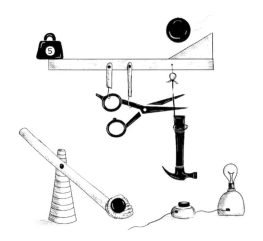

15

事件處理

有些程式會直接用到使用者輸入，例如，滑鼠和鍵盤操作。這種類型的輸入來源不能視為組織完善的資料結構，因為使用者輸入是個別出現而且即時發生，希望程式在它們一發生時就做出回應。

事件處理器

請想像現在有一個介面，如果想找出鍵盤上是否有哪個按鍵被按下，唯一的方法是讀取該按鍵目前的狀態。為了對按鍵做出回應，必須不斷地讀取按鍵狀態，才能在按鍵再次回到釋放狀態前，抓住當時的狀態，所以在短時間內密集執行其他計算會很危險，有可能錯過按鍵被按下的時機。

有些原始的機器還會採取這種做法，視情況讓硬體或作業系統幫忙注意是否有按鍵被按下，有的話就將事件放入佇列之中，再讓程式定期檢查佇列中是否有新事件，一旦發現有事件存在就做出反應。

不管是哪種做法，當然還是要檢查佇列之中是否有事件，而且必須經常查看，因為從按下按鍵到程式注意到有事件，這中間都有可能會導致軟體沒有反應。這種方法稱為輪詢（polling），而絕大部分的程式人員不會優先考慮這項做法。

更好的機制是事件發生時，系統會主動通知程式碼處理。瀏覽器有提供這項機制，讓我們為特定事件註冊函式，作為事件處理器（handler）。

```
<p>Click this document to activate the handler.</p>
<script>
  window.addEventListener("click", () => {
    console.log("You knocked?");
  });
</script>
```

變數 window 是瀏覽器提供的內建物件，代表包含文件的瀏覽器視窗。呼叫這個物件的 addEventListener 方法，會將第二個參數註冊為事件處理器，每當第一個參數描述的事件發生時，就呼叫這個處理器。

事件與 DOM 節點

每個瀏覽器事件都會註冊在執行的背景環境中。上面的範例程式呼叫 window 物件的 addEventListener 方法，為整個視窗註冊一個處理器。DOM 元素和某些其他類型的物件也支援這個方法，只有在物件註冊的背景環境中發生事件時，才會呼叫事件監聽器。

```
<button>Click me</button>
<p>No handler here.</p>
<script>
  let button = document.querySelector("button");
  button.addEventListener("click", () => {
    console.log("Button clicked.");
  });
</script>
```

以上這個範例是在按鈕節點上附加一個事件處理器，點擊按鈕會執行事件處理器，但是點擊文件的其餘部分則不會觸發事件。

為一個節點指定 onclick 屬性也會產生類似的效果。絕大部分類型的事件都可以採用這個做法——透過屬性名稱附加事件處理器，屬性名稱就是事件名稱，名稱前要加上『on』。

然而，一個節點只能擁有一個 onclick 屬性，所以用這種方式，每個節點只能註冊一個處理器。使用 addEventListener 方法增加處理器，則沒有數量限制，即使元素上已經有另一個處理器，也能安全新增。

removeEventListener 方法的作用是刪除處理器，呼叫時參數的用法和 addEventListener 方法類似。

```html
<button>Act-once button</button>
<script>
  let button = document.querySelector("button");
  function once() {
    console.log("Done.");
    button.removeEventListener("click", once);
  }
  button.addEventListener("click", once);
</script>
```

指定給 removeEventListener 的函式，必須跟當初指定給 addEventListener 的函式值相同。所以，要先為函式命名（範例程式中的函式名稱為 once），將相同的函式值傳給這兩個方法，日後才能取消已經註冊的處理器。

事件物件

到目前為止，我們一直忽略這個部分，但其實還有一個參數也傳進事件處理函式裡：事件物件（event object）。這個物件的作用是儲存事件的額外資訊，例如，假設我們想知道是哪個滑鼠按鈕被按下，可以查詢事件物件的 button 屬性。

```html
<button>Click me any way you want</button>
<script>
  let button = document.querySelector("button");
  button.addEventListener("mousedown", event => {
    if (event.button == 0) {
      console.log("Left button");
    } else if (event.button == 1) {
      console.log("Middle button");
    } else if (event.button == 2) {
      console.log("Right button");
    }
  });
</script>
```

儲存在事件物件中的資訊會因事件類型而異，本章後續內容會討論不同類型的事件。物件的 type 屬性一定會有一個字串，用於辨識事件，例如，「click」或「mousedown」事件。

事件傳播

大多數的事件類型針對具有子節點的節點，只要是在節點上註冊的處理器，也能接收在子節點中發生的事件。如果點擊某一個段落內的按鈕，註冊在段落上的事件處理也會接收到點擊事件。

不過，如果段落和按鈕同時都註冊了處理器，則會優先使用更特定的處理器，也就是按鈕上的處理程式。我們可以說這個事件向外傳播，從發生事件的節點到節點的父節點，再到文件的根結點。所有註冊在特定節點上的處理器都輪完之後，註冊在整個視窗上的處理程式，最後才有機會回應事件。

不管任何時間點，事件處理器都能呼叫事件物件上的 stopPropagation 方法，防止處理器接收到更多事件。例如，假設另外一個也可以點擊的元素裡有一個按鈕，然後你不希望點擊按鈕時，會觸發外部元素的點擊行為，在這種情況下，這個方法就很實用。

以下範例程式在按鈕及其周圍的段落上註冊處理器「mousedown」（按下滑鼠）。按下滑鼠右鍵時，按鈕的處理器會呼叫 stopPropagation，避免執行段落上的處理器；按下另一個滑鼠按鈕時，則兩個處理器都會執行。

```
<p>A paragraph with a <button>button</button>.</p>
<script>
  let para = document.querySelector("p");
  let button = document.querySelector("button");
  para.addEventListener("mousedown", () => {
    console.log("Handler for paragraph.");
  });
  button.addEventListener("mousedown", event => {
    console.log("Handler for button.");
    if (event.button == 2) event.stopPropagation();
  });
</script>
```

多數事件物件都具有 target 屬性，指向原始節點。使用這個屬性的目的是，確保我們不會不小心處理到節點向外傳播的內容。

還可以利用 target 屬性為特定類型的事件，撒下一張大網。例如，假設你有一個節點包含一長串的按鈕，更方便的做法是在外部節點上註冊一個點擊處理器，讓處理器使用 target 屬性，確認是否有按鈕被點擊，而非在所有按鈕上都註冊一個處理器。

```
<button>A</button>
<button>B</button>
<button>C</button>
<script>
  document.body.addEventListener("click", event => {
    if (event.target.nodeName == "BUTTON") {
      console.log("Clicked", event.target.textContent);
    }
  });
</script>
```

預設動作

許多事件都會設定相關的預設操作。如果點擊某個連結，會前往該連結設定的目標；如果按向下箭頭，瀏覽器會往下捲動頁面；如果按下右鍵，則會得到環境選單（context menu）等等。

大部分類型的事件在預設行為發生前，會呼叫 JavaScript 事件處理器。如果處理器不想發生這個一般行為（通常是因為處理器已經處理好事件），可以呼叫事件物件的 preventDefault 方法。

利用這個方法，我們可以實作自己的鍵盤快捷鍵或環境選單，但也能惹人厭地干擾使用者想做的行為，例如，以下範例中的連結無法使用：

```
<a href="https://developer.mozilla.org/">MDN</a>
<script>
  let link = document.querySelector("a");
  link.addEventListener("click", event => {
    console.log("Nope.");
    event.preventDefault();
  });
</script>
```

除非你有充分的理由，否則盡量不要做這樣的事。當使用者利用你的網頁卻發現他們想進行的行為被破壞時，這種感覺不是很愉快。

根據不同的瀏覽器，有些事件完全無法攔截，例如，在瀏覽器 Chrome 上，JavaScript 無法阻止鍵盤快捷鍵關閉目前的分頁（CTRL-W 或 COMMAND-W）。

鍵盤事件

按下鍵盤上的某個按鍵時，瀏覽器會觸發「keydown」事件，按鍵被釋放時，則會得到「keyup」事件。

```
<p>This page turns violet when you hold the V key.</p>
<script>
  window.addEventListener("keydown", event => {
    if (event.key == "v") {
      document.body.style.background = "violet";
    }
  });
  window.addEventListener("keyup", event => {
    if (event.key == "v") {
      document.body.style.background = "";
    }
  });
</script>
```

雖然事件名稱叫「keydown」，但不是只有實際按下按鍵時才會觸發這個事件，按下某個按鍵並且按住不放時，每次**重複**按下都會再次觸發這個事件，有時必須非常注意這一點。例如，假設按下某個按鍵時，會在 DOM 中增加一個按鈕，放開按鍵就會再次移除按鈕，萬一按鍵被按住的時間較長，可能會因此不小心增加數百個按鈕。

前面的範例中有用到事件物件的 key 屬性，查看事件跟哪個按鍵有關。這個屬性值是一個字串，對大多數的按鍵來說，這個字串是按下那個按鍵之後會輸入的內容，至於像 ENTER 這類的特殊按鍵，字串內容則是按鍵名稱，在這個範例中是「Enter」。如果按下某個鍵的同時按住 SHIFT 不放，可能會影響按鍵的名稱，例如，「v」會變成「V」，「1」會變成「!」（在鍵盤上同時按下 SHIFT 和 1 所產生的結果）。

SHIFT、CTRL、ALT 和 Meta（Mac 上的 COMMAND 鍵）等修飾鍵會像普通鍵一樣產生按鍵事件。尋找組合鍵時，還能查看鍵盤和滑鼠事件的 shiftKey、ctrlKey、altKey 和 metaKey 屬性，藉此判斷這些鍵是否被按下。

```
<p>Press Control-Space to continue.</p>
<script>
  window.addEventListener("keydown", event => {
    if (event.key == " " && event.ctrlKey) {
      console.log("Continuing!");
    }
```

```
    });
</script>
```

要判斷最初是哪個 DOM 節點發生按鍵事件，取決於按下按鍵時，擁有焦點的元素。絕大多數的節點不能擁有焦點，除非給它們 tabindex 屬性，但只限連結、按鈕和表單欄位這類的節點，後續第 18 章我們會回頭來談表單欄位。當焦點沒有落在特別的元素上，document.body 就會扮演按鍵事件的目標節點。

使用者輸入文字時，使用按鍵事件來確認使用者輸入的內容會有問題。某些平台不會觸發按鍵事件，尤其是 Android 手機上的虛擬鍵盤。然而，就算使用者用的是舊式鍵盤，某些類型的文字輸入也無法直接符合按鍵操作，例如，撰寫腳本的人使用的**輸入法編輯器**（input method editor，簡稱 IME）軟體就無法搭配鍵盤，因為要敲擊多個按鍵才能組合成字元。

想知道何時會有內容被輸入，就要注意這些可以用於輸入的元素，例如，<input> 和 <textarea> 標籤，每當使用者修改內容時，這些標籤會觸發「input」事件。要獲得使用者輸入的實際內容，最好直接從焦點欄位中讀取，後續在第 346 頁「表單欄位」一節裡，會介紹操作方式。

游標事件

要指向螢幕上的東西，目前有兩種普遍使用的方式：滑鼠（包含類似滑鼠的裝置，例如，觸碰板和軌跡球）和觸碰螢幕，這兩種方式會產生不同類型的事件。

點擊滑鼠

按下滑鼠按鈕會引發許多事件。按下和釋放按鈕時會分別觸發「mousedown」和「mouseup」事件，類似「keydown」和「keyup」事件。發生事件時，滑鼠游標下方的 DOM 節點會觸發這些事件。

發生「mouseup」事件後，包含按下按鈕和放開按鈕這兩個操作的主要特定節點會觸發「click」事件。例如，假設我在一個段落上按下滑鼠按鈕，然後將游標移到另一個段落上再放開滑鼠，則包含這兩個段落的元素都會發生「click」事件。

如果兩次「click」事件的間隔過於靠近，第二次「click」事件後還會觸發「dblclick」（雙擊）事件。

想要精準知道滑鼠事件發生位置的資訊，就要查看滑鼠的 clientX 和 clientY 屬性，這兩個是相對於視窗左上角的事件座標（以像素為單位）；或者是查看 pageX 和 pageY 屬性，這兩個座標則是相對於整個文件左上角（捲動視窗時可能會改變）。

以下範例是實作一個簡單的繪圖程式。每次以滑鼠點擊文件時，滑鼠游標下方的位置會增加一個點，後續第 19 章會介紹一個更基礎的繪圖程式。

```
<style>
  body {
    height: 200px;
    background: beige;
  }
  .dot {
    height: 8px; width: 8px;
    border-radius: 4px; /* rounds corners */
    background: blue;
    position: absolute;
  }
</style>
<script>
  window.addEventListener("click", event => {
    let dot = document.createElement("div");
    dot.className = "dot";
    dot.style.left = (event.pageX - 4) + "px";


    dot.style.top = (event.pageY - 4) + "px";
    document.body.appendChild(dot);
  });
</script>
```

移動滑鼠

每次移動滑鼠游標時，都會觸發「mousemove」事件，這個事件可以用於追蹤滑鼠的位置，常見的實用情況是用來實作某種形式的滑鼠拖曳功能。

以下列程式為例，這個範例頁面會顯示一個長條，為長條設定事件處理器，當滑鼠在這個長條上向左或向右拖曳，會讓這個長條變窄或變寬：

```
<p>Drag the bar to change its width:</p>
<div style="background: orange; width: 60px; height: 20px">
</div>
<script>
```

```
let lastX, // Tracks the last observed mouse X position
let bar = document.querySelector("div");
bar.addEventListener("mousedown", event => {
  if (event.button == 0) {
    lastX = event.clientX;
    window.addEventListener("mousemove", moved);
    event.preventDefault(); // Prevent selection
  }
});

function moved(event) {
  if (event.buttons == 0) {
    window.removeEventListener("mousemove", moved);
  } else {
    let dist = event.clientX - lastX;
    let newWidth = Math.max(10, bar.offsetWidth + dist);
    bar.style.width = newWidth + "px";
    lastX = event.clientX;
  }
}
</script>
```

這個範例程式產生的頁面，如下所示：

Drag the bar to change its width:

請注意：「mousemove」處理器是註冊在整個視窗上，所以，在改變長條大小期間，就算滑鼠移到長條外，只要使用者還按住按鈕，希望還是能更新長條的大小。

放開滑鼠按鈕時，必須停止調整長條的大小，因此，我們使用 buttons 屬性（請注意這裡的名稱是複數），告訴我們目前按下的按鈕是什麼。屬性值為零時，表示沒有按下任何按鈕；當使用者按住按鈕時，屬性值是這些按鈕代碼的總和──1 表示滑鼠左邊的按鈕，2 表示右邊的按鈕，4 是中間的按鈕。例如，按下滑鼠左鍵和右鍵時，buttons 的值為 3。

注意這些代碼的順序和 button 使用的順序不同，button 的中間按鈕會在右邊按鈕之前。如同本書所提到的，一致性並不是瀏覽器程式設計介面的真正強項。

觸控事件

我們現在使用的圖形瀏覽器,當初的設計風格是考慮滑鼠介面,因為觸碰螢幕在當時非常少見。後來為了讓網頁能在早期的觸碰式螢幕手機上「運作」,這些裝置上的瀏覽器,在某種程度上假裝觸碰事件是滑鼠事件。因此,如果你點擊螢幕,會得到「mousedown」、「mouseup」和「click」事件。

然而這種利用錯覺的設計並不是很完善。觸碰螢幕和滑鼠的工作方式本來就不一樣:螢幕不像滑鼠有多個按鈕,而且只要使用者的手指不在螢幕上就無法追蹤(為了模擬「mousemove」),此外,螢幕還允許多根手指同時在螢幕上。

只有在簡單直覺的情況下,滑鼠事件才能涵蓋觸碰式互動,例如,對按鈕新增「click」處理器,觸碰式裝置的使用者依舊可以使用;但是某些情況就不行,例如,之前範例寫的可以調整大小的長條就不適用。

觸碰式互動會觸發特定類型的事件。當手指開始觸碰螢幕時,會收到「touchstart」事件;在碰觸的同時移動手指,會觸發「touchmove」事件;最後是手指停止觸碰螢幕時,會看到「touchend」事件。

因為許多觸碰式螢幕會同時偵測多根手指,所以與這些事件相關的座標不只一組,而是讓事件物件所具有的 touches 屬性,以類似陣列物件的方式儲存觸碰點的資訊,每一個點都有自己的 clientX、clientY、pageX 和 pageY 屬性。

你可以參考以下範例程式,每當手指觸碰螢幕時,就在該手指周圍顯示紅色圈圈:

```
<style>
  dot { position: absolute; display: block;
      border: 2px solid red; border-radius: 50px;
      height: 100px; width: 100px; }
</style>
<p>Touch this page</p>
<script>
  function update(event) {
    for (let dot; dot = document.querySelector("dot");) {
      dot.remove();
    }
    for (lct i = 0; i < event.touches.length; i++) {
      let {pageX, pageY} = event.touches[i];
      let dot = document.createElement("dot");
      dot.style.left = (pageX - 50) + "px";
      dot.style.top = (pageY - 50) + "px";
      document.body.appendChild(dot);
```

```
      }
    }
  window.addEventListener("touchstart", update);
  window.addEventListener("touchmove", update);
  window.addEventListener("touchend", update);
</script>
```

一般會在觸碰事件處理器中呼叫 preventDefault，用以覆寫瀏覽器的預設行為（可能包括手指在螢幕上滑動時會捲動頁面），防止觸發滑鼠事件（此處可能還需要一個處理器）。

捲動事件

每當一個元素捲動時，都會觸發「scroll」事件。這種事件的用途很多，例如，知道使用者正在看什麼內容（禁用螢幕之外的動畫或向邪惡總部發送間諜報告）或是對目前的進度顯示某些指示（突顯部分表格內容或顯示頁面數字）。

以下範例程式是在文件上方繪製一個進度條，隨著文件捲動的進度更新、填滿進度條。

```
<style>
  #progress {
    border-bottom: 2px solid blue;
    width: 0;
    position: fixed;
    top: 0; left: 0;
  }
</style>
<div id="progress"></div>
<script>
  // 建立一些內容
  document.body.appendChild(document.createTextNode(
    "supercalifragilisticexpialidocious ".repeat(1000)));

  let bar = document.querySelector("#progress");
  window.addEventListener("scroll", () => {
    let max = document.body.scrollHeight - innerHeight;
    bar.style.width = `${(pageYOffset / max) * 100}%`;
  });
</script>
```

範例程式為元素指定固定位置，其作用非常類似絕對位置的效果，但還能防止元素跟著文件的其餘部分一起捲動，效果是讓進度條停留在頁面頂部。改變進度條的寬度來表示目前的進度，設定進度條寬度時，我們使用 % （百分比）而非 px （像素），這樣元素才能對應頁面寬度來改變元素的大小。

全域變數 innerHeight 是提供視窗高度，可捲動的總高度必須扣除視窗高度，當捲動碰觸到文件底部時，才不能繼續捲動；此外，還有一個變數 innerWidth 是提供視窗寬度。將目前的捲動位置 pageYOffset 除以最大捲動位置，再乘上 100，就能獲得進度條的百分比。

呼叫捲動事件的 preventDefault，其實無法阻止捲動發生，因為只有在捲動事件發生後才會呼叫事件處理器。

焦點事件

當瀏覽器上的某個元素獲得控制焦點時，就會觸發「focus」事件；元素失去控制焦點時，則會收到「blur」事件。

這兩個事件跟前面討論過的事件不同，不具有傳播性。因此，不管子元素得到或失去控制焦點時，都不會通知父元素上的處理器。

以下範例程式的作用是讓目前擁有控制焦點的文字欄位，可以顯示輔助說明文字。

```
<p>Name: <input type="text" data-help="Your full name"></p>
<p>Age: <input type="text" data-help="Age in years"></p>
<p id="help"></p>

<script>
  let help = document.querySelector("#help");
  let fields = document.querySelectorAll("input");
  for (let field of Array.from(fields)) {
    field.addEventListener("focus", event => {
      let text = event.target.getAttribute("data-help");
      help.textContent = text;
    });

    field.addEventListener("blur", event => {
      help.textContent = "";
    });
  }
</script>
```

以下螢幕截圖是顯示年齡欄位的輔助說明文字。

Name: Hieronimus

Age: |

Age in years

當使用者的操作從顯示文件的瀏覽器分頁或視窗移出、移入，視窗物件會收到「focus」和「blur」事件。

載入事件

頁面載入完成後，視窗和文件主體物件會觸發「load」事件，通常是在建構整個文件的初始化動作中安排這個事件。請記住，遇到 <script> 標籤會立刻執行標籤底下的內容。有時可能會發生太早執行的情況，例如，當腳本需要對 <script> 標籤之後的部分文件執行某些操作時。

image 和 script 這類載入其他檔案的標籤元素也具有「load」事件，用以表明它們已經載入要引用的檔案。載入事件和焦點相關事件一樣，不具有傳播性。

當使用者關閉或被引導離開目前的網頁（例如，點擊某個連結後前往其他頁面），會觸發「beforeunload」事件，這個事件的主要用途是防止使用者因為關閉文件而意外遺失工作內容。如果阻止事件發生預設行為，**並且**將事件物件的 returnValue 屬性設為字串，瀏覽器會對使用者顯示一個對話框，詢問使用者是否真的要離開目前瀏覽的頁面。這個對話框會包含你設定的字串，但是由於某些惡意網站企圖利用這些對話框來迷惑使用者，為了讓使用者停留在他們的網頁上，看一些不懷好意的減肥廣告之類的，所以絕大多數的瀏覽器就不再顯示這種對話框。

事件與事件迴圈

如同第 11 章所討論的，在事件迴圈的背景環境中，瀏覽器事件處理器的行為表現會類似其他非同步通知。發生事件時會排定這些處理器，但必須等其他腳本執行完畢後，才有機會執行。

事實就是只有當瀏覽器無事可做時才會處理事件，也就是說如果事件迴圈和其他工作綁在一起，任何網頁互動操作（透過事件發生的互動）都會先延後，直到瀏覽器有時間才會來處理這個部分。所以，如果安排過多的工作給瀏覽器，不管是長時間運行的事件處理程式，還是大量短時間執行的事件處理程式，網頁都會因此變得緩慢而且效能很差。

要是你**真**的想把某些耗時的操作丟到背景程式執行，而且不希望網頁因此暫停運作，可以使用瀏覽器提供的輔助 API，稱為 *Web Workers*；其中一個 worker 就是一個 JavaScript 流程，在自己的時間軸上跟主要腳本一起運行。

請想像一下，現在我們要執行一項繁重、長時間運行的平方數計算，所以希望在單獨的執行緒中執行，所以我們要寫一個檔案 code/squareworker.js，負責計算平方數，並且發送訊息作為回應。

```
addEventListener("message", event => {
  postMessage(event.data * event.data);
});
```

為了避免多個執行緒同時接觸同一個資料，因而產生問題，worker 程式不會和全域作用範圍或任何其他資料共享主要腳本環境，必須改以來回發送訊息的方式和這些資料溝通。

以下範例程式建立一個執行腳本的 worker，發送幾個訊息給 worker，然後輸出回應訊息。

```
let squareWorker = new Worker("code/squareworker.js");
squareWorker.addEventListener("message", event => {
  console.log("The worker responded:", event.data);
});
squareWorker.postMessage(10);
squareWorker.postMessage(24);
```

在以上範例中，`postMessage` 函式發送訊息，觸發接收程式的「`message`」事件。腳本建立 worker 後，透過 `Worker` 物件發送與接收訊息；worker 則是直接監聽與發送訊息給全域範圍，藉此和腳本溝通。發送的訊息必須是以 JSON 格式表示的值，另一方則接收訊息**副本**，而非真正的值。

計時器

第 11 章曾經介紹過 `setTimeout` 函式，其作用是事先排定在指定的毫秒數之後，呼叫另一個函式。

有時候我們會需要取消已經排定的函式，其做法是儲存 setTimeout 回傳的值，將這個值作為參數呼叫 clearTimeout 函式。

```
let bombTimer = setTimeout(() => {
  console.log("BOOM!");
}, 500);

if (Math.random() < 0.5) { // 50% chance
  console.log("Defused.");
  clearTimeout(bombTimer);
}
```

cancelAnimationFrame 函 式 的 運 作 方 式 和 clearTimeout 一 樣， 以 requestAnimationFrame 的回傳值作為參數，呼叫這個函式就可以取消畫面（前提是這個畫面還沒被呼叫）。

類似的一組函式還有 setInterval 和 clearInterval，用於設定每 X 毫秒就重複一次的計時器。

```
let ticks = 0;
let clock = setInterval(() => {
  console.log("tick", ticks++);
  if (ticks == 10) {
    clearInterval(clock);
    console.log("stop.");
  }
}, 200);
```

降低事件觸發頻率

某些類型的事件可能會快速地在短時間內連續觸發多次，例如，「mousemove」和「scroll」事件。處理這類的事件時必須非常小心，不要做任何會花太多時間的操作，否則會占用處理器太多時間，導致文件互動操作開始變慢。

如果真的需要處理器做某些複雜的工作，可以利用 setTimeout，確保不會太常進行這些工作，這樣的概念通常稱為「降低事件觸發頻率」。有幾種不同的做法，每種做法略有差異。

在第一個範例程式中，我們希望在使用者輸入某些內容時做出反應，但又不希望針對每次輸入事件都立即做出回應，例如，當使用者快速打字時，希望等輸入告一段落之後再處理。因此，我們做了逾時設定，取代原本事件處理器會立即執行回應操作的做法。此外,我們還清除前一次的逾時設定(如果有),如此一來,當事件擠在一起發生時(短於我們設定要延後處理的時間),會取消前一個事件的逾時設定。

```
<textarea>Type something here...</textarea>
<script>
  let textarea = document.querySelector("textarea");
  let timeout;
  textarea.addEventListener("input", () => {
    clearTimeout(timeout);
    timeout = setTimeout(() => console.log("Typed!"), 500);
  });
</script>
```

在已經觸發逾時事件的情況下,指定未定義的值給 `clearTimeout` 函式,或者是在出現逾時情況時呼叫這個函式,兩者做法都無法發揮效果。因此,不需要在意何時呼叫這個函式,只要針對每個事件都採取這樣的做法。

如果希望各個回應之間具有時間間隔,至少是相隔一定的時間長度,但又希望在一連串事件發生**期間**觸發,而非等到事件結束之後才觸發回應,就需要採用稍微不同的模式。例如,回應一連串的「mousemove」事件時,我們需要顯示滑鼠目前的座標,但又希望每隔 250 毫秒才顯示一次。

```
<script>
  let scheduled = null;
  window.addEventListener("mousemove", event => {
    if (!scheduled) {
      setTimeout(() => {
        document.body.textContent =
          `Mouse at ${scheduled.pageX}, ${scheduled.pageY}`;
        scheduled = null;
      }, 250);
    }
    scheduled = event;
  });
</script>
```

本章重點回顧

事件處理器能夠偵測網頁當下發生的事件，並且根據事件作出回應，addEventListener 方法的作用就是用於註冊這類的事件處理器。

每一個事件都具有可以識別它的型態，例如，「keydown」、「focus」等等。多數的事件是由特定 DOM 元素呼叫，然後傳播給元素的先代，由跟這些元素相關的處理器來處理事件。

呼叫事件處理器時，會傳送一個事件物件與事件相關的其他資訊。事件物件還提供方法讓我們停止元素進一步傳播事件（stopPropagation），以及阻止瀏覽器使用預設的事件處理方法（preventDefault）。

按下某個按鍵會觸發「keydown」和「keyup」事件，按下滑鼠按鈕會觸發「mousedown」和「mouseup」事件，移動滑鼠會觸發「mousemove」事件，與觸碰式螢幕互動則會產生「touchstart」、「touchmove」和「touchend」事件。

利用「scroll」事件可以偵測使用者是否捲動網頁，偵測「focus」和「blur」事件則能判斷控制焦點是否改變。當文件載入完成時，視窗會觸發「load」事件。

練習題

氣球（Balloon）

請撰寫程式讓網頁上顯示一個氣球，氣球請以表情符號 ◯ 表示。當使用者按方向鍵「上」，氣球會充氣（變大）10%；按方向鍵「下」，則會消氣（變小）10%。

設定氣球父元素的 CSS 屬性 font-size（style.fontSize），可以控制文字大小（表情符號屬於文字）。請記得設定的值要包含單位，例如，像素 10px。

方向鍵名稱為「ArrowUp」和「ArrowDown」，請確保使用者按下按鍵時，只會改變氣球大小而非捲動網頁。

上述功能可以運作後，請追加一項功能：氣球吹到一定大小後就會爆炸。在這個練習題裡，請以表情符號 ✸ 代替爆炸，然後移除處理器（表示使用者不能對爆炸吹氣或消氣）。

滑鼠的拖曳軌跡（Mouse Trail）

早期的 JavaScript 在華麗風網頁時期具有大量的動畫圖像，因為推動這項程式語言的人想出了一些方法，確實激勵不少人使用 JavaScript。其中一項設計就是滑鼠軌跡，也就是當使用者在網頁上移動滑鼠游標時，會出現一連串的元素跟隨滑鼠游標。

這個練習題的目的是實作滑鼠軌跡。可以利用絕對位置元素 `<div>`，這個元素具有固定的大小和背景顏色（請參見第 275 頁的範例程式「點擊滑鼠」）。建立一堆這樣的元素後，當滑鼠移動時，在滑鼠游標後顯示這些元素。

有各種可能的實作方法，根據你的需求，解決方案可以簡單，也可以複雜，建議你可以從這個簡單的解決方案開始下手。儲存某一固定數量的拖曳元素，循環使用這些元素。每當發生「`mousemove`」事件，就將下一個元素移到滑鼠目前的位置。

分頁式介面（Tabs）

分頁控制元件的應用在使用者介面上十分普及。這項設計的效果是讓使用者可以從元素上方「延伸」出去的許多分頁裡，選擇他們想要使用的介面。

這個練習題的目的是實作一個簡單的分頁式介面。請撰寫一個函式 `asTabs`，其功能是以 DOM 節點建立分頁介面，在這個介面上顯示節點的子元素。在節點頂部插入 `<button>` 列表對應每一個子元素，包含從子元素的 `data-tabname` 屬性取出的文字。最初只顯示原先的子元素，其餘子元素應該先隱藏（指定 `display` 風格為 `none`）。使用者點擊按鈕可以選擇目前想看見的節點。

上述功能可以運作後，請延伸設計按鈕風格，讓使用者目前選定的分頁按鈕看起來有所不同，明顯可以看出選擇了哪一個分頁。

「整個世界就是一場真實遊戲。」

　　　　　　　—蘇格蘭科幻小說家 Iain Banks，

　　　　　　　　《*The Player of Games*》作者

16

實作專案：2D 平面遊戲

我跟許多只會念書的呆小孩一樣，電腦最初吸引我的魔力就是電腦遊戲。我墜入這個迷你的模擬世界之中，而且我可以操縱這個世界，（某種程度上我可以）讓各種故事在這個世界裡展開。然而，我認為電腦更吸引我的地方是，它讓我將自己的想像力投射到這個世界裡，遠超過電腦實際上提供的可能性。

然而，我不希望任何人從事遊戲設計的工作。遊戲業就跟音樂產業一樣，渴望投入遊戲業工作的年輕人和業界實際上對這些人的人力需求，兩者人數之間的差異很大。但如果只是為了好玩而寫遊戲是很有趣的事。

本章將帶各位實作一個小型的 2D 平面遊戲，這種遊戲又稱為「跑酷」遊戲，玩家可以在遊戲世界中移動人物角色，通常以 2D 視角呈現，人物角色會跳躍到遊戲裡的物件上。

遊戲設計

本章實作的遊戲專案是以 Thomas Palef 開發的遊戲「Dark Blue」為基礎（*www.lessmilk.com/games/10*），選擇這個遊戲是因為它既有趣又簡單，而且開發上不需要太多的程式碼。

整個遊戲看起來就像以下這樣：

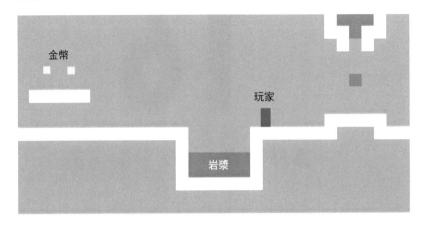

深色的方形盒子代表玩家，玩家的任務是收集小盒子（也就是金幣），同時還要避開畫面上的岩漿。收集完所有金幣後，就完成關卡。

操作左右方向鍵可以讓玩家的角色在畫面上四處走動，操作向上的箭頭則可以跳躍。跳躍是這個遊戲角色的特殊能力，可以跳到角色自身高度的數倍高的地方，還可以在半空中改變角色的方向。這樣的設計可能完全不符合現實情況，但有助於讓玩家感受到自己是直接控制螢幕上的遊戲角色。

遊戲包含一個靜態背景，以網格方式配置，移動元素覆蓋於背景之上，網格上的每個欄位不是空心就是實心或者是岩漿。可以移動的元素有玩家、金幣和某些岩漿塊，這些元素的位置則不受限於網格，位置座標有可能為小數，可以平滑移動。

應用技術

顯示遊戲的部分是使用瀏覽器 DOM，讀取使用者輸入則是透過處理按鍵事件。

跟螢幕、鍵盤相關的程式碼只佔遊戲開發工作的一小部分。因為遊戲裡的一切看起來都像一個個的彩色盒子，所以繪圖工作並不複雜：建立 DOM 元素，利用風格設定背景顏色、大小和位置。

由於遊戲背景是一個固定不變的正方形網格，所以我們以表格來表示遊戲背景，絕對位置元素可以覆蓋自由移動的元素。

對於遊戲和其他在動畫圖片、使用者輸入回應上不應有明顯延遲的程式，執行效能是很重要的議題。雖然 DOM 最初的設計並不是針對高效能圖形的繪製工作，但實際上的執行效能比想像中來得好。（之前第 14 章已經介紹過一些動畫程式。）現代機器執行這類簡單的遊戲時，運作順暢，甚至不太需要擔心最佳化的問題。

下一章我們會探討另外一種瀏覽器技術——<canvas> 標籤。這項標籤提供更傳統的圖形繪製方式，根據形狀和像素繪製而非 DOM 元素。

製作遊戲關卡

設計關卡時，我們需要一種具體的說明方式，讓設計關卡的人可以閱讀和編輯關卡資料。因為遊戲裡的所有一切都可以從網格開始，所以我們利用大字串來表示遊戲裡的元素，字串裡的每個字元都代表一個元素：背景網格的一部份或者是遊戲裡的移動元素。

以下為一個小型關卡的平面圖內容：

```
let simpleLevelPlan = `
......................
..#................#..
..#.............=.#..
..#..........o.o...#..
..#.@......#####...#..
..#####...........#..
......#+++++++++++#..
......##############..
......................`;
```

上圖中英文句點表示遊戲背景裡空無一物的空間，井字號（#）代表牆壁，加號則是岩漿，符號 @ 表示玩家在遊戲裡的起始位置，所有字元 o 是指金幣，最上層的等於符號（=）是一塊會水平來回移動的岩漿。

這個遊戲還支援其他兩種移動型岩漿：字元 | 是建立垂直移動的一團岩漿，字元 v 是正在掉落的岩漿；垂直移動的岩漿不會來回彈跳，只會向下移動，碰到地板後會再跳回起始位置。

整個遊戲包含玩家必須完成的多個遊戲關卡，關卡裡的所有金幣收集完成後，就算完成一關。玩家如果碰到岩漿，會回到一開始進入這一關的起始位置，讓玩家重新嘗試。

讀取遊戲關卡

以下這個類別負責儲存關卡物件，參數是定義關卡的字串。

```
class Level {
  constructor(plan) {
    let rows = plan.trim().split("\n").map(l => [...l]);
    this.height = rows.length;
    this.width = rows[0].length;
    this.startActors = [];

    this.rows = rows.map((row, y) => {
      return row.map((ch, x) => {
        let type = levelChars[ch];
        if (typeof type == "string") return type;
        this.startActors.push(
          type.create(new Vec(x, y), ch));
        return "empty";
      });
    });
  }
}
```

在前面的範例程式中，trim 方法是用於刪除平面圖字串頭尾的空格，讓範例遊戲使用的平面圖從新的一行開始，如此一來，新的一行都會在前一行底下。剩餘字串以換行符號拆開，每一行文字的內容都展開成一個陣列，儲存成字元陣列。

變數 rows 是一個陣列，儲存所有字元陣列，也就是平面圖每一行的內容，可以從這些陣列獲得關卡的寬度和高度。不過，我們還必須將移動元素和遊戲背景使用的網格分開。我們把這些移動元素稱為角色（actor），角色儲存在物件陣列裡。遊戲背景是一個陣列，儲存各個字串陣列，包含各種欄位型態，例如，「empty」（空無一物）、「wall」（牆壁）和「lava」（岩漿）。

為了建立這些陣列，我們先將平面圖內容的每一行資料映射到 map，再映射每一行的內容。請記住 map 會將陣列索引值作為第二個參數，傳給映射函式，告訴我們指定字元的 x 和 y 座標。遊戲裡的位置會儲存成一組座標，畫面左上角的座標為（0,0），遊戲背景中每個方塊的高和寬是 1 單位。

為了表示平面圖裡的角色，Level 建構函式使用 levelChars 物件，將遊戲背景元素映射到字串，角色字元則映射到類別。當 type 為角色類別，使用其靜態方法 create 建立物件，物件會新增到 startActors，映射函式為這個遊戲背景方塊回傳「empty」。

角色位置儲存為 Vec 物件，這是一個 2D 向量物件，具有 x 和 y 屬性，請參見第 6 章的練習題。

隨著遊戲進行，角色最後會出現在不同的地方，甚至是完全消失（就像收集到金幣那樣），所以我們要用 State 類別來追蹤遊戲運行的狀態。

```
class State {
  constructor(level, actors, status) {
    this.level = level;
    this.actors = actors;
    this.status = status;
  }

  static start(level) {
    return new State(level, level.startActors, "playing");
  }

  get player() {
    return this.actors.find(a => a.type == "player");
  }
}
```

遊戲結束後，status 屬性會切換為「lost」（失敗）或「won」（獲勝）。

這裡又用到了持久化資料結構——更新遊戲狀態的同時會建立一個新狀態，舊狀態則保持不變。

角色物件

角色物件可以用於表示遊戲中指定移動元素目前的位置與狀態。所有角色物件都依循相同的介面，pos 屬性儲存元素左上角的座標，size 屬性則儲存元素大小。

角色物件的 update 方法是在指定的時間步長後，計算元素的新狀態和新位置，並且模擬角色會做的事——玩家操作方向鍵時移動角色，以及玩家遇到岩漿時角色會來回彈跳；更新之後回傳新的角色物件。

type 屬性由字串組成，用於識別角色的類型，例如，「player」（玩家）、「coin」（金幣）或「lava」（岩漿）。繪製遊戲時，這項屬性非常好用，可以根據角色型態繪製矩形的外觀。

Level 建構函式使用角色類別的靜態方法 create，從關卡平面圖裡的字元建立角色。一定要指定字元座標與字元本身的型態，因為 Lava 類別可以處理好幾種不同的字元。

以下這個 Vec 類別用於處理二維資料值，例如，角色的位置和大小：

```
class Vec {
  constructor(x, y) {
    this.x = x; this.y = y;
  }
  plus(other) {
    return new Vec(this.x + other.x, this.y + other.y);
  }
  times(factor) {
    return new Vec(this.x * factor, this.y * factor);
  }
}
```

times 方法是根據指定的數字縮放向量。當我們需要將速度向量乘上時間間隔，以獲得指定時間內行進的距離時，這個方法就能派上用場。

不同類型的角色由於各自的行為差異很大，所以各自擁有類別，讓我們來定義這些角色類別，稍後再回頭介紹這些類別的 update 方法。

Player 類別具有 speed 屬性，負責儲存玩家目前的速度，用以模擬動量和重力。

```
class Player {
  constructor(pos, speed) {
    this.pos = pos;
    this.speed = speed;
  }

  get type() { return "player"; }

  static create(pos) {
```

```
    return new Player(pos.plus(new Vec(0, -0.5)),
                      new Vec(0, 0));
  }
}

Player.prototype.size = new Vec(0.8, 1.5);
```

由於玩家身高是 1.5 格方塊，所以初始位置設定為字元 @ 出現位置上方的 0.5 格處，如此一來，玩家的底部就會跟他出現的方格底部對齊。

所有 Player 實體的 size 屬性都一樣，因此，我們將屬性儲存在原型上而非實體本身。也可以使用類似 type 這種 getter 方法，只不過每次讀取屬性時，這個方法都會建立一個新的 Vec 物件並且回傳，是很浪費資源的做法。（字串具有不可變異性，所以不需要每次計算時都重新建立。）

構建 Lava 角色時，其物件需要以字元為基礎進行不同的初始化。動態型岩漿會以目前的速度前進，直到碰到障礙物。如果物件擁有 reset 屬性，岩漿會跳回起始位置（滴落）；如果沒有，就以這個速度反向繼續往另一個方向（彈跳）。

範例程式中的 create 方法是確認 Level 建構函式傳過來的字元，然後建立適當的岩漿角色。

```
class Lava {
  constructor(pos, speed, reset) {
    this.pos = pos;
    this.speed = speed;
    this.reset = reset;
  }

  get type() { return "lava"; }

  static create(pos, ch) {
    if (ch == "=") {
      return new Lava(pos, new Vec(2, 0));
    } else if (ch == "|") {
      return new Lava(pos, new Vec(0, 2));
    } else if (ch == "v") {
      return new Lava(pos, new Vec(0, 3), pos);
    }
  }
}

Lava.prototype.size = new Vec(1, 1);
```

Coin 這個角色類別相對簡單，多數時間都只會固定在自己的位置上，但為了讓遊戲更活潑一點，我們賦予這些金幣「搖晃」的特性，讓它們沿著垂直的方向稍稍地來回移動。為了追蹤這個狀態，金幣物件會儲存基本位置和 wobble 屬性，用以追蹤彈跳運動的相位，由這些屬性值共同決定金幣實際的位置（儲存在 pos 屬性）

```
class Coin {
  constructor(pos, basePos, wobble) {
    this.pos = pos;
    this.basePos = basePos;
    this.wobble = wobble;
  }

  get type() { return "coin"; }

  static create(pos) {
    let basePos = pos.plus(new Vec(0.2, 0.1));
    return new Coin(basePos, basePos,
                    Math.random() * Math.PI * 2);
  }
}

Coin.prototype.size = new Vec(0.6, 0.6);
```

先前在第 262 頁「定位與動畫」一節裡，我們介紹過 Math.sin，可以幫我們計算圓上一點的 y 座標。當我們沿著圓移動時，y 座標的值會以平滑的波形來回移動，因此，我們可以利用正弦函式建立波浪運動的模型。

為了避免所有硬幣都同步上下移動的情況，我們會隨機指定每個硬幣的起始階段。Math.sin 波的相位是 2π，也就是它產生的波長，然後將 Math.random 回傳的值乘上這個波長，就可以計算出金幣在波形上的隨機起始位置。

現在我們可以定義 levelChars 物件，這個物件是將平面圖裡的字元映射為遊戲背景網格類型或是角色類別。

```
const levelChars = {
  ".": "empty", "#": "wall", "+": "lava",
  "@": Player, "o": Coin,
  "=": Lava, "|": Lava, "v": Lava
};
```

這個物件為建立 Level 實體提供所有需要的部分。

```
let simpleLevel = new Level(simpleLevelPlan);
console.log(`${simpleLevel.width} by ${simpleLevel.height}`);
// → 22 by 9
```

物件將來的任務是在螢幕上顯示關卡內容,並且建立關卡中的時間和運動模型。

封裝帶來的負擔

本章裡絕大部分程式碼都不太需要擔心封裝這個議題,理由有二。首先,封裝需要投入額外的工作量,而且會讓程式更大,需要導入額外的概念和介面。本書已經盡力讓這個程式維持在小型的範圍內,而且就只有這麼多程式碼,應該不至於讓閱讀程式碼的人眼花繚亂。

其次是,這個遊戲裡的各項元素非常緊密地連結在一起,所以如果其中一個元素的行為發生變化,其他任何一個元素都不太可能保持不變,使得元素之間的介面編碼最後會包含大量跟遊戲運作方式相關的假設。這樣的做法會大幅降低介面的效率,因為介面不會涵蓋新的情況,所以每次修改部分系統時,就會擔心影響到其他部分的運作。

透過嚴謹的介面,可以將系統裡的某些切入點分離出來,但某些切入點則不適用。因此,企圖封裝沒有合理邊界的程式碼一定會浪費大量精力。犯下這種錯誤後,通常會發現介面變得很雜又很笨重,後續隨著程式發展,還需要經常修改介面。

不過,我們會封裝一個部分,就是繪圖子系統,原因在於下一章會以不同的方式呈現同一個遊戲。因此,我們將繪圖系統隱藏於介面之後,下一章只要載入相同的遊戲程式和插入新的顯示模組。

繪製遊戲畫面

繪圖程式碼的封裝工作是藉由定義 *display* 物件來完成,這個物件的作用是顯示指定的關卡和狀態。本章定義的顯示類型為 DOMDisplay,因為是使用 DOM 元素來顯示關卡。

構成遊戲的各項元素的實際顏色和其他固定屬性是使用風格表單設定，設定這些屬性時，也可以直接指定給元素的 style 屬性，只是會讓程式變得更為冗長。

因此，我們利用以下這個輔助函式提供簡潔的方法，幫助我們建立元素以及提供屬性和子節點給元素：

```
function elt(name, attrs, ...children) {
  let dom = document.createElement(name);
  for (let attr of Object.keys(attrs)) {
    dom.setAttribute(attr, attrs[attr]);
  }
  for (let child of children) {
    dom.appendChild(child);
  }
  return dom;
}
```

建立 display 物件時需要指定父元素，將父元素和關卡物件附加到自己身上。

```
class DOMDisplay {
  constructor(parent, level) {
    this.dom = elt("div", {class: "game"}, drawGrid(level));
    this.actorLayer = null;
    parent.appendChild(this.dom);
  }

  clear() { this.dom.remove(); }
}
```

在每一個關卡裡，永遠不變的遊戲背景網格只需繪製一次。每次以指定狀態更新顯示畫面時，都需要重新繪製角色。actorLayer 屬性是用來追蹤擁有角色的元素，方便日後可以移除和取代這些角色。

追蹤座標和大小是以網格為單位，當大小或距離為 1 時表示為一個網格區塊。設定像素大小時，必須放大這些座標比例，否則要是遊戲中每一個方格都只佔一個像素，所有的東西會小得離譜。常數 scale 是指定一個網格在螢幕上實際佔據的像素數。

```
const scale = 20;

function drawGrid(level) {
  return elt("table", {
```

```
    class: "background",
    style: `width: ${level.width * scale}px`
  }, ...level.rows.map(row =>
    elt("tr", {style: `height: ${scale}px`},
        ...row.map(type => elt("td", {class: type})))
  ));
}
```

前面提過以 `<table>` 元素繪製遊戲背景，這個做法非常適合對應關卡的 rows 屬性的結構，現在每一列網格都轉換成表格之中的一列（`<tr>` 元素）。網格之中的字串為表格裡儲存格（`<td>`）的類別名稱。運算子『...』是將子節點陣列單獨作為參數傳給 elt 函式。

以下 CSS 程式碼讓表格看起來像我們想要的遊戲背景：

```
.background    { background: rgb(52, 166, 251);
                 table-layout: fixed;
                 border-spacing: 0;              }
.background td { padding: 0;                     }
.lava          { background: rgb(255, 100, 100); }
.wall          { background: white;              }
```

在上面的範例程式碼中，某些部分（`table-layout`、`border-spacing` 和 `padding`）的作用是禁用我們不想要的預設行為。我們不希望根據表格的儲存格內容來配置表格，也不希望表格的儲存格之間有空格存在或是在儲存格裡填入空格。

`background` 規則是設定背景顏色。CSS 指定顏色的方式有單字（例如，white）或是 rgb(R,G,B) 這樣的格式，其中紅色、綠色和藍色的顏色成分為三個數字，各自從 0 到 255。所以，`rgb(52, 166, 251)` 的紅色成分為 52，綠色是 166，藍色是 251。因為藍色成分最多，最後產生的顏色會偏藍。在上面的規則裡可以看到 `.lava`（岩漿）的第一個數字（紅色成分）最大。

我們為每個角色建立一個 DOM 元素，根據角色的屬性設定元素的位置和大小，從而繪製出每個角色。這些值必須乘上**縮放比例**，才能從遊戲中的大小單位變為像素。

```
function drawActors(actors) {
  return elt("div", {}, ...actors.map(actor => {
    let rect = elt("div", {class: `actor ${actor.type}`});
    rect.style.width = `${actor.size.x * scale}px`;
    rect.style.height = `${actor.size.y * scale}px`;
```

```
    rect.style.left = `${actor.pos.x * scale}px`;
    rect.style.top = `${actor.pos.y * scale}px`;
    return rect;
  }));
}
```

一個元素要指定多個類別時，須以空格分開每一個類別名稱。在以下的 CSS
程式碼裡，actor 類別指定角色的絕對位置。角色的型態名稱當作是額外的類
別，用來指定顏色。此處不會再定義 lava 類別，會把先前已經為岩漿網格方
格定義的類別拿來重複利用。

```
.actor  { position: absolute;            }
.coin   { background: rgb(241, 229, 89); }
.player { background: rgb(64, 64, 64);   }
```

在以下的範例程式碼裡，syncState 方法是讓 display 物件顯示指定的狀態。
如果舊的角色圖形存在要先刪除，然後在新的位置上重新繪製角色。嘗試使用
DOM 元素重新繪製角色，這個想法很有吸引力，不過需要投入大量額外的記
錄工作，記下和 DOM 元素相關的角色，還要在角色消失不用時，記得要移除
元素。由於這個遊戲通常只會出現幾個角色，所以重新繪製所有角色的成本不
高。

```
DOMDisplay.prototype.syncState = function(state) {
  if (this.actorLayer) this.actorLayer.remove();
  this.actorLayer = drawActors(state.actors);
  this.dom.appendChild(this.actorLayer);
  this.dom.className = `game ${state.status}`;
  this.scrollPlayerIntoView(state);
};
```

把關卡目前的狀態當作類別名稱，加進包裝器裡，就能透過 CSS 規則，在遊戲
獲勝或失敗時，幫玩家角色設計一點不同的風格；只有當玩家角色的先代元素
具有指定類別時，CSS 規則才會生效。

```
.lost .player {
  background: rgb(160, 64, 64);
}
.won .player {
  box-shadow: -4px -7px 8px white, 4px -7px 8px white;
}
```

坑家碰觸到岩漿時，角色的顏色會變成暗紅色，暗示坑家岩漿非常熾熱。玩家收集完最後一枚金幣後，增加兩個模糊的白色陰影，建立白色光暈效果——一個放左上角，一個放右上角。

我們不可能假設整個關卡永遠都會落在視角範圍內（也就是我們繪製遊戲的元素內），所以需要呼叫 scrollPlayerIntoView。確保關卡落在視角範圍外時要捲動視角，讓玩家角色一定會在遊戲畫面的中央附近。以下的 CSS 程式碼是指定遊戲包裝的 DOM 元素的最大尺寸，以及所有超出這個元素盒子的物件一定會不見。還指定一個相對位置，以便於元素內的角色可以相對於關卡的左上角進行定位。

```css
.game {
  overflow: hidden;
  max-width: 600px;
  max-height: 450px;
  position: relative;
}
```

scrollPlayerIntoView 方法是負責找出玩家的位置，並且更新包裝元素的捲動位置。玩家如果逼近視角邊緣，就操縱元素的 scrollLeft 和 scrollTop 屬性，改變視角的捲動位置。

```js
DOMDisplay.prototype.scrollPlayerIntoView = function(state) {
  let width = this.dom.clientWidth;
  let height = this.dom.clientHeight;
  let margin = width / 3;

  // The viewport
  let left = this.dom.scrollLeft, right = left + width;
  let top = this.dom.scrollTop, bottom = top + height;

  let player = state.player;
  let center = player.pos.plus(player.size.times(0.5))
                         .times(scale);

  if (center.x < left + margin) {
    this.dom.scrollLeft = center.x - margin;
  } else if (center.x > right - margin) {
    this.dom.scrollLeft = center.x + margin - width;
  }
  if (center.y < top + margin) {
```

```
    this.dom.scrollTop = center.y - margin;
  } else if (center.y > bottom - margin) {
    this.dom.scrollTop = center.y + margin - height;
  }
};
```

這個找到玩家中心位置的做法,顯現出 Vec 型態的方法支援計算物件時,以相對閱讀性高的方式撰寫物件。為了尋找角色的中心位置,需要新增角色的位置(角色左上角)和角色一半的尺寸。這是水平中心的座標,但我們需要像素座標,所以要將產生的向量乘上顯示比例。

接下來是一連串的檢查,驗證玩家位置沒有超出容許範圍。請注意,這個方法有時會設定無意義的捲動座標,例如,低於零或是超出元素的可捲動區域。發生這個情況時不用擔心,DOM 元素會限制在可接受值的範圍內,例如,將 scrollLeft 設定為 -10 時會變成 0。

雖然嘗試讓玩家永遠被捲動到視角中心會簡單一點,但是這樣會產生當刺眼的效果。當角色跳躍時,玩家視野會不斷上下跳動。因此,在螢幕中間設一個「中立」區域,玩家會比較開心,他們可以在這個區域裡四處移動,不會產生任何捲動的情形。

我們的迷你關卡如下所示:

```html
<link rel="stylesheet" href="css/game.css">

<script>
  let simpleLevel = new Level(simpleLevelPlan);
  let display = new DOMDisplay(document.body, simpleLevel);
  display.syncState(State.start(simpleLevel));
</script>
```

<link> 標籤搭配 rel="stylesheet" 一起使用,可以在網頁之中載入 CSS 檔案,檔案 game.css 包含遊戲需要的風格設定。

動作與碰撞

現在我們要增加動作，這是遊戲裡最有趣的環節。多數這類遊戲採用的基本做法是，將時間切分成一小步，每一步的距離是角色速度乘上時間步長的大小，藉此移動每一步。我們以秒衡量時間，所以速度是以每秒為單位表示。

移動遊戲內的元素很簡單，困難的是處理元素之間的互動。當玩家撞到牆壁或地板時，不應該只是穿越過去。遊戲必須注意指定的動作何時引發一個物件撞到另一個物件，並且做出相對應的回應。玩家角色撞到牆壁，就必須停止移動；若是擊中金幣，則必須收集金幣；碰觸到岩漿時，遊戲就會失敗。

一般來說，要解決這個情況是很艱鉅的任務。你可以找能模擬 2D 或 3D 實體物件之間互動性的函式庫來用，通常稱為**物理引擎**。本章採用更為一般的方式，只處理矩形物件之間的碰撞，而且是以相當簡單的方式處理。

移動玩家角色或岩漿區塊之前，要先測試移動之後是不是會讓玩家或岩漿撞進牆壁裡，如果會，就需要取消這次的移動。處理這種碰撞的回應方式取決於角色的類型，如果是玩家就停止，岩漿區塊的話就彈回。

採用這種做法時需要配合相當小的時間步長，否則在物體真的碰到障礙物之前就會先停止移動。如果時間步長（移動步長）過大，玩家最後會懸空在離地面很遠的地方。還有一種更好的做法但較為複雜，不過可以找到精確的物件碰撞點並且讓物件移到碰撞處。本章選擇採用簡單的做法，確保在小的時間步長內進行動畫，藉此隱藏這個做法產生的問題。

以下這個方法能判斷一個矩形物件（由位置和大小這兩個參數指定）是否有碰觸到我們指定型態的網格元素。

```
Level.prototype.touches = function(pos, size, type) {
  var xStart = Math.floor(pos.x);
  var xEnd = Math.ceil(pos.x + size.x);
  var yStart = Math.floor(pos.y);
  var yEnd = Math.ceil(pos.y + size.y);

  for (var y = yStart; y < yEnd; y++) {
    for (var x = xStart; x < xEnd; x++) {
      let isOutside = x < 0 || x >= this.width ||
                      y < 0 || y >= this.height;
      let here = isOutside ? "wall" : this.rows[y][x];
      if (here == type) return true;
```

```
    }
  }
  return false;
};
```

範例程式中的方法是以 `Math.floor` 和 `Math.ceil` 來處理矩形物件的座標，藉此計算出和物件本體重疊的網格方格集合。請記住，這個範例遊戲使用的網格方格大小為 1 x 1 個單位。把矩形物件的上下邊長四捨五入，就可以得到矩形物件和遊戲背景接觸的方格範圍。

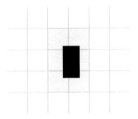

以四捨五入後的座標重複檢查網格方格區塊，比對到符合條件的方格就回傳 `true`。關卡以外的方格一律視為「牆壁」，一方面是確保玩家不會離開這個遊戲世界，另一方面是避免程式企圖讀取 rows 陣列範圍以外的內容。

State 類別的 `update` 方法利用前面介紹過的 `touches` 方法，判斷玩家是否碰觸到岩漿。

```
State.prototype.update = function(time, keys) {
  let actors = this.actors
    .map(actor => actor.update(time, this, keys));
  let newState = new State(this.level, actors, this.status);

  if (newState.status != "playing") return newState;

  let player = newState.player;
  if (this.level.touches(player.pos, player.size, "lava")) {
    return new State(this.level, actors, "lost");
  }

  for (let actor of actors) {
    if (actor != player && overlap(actor, player)) {
      newState = actor.collide(newState);
    }
  }
  return newState;
};
```

傳給 update 方法的參數是時間步長和一個儲存哪些按鍵被按下的資料結構。在這個方法裡，第一步是呼叫所有角色的 update 方法，然後產生一個陣列，存放這些經過更新的角色。角色根據方法獲得的時間步長、按鍵和狀態參數進行更新，不過，只有玩家角色才會真的讀取按鍵參數，因為這是唯一由鍵盤控制的角色。

如果遊戲已經結束，則無須做進一步的處理（遊戲失敗之後不可能出現獲勝的情況，反之亦然）；否則就測試玩家是否碰觸到背景裡的岩漿，如果有碰到就算遊戲失敗，程式完成工作。最後，如果遊戲實際上還在運作，就判斷是否有任何其他角色與玩家角色重疊。

利用 overlap 函式偵測角色之間是否出現重疊的情況。這個函式的參數是兩個角色物件，如果物件有碰觸，就回傳 true——兩個物件都沿著 x 軸和沿著 y 軸重疊的情況。

```
function overlap(actor1, actor2) {
  return actor1.pos.x + actor1.size.x > actor2.pos.x &&
         actor1.pos.x < actor2.pos.x + actor2.size.x &&


         actor1.pos.y + actor1.size.y > actor2.pos.y &&
         actor1.pos.y < actor2.pos.y + actor2.size.y;
}
```

如果有任何角色發生重疊的情況，collide 方法就有機會更新狀態。玩家角色碰觸到岩漿角色時，遊戲狀態會設定為「lost」（失敗）。玩家角色碰觸到金幣時，金幣會消失；如果是關卡的最後一枚金幣，則將狀態設定為「won」（獲勝）。

```
Lava.prototype.collide = function(state) {
  return new State(state.level, state.actors, "lost");
};

Coin.prototype.collide = function(state) {
  let filtered = state.actors.filter(a => a != this);
  let status = state.status;
  if (!filtered.some(a => a.type == "coin")) status = "won";
  return new State(state.level, filtered, status);
};
```

更新角色物件

角色物件的 update 方法以時間步長、狀態物件和 keys 物件作為參數，當角色型態為 Lava（岩漿）時則會忽略 keys 物件。

```
Lava.prototype.update = function(time, state) {
  let newPos = this.pos.plus(this.speed.times(time));
  if (!state.level.touches(newPos, this.size, "wall")) {
    return new Lava(newPos, this.speed, this.reset);
  } else if (this.reset) {
    return new Lava(this.reset, this.speed, this.reset);
  } else {
    return new Lava(this.pos, this.speed.times(-1));
  }
};
```

在上面的範例程式中，update 方法將時間步長乘上目前的速度，然後將其乘積結果與舊的位置相加，藉此計算出新的位置。如果新的位置上沒有障礙物阻擋，角色物件就可以移動到那裏；如果有障礙物，則根據岩漿類型來決定角色物件的行為，例如，滴落型岩漿設有位置 reset，代表物件撞到某個東西時會跳回這個位置，彈跳型岩漿會將速度乘上 -1，開始以相同的速度往反方向移動。

金幣利用 update 方法呈現搖晃的行為，由於金幣只會在自己的方格範圍內搖晃，所以不會計算與網格之間的碰撞。

```
const wobbleSpeed = 8, wobbleDist = 0.07;

Coin.prototype.update = function(time) {
  let wobble = this.wobble + time * wobbleSpeed;
  let wobblePos = Math.sin(wobble) * wobbleDist;
  return new Coin(this.basePos.plus(new Vec(0, wobblePos)),
                  this.basePos, wobble);
};
```

金幣的 wobble 屬性會跟著時間遞增，然後作為 Math.sin 的參數，找出金幣在波形上的新位置。根據金幣在波形上的基本位置和位移，計算出金幣目前的位置。

最後剩下的部分就是玩家本身。玩家移動是每個軸分開處理，因為撞到地板時不應該阻止水平移動，撞到牆壁時則不應阻止掉落或跳躍移動。

```
const playerXSpeed = 7;
const gravity = 30;
const jumpSpeed = 17;

Player.prototype.update = function(time, state, keys) {
  let xSpeed = 0;
  if (keys.ArrowLeft) xSpeed -= playerXSpeed;
  if (keys.ArrowRight) xSpeed += playerXSpeed;
  let pos = this.pos;
  let movedX = pos.plus(new Vec(xSpeed * time, 0));
  if (!state.level.touches(movedX, this.size, "wall")) {
    pos = movedX;
  }

  let ySpeed = this.speed.y + time * gravity;
  let movedY = pos.plus(new Vec(0, ySpeed * time));
  if (!state.level.touches(movedY, this.size, "wall")) {
    pos = movedY;
  } else if (keys.ArrowUp && ySpeed > 0) {
    ySpeed = -jumpSpeed;
  } else {
    ySpeed = 0;
  }
  return new Player(pos, new Vec(xSpeed, ySpeed));
};
```

水平移動的計算是根據左右方向鍵的狀態。當這個新建立的位置沒有被任何牆壁阻擋時，就可以移動，否則就保留舊的位置

垂直移動的運作方式很類似，但必須模擬跳躍和重力。考慮到重力的情況，所以先加速玩家的垂直速度（ySpeed）。

再次檢查牆壁，如果玩家沒有撞到牆壁就使用新位置，如果前方有牆壁存在，會有兩種可能的結果。一是玩家按下向上的方向鍵而且角色正向下移動（表示玩家撞到的東西在玩家下方），速度會設定為相對較大的負值，這項操作會引發玩家跳躍；二是其他情況，玩家只是撞到了某個東西，則速度設為零。

遊戲中幾乎所有常數，像是重力強度、跳躍速度等等都是要透過反覆測試去找出設定值。我測試了各種值，直到找到喜歡的組合。

追蹤鍵盤事件

在這類的遊戲裡，我們不希望玩家每次按下按鍵都會生效，反而希望只要按下按鍵，就能維持按鍵的效果（移動玩家的角色人物）。

我們需要設置一個按鍵處理器，儲存上下左右鍵目前的狀態，還需要為這些按鍵呼叫 preventDefault，讓這些按鍵最後不會捲動頁面。

當我們指定一個由按鍵名稱組成的陣列時，以下範例程式中的函式會回傳一個物件，追蹤這些按鍵目前的位置。這個函式為「keydown」和「keyup」事件註冊事件處理器，日後當我們追蹤的程式碼裡有事件中的按鍵代碼時，就更新這個儲存按鍵位置的物件。

```
function trackKeys(keys) {
  let down = Object.create(null);
  function track(event) {
    if (keys.includes(event.key)) {
      down[event.key] = event.type == "keydown";
      event.preventDefault();
    }
  }
  window.addEventListener("keydown", track);
  window.addEventListener("keyup", track);
  return down;
}

const arrowKeys =
  trackKeys(["ArrowLeft", "ArrowRight", "ArrowUp"]);
```

這兩種型態的事件都使用相同的處理函式。檢查事件物件的 type 屬性，判斷按鍵的狀態是否要更新為 true（「keydown」）還是 false（「keyup」）。

執行遊戲

之前在第 14 章看過的 requestAnimationFrame 函式，是在遊戲裡繪製動畫的好方法，但是這個函式的介面非常原始，使用這個介面需要追蹤上次呼叫函式的時間，而且每次繪製一個畫面後又要再呼叫一次 requestAnimationFrame 函式。

以下範例程式是我們定義的輔助函式 runAnimation，這個函式將前面說的那些枯燥乏味的部分包裝成方便的介面，我們只要呼叫這個函式，將時間差作為參數傳給函式，就能繪製一個畫面。當 frame 函式回傳值為 false，動畫就會停止。

```
function runAnimation(frameFunc) {
  let lastTime = null;
  function frame(time) {
    if (lastTime != null) {
      let timeStep = Math.min(time - lastTime, 100) / 1000;
      if (frameFunc(timeStep) === false) return;
    }
    lastTime = time;
    requestAnimationFrame(frame);
  }
  requestAnimationFrame(frame);
}
```

本章將遊戲畫面的最大時間步長設定為 100 毫秒（十分之一秒）。當顯示頁面的瀏覽器分頁或視窗隱藏時，會暫停呼叫 requestAnimationFrame 函式，直到瀏覽器分頁或視窗恢復顯示為止，在這個情況下，lastTime 和 time 之間的時間差就是頁面隱藏期間的總時間。等畫面恢復之後，角色一下子前進一大步，不僅看起來很蠢而且還會引發奇怪的副作用，例如，玩家從地板上掉下來。

這個函式還會將時間步長轉換為秒，比毫秒更容易思考的單位量。以下範例程式為 runLevel 函式，這個函式以 Level 物件和 Display 建構函式為參數，回傳 Promise 物件，作用是顯示遊戲關卡（document.body），讓使用者玩遊戲。使用者完成關卡後，不論輸贏，runLevel 函式都會多等一秒鐘，讓使用者看到發生什麼結果，然後才清除顯示畫面、停止動畫，以及解析 Promise 物件，處理遊戲結束的狀態。

```
function runLevel(level, Display) {
  let display = new Display(document.body, level);
  let state = State.start(level);
  let ending = 1;
  return new Promise(resolve => {
    runAnimation(time => {
      state = state.update(time, arrowKeys);
      display.syncState(state);
```

```
      if (state.status == "playing") {
        return true;
      } else if (ending > 0) {
        ending -= time;
        return true;
      } else {
        display.clear();
        resolve(state.status);
        return false;
      }
    });
  });
}
```

遊戲就是一連串的關卡，每當玩家死亡就會重啟目前的關卡。玩家完成一個關卡後，遊戲會進入下一個關卡。以下函式就是表達這兩個部份的想法，以組成關卡平面圖內容（字串）的陣列和 display 建構函式為參數：

```
async function runGame(plans, Display) {
  for (let level = 0; level < plans.length;) {
    let status = await runLevel(new Level(plans[level]),
                                Display);
    if (status == "won") level++;
  }
  console.log("You've won!");
}
```

在這個函式裡，我們讓 runLevel 函式回傳 Promise 物件，撰寫 runGame 函式時就可以使用非同步函式，如同第 11 章介紹過的做法。玩家完成遊戲後，runGame 函式會回傳另一個 Promise 物件。

在本章提供的封閉測試環境裡（*https://eloquentjavascript.net/code#16*），變數 GAME_LEVELS 提供一組可以使用的關卡平面圖資料。以下這個網頁會將關卡資料提供給 runGame 函式，啟動真正的遊戲。

```
<link rel="stylesheet" href="css/game.css">

<body>
  <script>
    runGame(GAME_LEVELS, DOMDisplay);
  </script>
</body>
```

練習題

遊戲結束（Game Over）

傳統 2D 平面遊戲的玩法，遊戲一開始就會限制玩家的生命數量，每當玩家角色死亡就減掉一個生命。等玩家角色用完生命時，遊戲就從頭開始。

請調整 runGame 函式，實作玩家的生命數量，先從擁有三個生命開始。每次關卡開始時，輸出玩家目前擁有的生命數（使用 console.log）。

暫停遊戲（Pausing the Game）

按下 ESC 鍵可以暫停（延後）和取消暫停遊戲。

請修改 runLevel 函式完成這個練習題，使用另一個鍵盤事件處理器，每當使用者按下 ESC 鍵就中斷或恢復動畫。

乍看之下，runAnimation 介面可能不適合用在這個練習題，但如果你重新調整 runLevel 呼叫這個介面的方式，就會發現它確實很適合用在這裡。

可以運作之後，還可以做一些其他嘗試。前面的範例程式在註冊鍵盤事件處理器上有點問題，arrowKeys 物件目前是全域變數，就算沒有執行遊戲，還是會保留這個物件的事件處理器，可以說這些物件是系統漏洞。請擴展 trackKeys 函式，提供方法來註銷處理器，然後修改 runLevel，當關卡開始時就註冊 arrowKeys 物件，關卡結束時則再次註銷。

怪物（A Monster）

2D 平面遊戲的傳統做法是遊戲裡會有敵人，玩家可以跳上去擊敗敵人。這個練習題是請你將這樣的角色類型加進遊戲裡。

我們稱遊戲裡的敵人為怪物（monster）。這個遊戲裡的怪物只能水平移動，你可以讓怪物往玩家角色的方向移動，像水平岩漿一樣來回彈跳，或者是任何你能想到的水平移動模式。這個怪物類別不需要處理垂直掉落的情況，但應該確保怪物不會穿越牆壁。

當怪物碰觸到玩家時，效果取決於玩家是否跳到怪物上。檢查玩家的底部是否靠近怪物的頂部，判斷出大致的情況，如果玩家碰觸到怪物，怪物就會消失；如果沒有，則遊戲失敗。

「繪畫就是一場騙局。」

　　　—藝術家 M.C. Escher 引用數學家 Bruno Ernst 的評論，

　　　　　　《*The Magic Mirror of M.C. Escher*》作者

17

繪圖：Canvas 元素

瀏覽器提供了幾種顯示圖形的方式，最簡單的做法是使用風格，幫一般 DOM 元素設定位置和顏色。如同我們在前一章的遊戲專案裡介紹過的，這能讓我們實現很多功能。我們可以讓節點的背景圖像部分透明，使節點看起來完全像是我們想要的樣子，甚至可以使用 transform 風格，使節點旋轉或傾斜。

不過，本章使用 DOM 元素的地方和它最初設計的目的不同，因為有些任務採用一般 HTML 元素會很麻煩，例如，在任意點之間畫一條線。

本章會介紹兩種方案。第一種方案是以 DOM 為基礎，但利用可縮放向量圖形（Scalable Vector Graphics，簡稱 SVG）而非 HTML，把 SVG 視為文件標記式特殊語法，這種語法專注於形狀而非文字，將 SVG 文件直接內嵌到 HTML 文件裡，或是以 <img> 標籤包覆。

第二個方案是**畫布**（canvas）。畫布是單個 DOM 元素，將一張圖片封裝其中，提供程式設計介面，在節點佔用的空間上繪製形狀。畫布和 SVG 圖片兩者之間的主要差異在於，SVG 會保留形狀原本的描述，因此可以隨時移動形狀或調整形狀的大小。另一方面，畫布繪製形狀後會立即轉換成像素（點陣圖上的彩色點），不會記得這些像素代表什麼。想在畫布上移動形狀，唯一的方法是清除畫布（或是清除形狀周圍的部分畫布），重新在新的位置再畫一次相同的形狀。

SVG 向量圖

本書會簡短說明 SVG 的運作原理，但不會在此進行深入的探討。後續在第 333 頁「選擇繪圖介面」一節裡，我們會再回頭來討論，當你為指定應用程式決定適合的繪圖機制時，有哪些權衡因素。

以下這個 HTML 文件表示一個簡單的 SVG 圖片：

```
<p>Normal HTML here.</p>
<svg xmlns="http://www.w3.org/2000/svg">
  <circle r="50" cx="50" cy="50" fill="red"/>
  <rect x="120" y="5" width="90" height="90"
        stroke="blue" fill="none"/>
</svg>
```

在上面的範例程式碼裡，xmlns 屬性將元素（及其子元素）更改為不同的 *XML 命名空間*（namespace），這個 URL 標識的命名空間是指定程式目前使用的特殊語法。HTML 中沒有 <circle> 和 <rect> 這兩個標籤，但它們在 SVG 裡具有使用意義，利用風格及自身屬性指定位置來繪製形狀。

前面 HTML 文件的內容顯示如下：

這是一個普通的 HTML。

以下程式碼中的這些標籤是建立 DOM 元素，跟 HTML 標籤一樣，讓腳本可以和元素互動。例如，將 <circle> 元素的顏色改為 cyan（青色）：

```
let circle = document.querySelector("circle");
circle.setAttribute("fill", "cyan");
```

Canvas 元素

在 <canvas> 元素上繪製畫布圖形時，可以為元素指定 width（寬度）和 height（高度）屬性，藉此決定元素的大小（以像素為單位）。

新建立的畫布是空的，意思是完全透明，因此在文件中是一片空白的區域。

<canvas> 標籤允許不同風格的繪圖。要實際使用繪圖介面，首先需要建立一個背景環境，由這個物件的方法負責提供繪圖介面。目前普遍支持的繪圖風格有二：分別是 2D 圖形的「2d」和 3D 圖形的「webgl」，兩者都是透過 OpenGL 介面。

本書不會討論 WebGL 的部分，只會將重點放在 2D 上。對 3D 圖形有興趣的讀者，鼓勵你研究 WebGL；WebGL 的介面可以直接處理圖形硬體，甚至能讓你使用 JavaScript 有效繪製複雜的場景。

以下程式碼中，使用 getContext 方法在 <canvas> 的 DOM 元素上建立背景環境。

```
<p>Before canvas.</p>
<canvas width="120" height="60"></canvas>
<p>After canvas.</p>
<script>
  let canvas = document.querySelector("canvas");
  let context = canvas.getContext("2d");
  context.fillStyle = "red";
  context.fillRect(10, 10, 100, 50);
</script>
```

在以上範例中，建立背景環境物件後，繪製了一個紅色矩形，其寬度為 100 像素，高度為 50 像素，左上角座標為（10, 10）。

以下是顯示在畫布之上的圖形。

在畫布之下，跟 HTML 和 SVG 一樣，畫布使用的座標也是將（0, 0）放在左上角，由此往下延伸正向 y 軸。所以從左上角（0, 0）往下算 10 個像素，再往右算 10 個像素，就是座標（10, 10）所在之處。

繪製直線與平面

在 canvas 介面裡，可以用指定顏色或圖形**填滿**一個形狀，也可以沿著圖形的邊緣描邊，SVG 也使用相同的術語。

`fillRect` 方法是填滿一個矩形，以矩形左上角的 x 和 y 座標、矩形寬度和高度為參數。類似的方法還有 `strokeRect`，這是用於繪製矩形的輪廓。

這兩個方法都不能傳入額外的參數，方法的參數也不能決定形狀要填滿的顏色、筆觸的粗細等等，這些是由 context 物件的屬性決定。

`fillStyle` 屬性控制填滿形狀的方式，使用 CSS 的顏色表示法，設定字串來指定顏色；`strokeStyle` 屬性的做法類似，但決定的顏色只能用於描邊；`lineWidth` 屬性決定線的寬度，可以使用所有正數。

```
<canvas></canvas>
<script>
  let cx = document.querySelector("canvas").getContext("2d");
  cx.strokeStyle = "blue";
  cx.strokeRect(5, 5, 50, 50);
  cx.lineWidth = 5;
  cx.strokeRect(135, 5, 50, 50);
</script>
```

以上範例程式碼繪製兩個正方形，第二個正方形的輪廓線較粗。

如果跟範例一樣不指定 `width` 或 `height` 屬性，canvas 元素會使用預設值——寬度為 300 像素，高度為 150 像素。

繪製路徑

路徑（path）就是一連串的線。2D 畫布介面採用一種特殊的方法來描述路徑，完全透過副作用完成。路徑不是可以儲存和傳遞的值，所以，如果想將路徑用於某些目的上，就要呼叫一連串的方法來描述路徑的形狀。

```
<canvas></canvas>
<script>
  let cx = document.querySelector("canvas").getContext("2d");
  cx.beginPath();
  for (let y = 10; y < 100; y += 10) {
    cx.moveTo(10, y);
    cx.lineTo(90, y);
  }
  cx.stroke();
</script>
```

前面的範例程式建立一條有多個水平線段的路徑，然後使用 stroke 方法為路徑描邊。lineTo 建立的每個線段的起點都是路徑目前的位置，除非呼叫 moveTo，否則這個起點位置通常是前一個線段的結尾。在這個情況裡，下一個線段會從傳給 moveTo 的位置開始畫起。

範例程式描述的路徑如下所示：

使用 fill 方法填滿一條路徑時，每個形狀是個別填滿。一條路徑可以包含多個形狀，每一個 moveTo 方法都會開始一個新的形狀，但是路徑必須封閉才能填滿，也就是說一條路徑的起點和終點必須在同一個位置上。如果路徑尚未封閉，就會新增一條從路徑終點到起點的線，然後填滿由完整路徑包圍的形狀。

```
<canvas></canvas>
<script>
  let cx = document.querySelector("canvas").getContext("2d");
  cx.beginPath();
  cx.moveTo(50, 10);
  cx.lineTo(10, 70);
  cx.lineTo(90, 70);
  cx.fill();
</script>
```

以下範例繪製了一個填滿的三角形。請注意，實際繪製的只有三角形的兩個邊，第三個邊是從右下角回到頂點，這個邊並沒有真的繪製出來，所以路徑描邊時不會存在。

還可以使用 closePath 方法新增一個實際的線段，連回路徑的起點，直接封閉一條路徑，路徑描邊時就會畫這一條線段。

繪製曲線

路徑也包含曲線。不幸的是，繪製曲線涉及的層面更多。

quadraticCurveTo 方法可以繪製一條到指定點的曲線。為了決定曲線的曲率，必須指定一個控制點和一個終點給這個方法。請想成是這個控制點**吸引**這條線，因此形成曲線。這條線不會穿過控制點，但是起點和終點的方向會像一條指向控制點的直線。如同以下範例所示：

```
<canvas></canvas>
<script>
  let cx = document.querySelector("canvas").getContext("2d");
  cx.beginPath();
  cx.moveTo(10, 90);
  // 曲率控制點 (60,10)、曲線終點 (90,90)
  cx.quadraticCurveTo(60, 10, 90, 90);
  cx.lineTo(60, 10);
  cx.closePath();
  cx.stroke();
</script>
```

範例程式會產生像以下這樣的路徑：

上圖繪製了一個從左到右的二次曲線，以（60, 10）作為控制點，然後畫了兩個線段，穿越控制點再回到線的起點，繪製結果看起來有點像星際迷航的徽章。由此可以看出控制點的效果：線離開下方的角落，開始朝向控制點，也就是目標彎曲。

以下範例使用 bezierCurveTo 方法，繪製另一種類似的曲線，這個曲線的控制點不只一個，而是兩個，每一個控制點都是線的端點。這種曲線的行為類似以下草圖：

```
<canvas></canvas>
<script>
  let cx = document.querySelector("canvas").getContext("2d");
  cx.beginPath();
  cx.moveTo(10, 90);
  // 曲率控制點 1(60,10)、曲率控制點 2(90,10)、曲線終點 (50,90)
  cx.bezierCurveTo(10, 10, 90, 10, 50, 90);
  cx.lineTo(90, 10);
  cx.lineTo(10, 10);
  cx.closePath();
  cx.stroke();
</script>
```

這兩個控制點分別指定曲線兩端的方向，控制點如果離對應的曲線端點越遠，曲線就會越往那個方向「凸起」。

這種曲線很難處理，因為沒有固定的方法可以針對我們想要的形狀，幫我們找出控制點，有時可以透過計算去找出控制點，有時則只能利用試誤法來找適合的值。

arc 方法繪製出來的曲線，是一條沿著圓周的弧線，以圓弧中心的一組座標、圓的半徑以及圓弧的起始角和終止角為參數。

使用最後兩個參數可以畫出部分的圓。角度以弧度為單位，而非度數，意思是說完整一個圓的角度是 2π 或 2 * Math.PI，約為 6.28。角度從圓心右側的點開始計算，往順時針方向移動。以 0 為起點，大於 2π（例如，7）的數字為終點，就可以畫出一個完整的圓。

```
<canvas></canvas>
<script>
  let cx = document.querySelector("canvas").getContext("2d");
  cx.beginPath();
  // 圓心 (50,50)、直徑 40、角度 0 ～ 7
  cx.arc(50, 50, 40, 0, 7);
  // 圓心 (150,50)、直徑 40、角度 0 ～ 1/2π
  cx.arc(150, 50, 40, 0, 0.5 * Math.PI);
  cx.stroke();
</script>
```

範例程式產生的圖片包含一個完整個的圓（第一次呼叫 arc 方法）、一個四分之一圓（第二次呼叫 arc 方法）和一條從完整圓右側到四分之一圓右側的線。跟前面其他繪製路徑的方法一樣，arc 方法繪製的線會與前一個路徑線段連結。如果想避免這個情況，可以呼叫 moveTo 方法或是開始一條新的路徑：

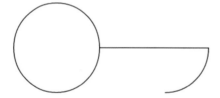

繪製圓餅圖

請想像你剛在 EconomCorp 這家公司獲得一份職務，公司指派給你的第一份工作是繪製客戶滿意度調查結果的圓餅圖。

變數 results 是一個物件陣列，表示調查回應的結果。

```
const results = [
  {name: "Satisfied", count: 1043, color: "lightblue"},
  {name: "Neutral", count: 563, color: "lightgreen"},
  {name: "Unsatisfied", count: 510, color: "pink"},
  {name: "No comment", count: 175, color: "silver"}
];
```

繪製圓餅圖其實是畫很多個切片，每個切片是由一個弧線和一對到弧線中心的線所組成。計算每一個弧所佔角度的方法，是將完整的圓（2π）除以回應結果的總數，再將這個數字（每個回應的角度）乘上選擇指定選項的人數。

```
<canvas width="200" height="200"></canvas>
<script>
  let cx = document.querySelector("canvas").getContext("2d");
  let total = results
    .reduce((sum, {count}) => sum + count, 0);
  // 從頂部開始繪製
  for (let result of results) {
    let sliceAngle = (result.count / total) * 2 * Math.PI;
    cx.beginPath();
    // 圓心 (100,100)、直徑 100
    // 從目前的角度出發，順時鐘方向繪製每一片的角度
    cx.arc(100, 100, 100,
           currentAngle, currentAngle + sliceAngle);
    currentAngle += sliceAngle;
    cx.lineTo(100, 100);
    cx.fillStyle = result.color;
    cx.fill();
  }
</script>
```

圓餅圖繪製如下：

但是，這個圓餅圖無法說明各個切片的含意，所以用處不大，我們需要能在畫布上繪製文字的方法。

繪製文字

2D 畫布的繪圖背景環境提供兩種方法：fillText 和 strokeText。後者可用於繪製字母輪廓，但通常 fillText 才是我們想要的效果，再使用目前的 fillStyle 方法填滿指定文字的輪廓。

```
<canvas></canvas>
<script>
  let cx = document.querySelector("canvas").getContext("2d");
  cx.font = "28px Georgia";
  cx.fillStyle = "fuchsia";
  cx.fillText("I can draw text, too!", 10, 50);
</script>
```

使用 font 屬性可以指定文字的大小、風格和字型，上面這個範例僅指定字型大小和名稱，還可以在這個選擇風格的字串開頭加入 italic（斜體）或 bold（粗體）。

fillText 和 strokeText 方法的最後兩個參數負責提供字型要繪製在哪個位置。在預設情況下，這個位置是指文字字母排列基線的起始位置，字母會「站立」在這條線上，不考慮 *j* 或 *p* 這類字母懸掛在基線下方的部分。如果想改變文字的水平位置，可以將 textAlign 屬性設定為「end」或「center」；如果要改變垂直位置，則將 textBaseline 屬性設定為「top」、「middle」或「bottom」。

本章最後的練習題會回頭來看圓餅圖，解決在各個切片上標示文字的問題。

繪製圖片

電腦繪圖會區分向量圖和點陣圖。本章到目前為止所談的都是第一種，也就是指定形狀的邏輯描述來繪圖；另一方面，點陣圖不需要指定實際形狀，而是處理像素資料（點陣圖的彩色像素）。

使用 drawImage 方法，可以在畫布上繪製像素資料，像素資料可能來自 `<img>` 元素或其他畫布。以下範例是建立一個獨立的 `<img>` 元素，將圖片檔案載入到這個元素裡，但無法立刻開始繪製這張圖片，因為瀏覽器尚未載入。為了解決這個問題，還要再註冊事件處理器「load」，負責在載入圖像之後繪圖。

```
<canvas></canvas>
<script>
  let cx = document.querySelector("canvas").getContext("2d");
  let img = document.createElement("img");
  img.src = "img/hat.png";
  img.addEventListener("load", () => {
    for (let x = 10; x < 200; x += 30) {
      cx.drawImage(img, x, 10);
```

```
      }
  });
</script>
```

在預設情況下，**drawImage** 方法會以原始大小繪製圖像，也可以指定兩個額外的參數來設定寬度和高度，以不同的大小繪製圖像。

對 **drawImage** 指定**九**個參數，可以只畫出一部分的圖像；第二到第五個參數表示複製來源圖像的矩形大小（x 座標、y 座標、寬度和高度），第六到第九個參數是指定準備畫出複製圖像的目的地矩形（在畫布上）。

因此，可以將多張**角色圖片**（圖像元素）包裝在單一圖像檔案裡，然後只畫出你需要的部分，例如，我們有一張包含多個遊戲角色動作的圖片，如下所示：

交替繪製角色的各個動作，就能顯示看起來像角色正在行走的動畫。

想在畫布上製作圖片動畫，有一個好用的方法就是 **clearRect**。這個方法的用法類似 **fillRect**，但不是為矩形著色，而是讓矩形變透明，移除之前畫在矩形上的像素。

這個範例中的每個**角色**，也就是每一小塊子圖片的寬度是 24 像素，高度是 30 像素。下列程式碼載入這張角色圖片，然後設置畫出下一個畫面需要的時間間隔（重複計時器）：

```
<canvas></canvas>
<script>
  let cx = document.querySelector("canvas").getContext("2d");
  let img = document.createElement("img");
  img.src = "img/player.png";
  let spriteW = 24, spriteH = 30;
  img.addEventListener("load", () => {
    let cycle = 0;
    setInterval(() => {
      cx.clearRect(0, 0, spriteW, spriteH);
      cx.drawImage(img,
                // 原始圖片的矩形大小
                cycle * spriteW, 0, spriteW, spriteH,
                // 繪圖目的地的矩形大小
                0,              0, spriteW, spriteH);
```

```
      cycle = (cycle + 1) % 8;
    }, 120);
  });
</script>
```

變數 cycle 負責追蹤動畫裡的位置。每次畫完角色，變數 cycle 的值會先遞增，再使用餘數運算子，讓 cycle 的值落在 0 到 7 的範圍內，然後使用這個變數來計算目前要使用的角色動作在圖片中的 x 座標。

—

變形

但如果希望角色向左走而不是向右走呢？當然，還要再畫另外一組角色動作，但是，我們也可以命令畫布以相反的方向繪製圖片。

呼叫 scale 方法可以縮放任何內容，然後繪製在畫布上。這個方法需要兩個參數，一個是設定水平縮放比例，另一個是設定垂直縮放比例。

```
<canvas></canvas>
<script>
  let cx = document.querySelector("canvas").getContext("2d");
  cx.scale(3, .5);
  cx.beginPath();
  cx.arc(50, 50, 40, 0, 7);
  cx.lineWidth = 3;
  cx.stroke();
</script>
```

上面的範例呼叫 scale 方法，繪製出一個三倍寬、一半高的圓。

以縮放的方式繪製圖像，會導致包含線寬在內的所有內容依照指定的比例拉扯或擠壓在一起。如果縮放比例是負數就會翻轉圖片。翻轉是以（0,0）為中心，表示座標系的方向也會跟著翻轉。例如，當水平縮放比例為 -1 時，原本在 x 座標為 100 的位置繪製的形狀，最後會變到 x 座標 -100 的位置。

所以如果要翻轉圖片，不能只是在呼叫 drawImage 方法之前增加 cx.scale(-1, 1)，因為這樣會將圖片移到畫布之外，就看不見圖片了。為了彌補這個情況，要先調整繪製圖像的座標，以位置 -50 取代原本的 0，再指定給 drawImage 方法。另一個解決方案是在縮放時調整座標軸，這樣負責繪製圖像的程式碼就不需要知道縮放比例是否改變。

除了 scale 方法，還有其他好幾種方法會影響畫布的座標系統。使用 rotate 方法可以旋轉已經畫好的形狀，再以 translate 方法移動形狀。這種做法有趣但也令人困擾的地方是這些變形**堆疊**，意思是說每次發生的變形都是作用於前一次變形的結果上。

所以，如果我們沿水平方向平移兩次，每次移動 10 像素，則所有內容都會在右側 20 像素處重新繪製。如果先將座標系統的中心移到（50, 50），然後將要繪製的內容旋轉 20 度（約 0.1π 弧度），重新繪製時就會以（50, 50）為中心發生旋轉。

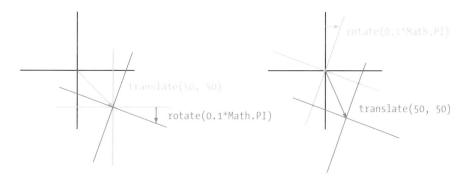

但是如果**先**旋轉 20 度**再**平移到（50, 50），這次平移會發生在旋轉過的座標系統裡，因而產生不同的方向。在變形過程中，應用的順序很重要。

以下範例程式是在指定的位置 x，以垂直線為中心轉圖片：

```
function flipHorizontally(context, around) {
  context.translate(around, 0);
  context.scale(-1, 1);
  context.translate(-around, 0);
}
```

將 y 軸移到希望繪製鏡像圖的位置，然後進行鏡像翻轉，最後再將 y 軸移回鏡像圖另一側適當的位置。以下列圖片為例，說明鏡像的運作原理。

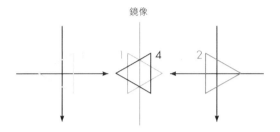

上面這張圖顯示跨越中心線鏡像前後的座標系統，將每個三角形編號，說明鏡像過程中的每個步驟。首先在正 x 的位置畫一個三角形，預設情況會在三角形 1 的位置；呼叫 `flipHorizontally`，先將三角形向右平移，會得到三角形 2；然後縮放三角形，翻轉到位置 3，不過，如果以指定的直線鏡像，這不是三角形應該出現的位置；為了修正這個情況，所以再次呼叫 `translate` 方法，「撤銷」一開始平移的效果，讓三角形 4 出現在應該出現的精確位置。

現在我們要以人物角色的垂直中心翻轉世界的座標系統，就能在位置（100, 0）畫出鏡像後的人物角色。

```
<canvas></canvas>
<script>
  let cx = document.querySelector("canvas").getContext("2d");
  let img = document.createElement("img");
  img.src = "img/player.png";
  let spriteW = 24, spriteH = 30;
  img.addEventListener("load", () => {
    flipHorizontally(cx, 100 + spriteW / 2);
    cx.drawImage(img, 0, 0, spriteW, spriteH,
                 100, 0, spriteW, spriteH);
  });
</script>
```

儲存與清除變形效果

由於變形效果依舊存在，繪製鏡像角色後，所有其他繪製的內容也會跟著應用鏡像效果，這樣不太方便。

對於需要暫時轉換座標系統的函式來說，通常比較適合的做法，是先儲存目前的變形狀態，進行需要的繪製和變形操作，然後再恢復成舊的變形狀態。首先，將程式碼呼叫函式所做的任何變形結果全都儲存起來。然後，函式就去做它的事，在目前變形的基礎上進行更多的變形，最後再恢復成一開始儲存的變形狀態。

2D 畫布背景環境中的 save 和 restore 方法負責管理這次的變形，從概念上來看是保留一堆變形的狀態。呼叫 save 時，目前的變形狀態會推進儲存狀態的堆疊裡；呼叫 restore 時，會取出堆疊頂部的狀態，使用這個狀態作為背景環境目前的變形，還可以呼叫 resetTransform，將變形狀態完全重置。

以下範例程式中的 branch 函式，其作用是先改變變形狀態，然後呼叫某個函式，繼續繪製指定的變形。

以下程式中的函式會產生像樹一樣的圖形。先畫出直線，再將座標系統的中心移到線的尾端，然後呼叫函式自身二次——先向左旋轉，再向右旋轉。每次呼叫函式都會減少分支的繪製長度，當長度降到 8 以下就停止遞迴。

```
<canvas width="600" height="300"></canvas>
<script>
  let cx = document.querySelector("canvas").getContext("2d");
  function branch(length, angle, scale) {
    cx.fillRect(0, 0, 1, length);
    if (length < 8) return;
    cx.save();
    cx.translate(0, length);
    cx.rotate(-angle);
    branch(length * scale, angle, scale);
    cx.rotate(2 * angle);
    branch(length * scale, angle, scale);
    cx.restore();
  }
  cx.translate(300, 0);
  branch(60, 0.5, 0.8);
</script>
```

產生的結果是一個簡單的碎形。

如果此處的程式不呼叫 save 和 restore 方法，第二次遞迴呼叫 branch 函式，就會結束在第一次呼叫函式時所建立的位置和旋轉狀態，不會連接到目前的分支，而是與第一次呼叫所繪製的最裡面、最右邊的分支。這次產生的圖形也很有趣，但絕對不會是一棵樹。

回頭改造遊戲

既然現在我們已經對畫布繪圖方法有足夠的了解，就可以開發一個以畫布為基礎的顯示系統，開始改造上一章的遊戲。新的顯示做法不再只以彩色盒子展現，會改用 drawImage 方法來繪製代表遊戲元素的圖片。

此處定義另外一個顯示物件型態 CanvasDisplay，其所支持的介面跟第 297 頁「繪製遊戲畫面」一節裡的 DOMDisplay 一樣，也就是 syncState 和 clear 方法。

這個物件儲存的資訊比 DOMDisplay 更多，不僅使用 DOM 元素捲動位置的做法，還會追蹤自身的視角，告訴我們視角正停留在關卡的哪個部分。最後，還有 flipPlayer 屬性，即使玩家站著不動，角色也會持續面向上一次移動的方向。

```
class CanvasDisplay {
  constructor(parent, level) {
    this.canvas = document.createElement("canvas");
    this.canvas.width = Math.min(600, level.width * scale);
    this.canvas.height = Math.min(450, level.height * scale);
    parent.appendChild(this.canvas);
    this.cx = this.canvas.getContext("2d");

    this.flipPlayer = false;
```

```
    this.viewport = {
      left: 0,
      top: 0,
      width: this.canvas.width / scale,
      height: this.canvas.height / scale
    };
  }

  clear() {
    this.canvas.remove();
  }
}
```

下列程式中的 `syncState` 方法會先計算新的視角，然後在適當的位置繪製遊戲場景。

```
CanvasDisplay.prototype.syncState = function(state) {
  this.updateViewport(state);
  this.clearDisplay(state.status);
  this.drawBackground(state.level);
  this.drawActors(state.actors);
};
```

相較於 `DOMDisplay`，本章定義的顯示風格在每次更新時，一定要重新繪製遊戲背景。因為現在畫布上的形狀只是像素，而我們並沒有什麼好方法可以移動（或移除）這些已經畫好的像素，更新畫布顯示內容的唯一方法，就是清除畫布，然後重新繪製遊戲場景。可能還會使用捲動方法，因為我們需要背景處於不同的位置。

`updateViewport` 方法類似 `DOMDisplay` 的 `scrollPlayerIntoView` 方法，會檢查玩家是否離畫面邊緣太近，如果太近就移動遊戲視角。

```
CanvasDisplay.prototype.updateViewport = function(state) {
  let view = this.viewport, margin = view.width / 3;
  let player = state.player;
  let center = player.pos.plus(player.size.times(0.5));

  if (center.x < view.left + margin) {
    view.left = Math.max(center.x - margin, 0);
  } else if (center.x > view.left + view.width - margin) {
    view.left = Math.min(center.x + margin - view.width,
                         state.level.width - view.width);
  }
```

```
    if (center.y < view.top + margin) {
      view.top = Math.max(center.y - margin, 0);
    } else if (center.y > view.top + view.height - margin) {
      view.top = Math.min(center.y + margin - view.height,
                          state.level.height - view.height);
    }
};
```

以上的範例程式碼呼叫 Math.max 和 Math.min，目的是確保遊戲視角最後不會
顯示超出關卡畫面以外的空間；Math.max(x, 0) 是確保產生的數字不會小於
零，Math.min 一樣是確保數值會落在指定範圍內。

清除顯示內容時，會根據遊戲獲勝（較亮的顏色）或失敗（較暗的顏色），使
用略為不同的顏色。

```
CanvasDisplay.prototype.clearDisplay = function(status) {
  if (status == "won") {
    this.cx.fillStyle = "rgb(68, 191, 255)";
  } else if (status == "lost") {
    this.cx.fillStyle = "rgb(44, 136, 214)";
  } else {
    this.cx.fillStyle = "rgb(52, 166, 251)";
  }
  this.cx.fillRect(0, 0,
                   this.canvas.width, this.canvas.height);
};
```

繪製遊戲背景時，採用和前一章相同的技巧 touches 方法，利用迴圈重複處理
目前視角內可以看見的圖磚（tile）。

```
let otherSprites = document.createElement("img");
otherSprites.src = "img/sprites.png";

CanvasDisplay.prototype.drawBackground = function(level) {
  let {left, top, width, height} = this.viewport;
  let xStart = Math.floor(left);
  let xEnd = Math.ceil(left + width);
  let yStart = Math.floor(top);
  let yEnd = Math.ceil(top + height);

  for (let y = yStart; y < yEnd; y++) {
    for (let x = xStart; x < xEnd; x++) {
      let tile = level.rows[y][x];
      if (tile == "empty") continue;
      let screenX = (x - left) * scale;
```

```
    let screenY = (y - top) * scale;
    let tileX = tile == "lava" ? scale : 0;
    this.cx.drawImage(otherSprites,
                       tileX,          0, scale, scale,
                       screenX, screenY, scale, scale);
  }
 }
};
```

內容不是空的圖磚都是使用 drawImage 繪製。用於玩家以外的其他元素的圖片都放在 otherSprites 圖像裡，從左到右依序是牆壁圖磚、岩漿圖磚和金幣角色。

由於本章是使用跟 DOMDisplay 相同的比例，所以遊戲背景的圖磚是 20 x 20 像素。因此，岩漿圖磚的位移量是 20（變數 scale 的值），牆壁圖磚的位移量是 0。

角色圖像載入時，我們不必耗在那裏等待，但圖像尚未載入完成，此時呼叫 drawImage 也不會產生任何效果。因此，圖像載入的同時，遊戲一開始的幾個畫面可能無法正常匯出，但這並不是一個嚴重的問題。遊戲畫面會不斷更新，等圖像載入完成後就會出現正確的畫面。

之前人物走路的圖片會用來表示玩家角色，繪製人物角色的程式碼需要根據玩家目前的動作，挑選出正確的角色動作和方向。前八個角色是人物走路的動畫，當玩家沿著地板移動時，程式會根據目前的時間循環撥放動作，我們希望每 60 毫秒切換一次畫面，所以會先將時間除以 60。當玩家靜止不動時，則繪製第九個角色。玩家跳躍過程中，因為垂直速度不為零，所以使用第十個、也就是最右邊的角色。

為了幫人物角色的手腳留一點空間，所以寬度會比玩家物件大，是 24 像素而非 16 像素，因此以下程式中的方法必須根據指定的 playerXOverlap 值，調整 x 座標和寬度。

```
let playerSprites = document.createElement("img");
playerSprites.src = "img/player.png";
const playerXOverlap = 4;

CanvasDisplay.prototype.drawPlayer = function(player, x, y,
                                              width, height){
```

```
  width += playerXOverlap * 2;
  x -= playerXOverlap;
  if (player.speed.x != 0) {
    this.flipPlayer = player.speed.x < 0;
  }

  let tile = 8;
  if (player.speed.y != 0) {
    tile = 9;
  } else if (player.speed.x != 0) {
    tile = Math.floor(Date.now() / 60) % 8;
  }

  this.cx.save();
  if (this.flipPlayer) {
    flipHorizontally(this.cx, x + width / 2);
  }
  let tileX = tile * width;
  this.cx.drawImage(playerSprites, tileX, 0, width, height,
                                  x,     y, width, height);
  this.cx.restore();
};
```

在以下程式碼中，drawActors 呼叫的 drawPlayer 方法是負責繪製所有遊戲中的角色。

```
CanvasDisplay.prototype.drawActors = function(actors) {
  for (let actor of actors) {
    let width = actor.size.x * scale;
    let height = actor.size.y * scale;
    let x = (actor.pos.x - this.viewport.left) * scale;
    let y = (actor.pos.y - this.viewport.top) * scale;
    if (actor.type == "player") {
      this.drawPlayer(actor, x, y, width, height);


    } else {
      let tileX = (actor.type == "coin" ? 2 : 1) * scale;
      this.cx.drawImage(otherSprites,
                        tileX, 0, width, height,
                        x,     y, width, height);
    }
  }
};
```

繪製玩家以外的其他內容時，會先確認圖磚的類型，再找出正確角色的位移量。岩漿圖磚的位移是 20，金幣角色是 40（變數 scale 值的兩倍）。

計算角色的位置時，必須減掉視角的位置，因為畫布的座標（0, 0）是根據視角左上角，而非關卡圖的左上角。此處也可以使用 translate 方法，兩者效果一樣。

新的顯示系統的介紹到此結束，產生出來的遊戲畫面如下所示：

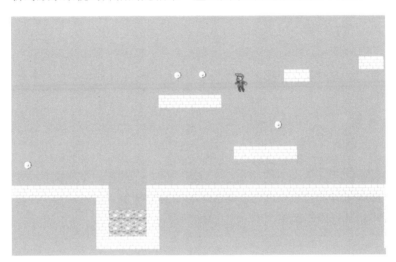

選擇繪圖介面

因此，當你需要在瀏覽器中繪圖時，可以選擇的方法有：純 HTML、SVG 和 canvas（畫布）。沒有哪一個方法絕對有利又能一體適用於所有情況，每個選項都有其優缺點。

純 HTML 的優勢是簡單，非常適合和文字整合在一起。SVG 和 canvas 雖然也可以繪製文字，但是當文字超過一行時，不僅無法定位也不能包裝文字，以 HTML 繪製的圖片比較容易納入文字區塊。

SVG 在任何縮放程度下，都能產生清晰而且不錯的繪圖效果。不同於 HTML，SVG 是專為繪圖而設計的技術，因此更適合這個目的。

SVG 和 HTML 兩者都能建立料結構（DOM）來表示圖片，所以圖片元素繪製後還能進行修改。不過，如果你是要針對使用者操作做出回應或是更新動畫的一部分，而需要重複改變巨大圖片裡的一小塊圖片，使用 canvas 處理，成本會非常昂貴。DOM 還可以在圖片裡的每個元素上註冊滑鼠事件處理器，甚至可以用在 SVG 繪製的形狀上，canvas 則無法做到。

不過，遇到需要繪製大量的微小元素時，canvas 的像素導向方法就具有優勢。事實上，canvas 不會建立資料結構，但只會在同一個像素表面上重複繪製的做法，能降低 canvas 在每個形狀上耗費的成本。

還有一些效果是只能利用以像素為基礎的方法來實際處理，像是每一次只繪製場景裡的一個像素（例如，光線追踪器），或是使用 JavaScript 來後製圖像（模糊或扭曲）。

在某些情況下，可能會想結合其中幾個技術一起使用，例如，使用 SVG 或 canvas 繪製圖形，但是在圖片上方設置 HTML 元素，用以顯示文字資訊。

對繪圖需求不高的應用程式來說，選擇哪個介面其實不是很重要。就像本章遊戲建立顯示機制時，因為沒有繪製文字、處理滑鼠互動或大量元素的需求，所以使用這三種圖形技術中的任何一種實作都可以。

本章重點回顧

本章探討瀏覽器的繪圖技術，主要內容是說明 `<canvas>` 元素。

canvas 節點代表程式可以在文件中繪製的區域，做法是使用 `getContext` 方法，建立 context 物件來完成繪圖。

2D 繪圖介面讓我們能對各種形狀進行填滿和描邊；context 物件的 `fillStyle` 屬性決定填滿形狀的方式，`strokeStyle` 和 `lineWidth` 屬性則是控制繪製直線的方式。

只要呼叫簡單的方法就可以繪製矩形和文字區塊；`fillRect` 和 `strokeRect` 方法可以繪製矩形，`fillText` 和 `strokeText` 方法則是繪製文字。建立自訂形狀時，必須先建立一條路徑

呼叫 `beginPath` 方法，開始一條新的路徑。還有許多其他方法可以將直線和曲線加到目前的路徑裡，例如，`lineTo` 方法可以增加一條直線。路徑完成後，可以使用 `fill` 方法填滿路徑，或是使用 `stroke` 方法對路徑描邊。

使用 drawImage 方法，可以將像素從圖像或另一個畫布移動到我們建立的畫布上。在預設情況下，這個方法會將整個來源圖像繪出，但如果能指定更多參數，可以複製圖像裡的特定區域。將這項做法應用在我們的遊戲上，負責從包含許多人物動作的圖像裡，複製遊戲人物的個別動作。

變形允許我們從不同面向繪製形狀。在 2D 繪圖的背景環境下，可以使用 translate、scale 和 rotate 方法，改變目前變形的狀態，但這些方法都會影響後續繪圖操作的效果，可以使用 save 方法先儲存現有的變形狀態，日後再使用 restore 方法復原。

在畫布上顯示動畫時，使用 clearRect 方法可以在重新繪製前，先清除部分畫布內容。

練習題

形狀（Shapes）

請撰寫一個程式，在畫布上繪製以下形狀：

1. 梯形

2. 紅色鑽石形狀

3. 鋸齒線

4. 由 100 條直線線段組成的螺旋形

5. 黃色星形

繪製最後兩個形狀時，可能需要參考第 262 頁「定位與動畫」一節中對 Math.cos 和 Math.sin 的說明，了解如何使用這兩個函式，取得圓上的座標。

建議每個形狀各自建立一個函式，將位置和其他可以選擇的屬性（例如，尺寸大小或點的數量）作為參數傳給函式。另一種方法是在整個程式碼中硬寫一些數字，這樣往往會讓程式碼非常難懂又難以修改。

圓餅圖（The Pie Chart）

之前在第 320 頁「繪製圓餅圖」一節裡介紹過一個繪製圓餅圖的程式，請修改這個程式，在每個切片旁邊顯示代表每個分類的名稱。試著找找看，有沒有看起來舒服的方式，可以自動定位這些文字，又能適用於其他資料集。可能要假設分類很多，需要為這些標籤文字留下足夠的顯示空間。

此處可能需要再次使用 `Math.sin` 和 `Math.cos`，請參見 262 頁「定位與動畫」一節中的說明。

彈跳球（A Bouncing Ball）

請使用第 14 章和第 16 章介紹過的技巧 `requestAnimationFrame`，繪製一個裡面有彈跳球的盒子。這顆球以固定的速度移動，撞到盒子內側時就會反彈。

預先計算鏡像圖（Precomputed Mirroring）

進行變形時比較不幸的一點是會拖慢點陣圖的繪圖速度。每個像素的位置和大小都必須轉換，雖然將來的瀏覽器技術可能會有更聰明的轉換方法，但現階段繪製點陣圖需要的時間確實會明顯增加。

如果是像本章這種遊戲，只畫一個變形過的角色不會造成什麼問題。但請想像一下，萬一我們遇到的情況是需要繪製數百個人物角色，或是爆炸中產生的數千個旋轉粒子呢？

請思考一種繪製顛倒角色的方法，而且不用每次重繪畫面就載入額外的圖像檔案，也不用呼叫 `drawImage` 方法來處理變形。

「通訊的本質必須為無狀態……每一個從客戶端傳送到伺服器端的請求，都必須包含所有了解這個請求所需的必要資訊，而且不能利用任何已經儲存在伺服器上的環境。」

—美國計算機科學家 Roy Fielding，
《*Architectural Styles and the Design of Network-based Software Architectures*》作者

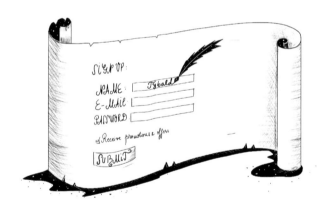

18

HTTP 與表單

先前在第13章中已經介紹過超文本傳輸協定
（Hypertext Transfer Protocol，簡稱 HTTP），透過這項
機制，我們可以在全球資訊網上請求和提供資料。本章將
進一步詳細說明這項傳輸協定，解釋 JavaScript 瀏覽器使
用 HTTP 的方式。

通訊協定

在瀏覽器位址欄中輸入這串網址：*eloquentjavascript.net/18_http.html*，瀏覽器
會先拿 *eloquentjavascript.net* 去查伺服器的位址，並且試著在通訊埠 80（這是
HTTP 通訊的預設通訊埠）上開啟 TCP 連結。如果伺服器存在而且接受連
接，瀏覽器會發送像以下這樣的內容：

```
GET /18_http.html HTTP/1.1
Host: eloquentjavascript.net
User-Agent: Your browser's name
```

伺服器會再透過相同的連結方式，回應內容如下：

```
HTTP/1.1 200 OK
Content-Length: 65585
Content-Type: text/html
Last-Modified: Mon, 07 Jan 2019 10:29:45 GMT
```

```
<!doctype html>
... 其餘的文件內容
```

以上伺服器回應內容裡，瀏覽器會取空行之後的部分內容（也就是回應內容的**主體**，請不要與 HTML 的 `<body>` 標籤搞混），顯示為 HTML 文件。

客戶端發送的資訊稱為「請求」（request），請求內容的第一行如下所示：

```
GET /18_http.html HTTP/1.1
```

上面這一行請求內容裡，第一個單字 **GET** 表示請求用的**方法**，意思是我們希望**獲取**指定的資源。其他常見的方法還有 **DELETE**，表示刪除指定的資源，**PUT** 是建立或替換指定的資源，**POST** 則是發送資訊給這個指定的資源。請注意，伺服器沒有義務處理收到的每個請求，如果你隨便逛到一個網站，並且發送 **DELETE**，請求刪除網站的首頁，這個網站或許會拒絕你。

方法名稱後面的部分是請求資源的路徑。在最簡單的情況下，資源只是伺服器上的一個檔案，但通訊協定不會要求資源一定是檔案，所有可以像檔案一樣傳輸的內容都可以當成資源。許多伺服器會動態產生回應內容，例如，如果你開啟網址 *https://github.com/marijnh*，伺服器會在自身資料庫中查詢是否有使用者名稱為 *marijnh*，如果有，就為這個使用者產生個人資料頁面。

請求的第一行的資源路徑後是 **HTTP/1.1**，表示使用 HTTP 通訊協定的版本。

事實上，許多網站是使用 HTTP/2，支援的概念和 HTTP/1.1 一樣，雖然更為複雜但因此速度更快。瀏覽器與指定伺服器通訊時，會自動切換到適合的通訊協定版本，不管使用哪個版本，請求的結果都相同。由於 1.1 版更直覺而且容易使用，本章會將重點放在這個版本。

伺服器回應內容的開頭也是版本，後面跟著回應狀態，是一個三位數的狀態碼，最後是一個人類可讀的字串。

```
HTTP/1.1 200 OK
```

數字 2 開頭的狀態碼表示請求成功，數字 4 開頭的狀態碼表示請求錯誤，這類 HTTP 狀態碼裡最著名的可能是 404，表示無法找到資源；數字 5 開頭的狀態代碼表示請求正常，但伺服器發生錯誤。

請求或回應內容的第一行後面可以放標頭（header），數量不限。這些標頭內容的格式為 name: value，指定和請求或回應相關的額外資訊，以下是回應範例中的部分標頭：

```
Content-Length: 65585
Content-Type: text/html
Last-Modified: Thu, 04 Jan 2018 14:05:30 GMT
```

上面這些標頭說明回應文件的大小和類型，在這個範例中，回應的 HTML 文件大小是 65,585 位元組，第三個標頭還說明了上次修改文件的時間。

面對大多數的標頭，客戶端和伺服器可以自由決定需要放進請求或回應中的標頭。不過，有少數幾個標頭一定要放，例如，請求中應該要有指定主機名稱的標頭 Host，因為單一 IP 位址上的伺服器可能會有多個主機名稱，要是沒有 Host 這個標頭，伺服器就不知道客戶端想跟哪個主機溝通。

不論是請求還是回應，列完需要的標頭後，會先空一行，再來才是請求或回應內容的主體，包含即將發送的資料；請求方法裡的 GET 和 DELETE 不會發送任何資料，PUT 和 POST 則會。同樣地，某些類型的回應不需要主體內容，例如，錯誤回應。

瀏覽器與 HTTP

如範例所示，在瀏覽器位址欄中輸入 URL，瀏覽器會發出請求。產生的 HTML 網頁如果有引用其他檔案（例如，圖像和 JavaScript 檔案），瀏覽器也會取得這些檔案。

複雜度中等的網站隨隨便便就會有 10 到 200 個不等的資源，為了快速取得這些資源的內容，瀏覽器會同時發出多個 GET 請求，這樣就不用每次都只等待一個回應。

HTML 頁面可能會包含表單，讓使用者能填寫資訊，然後發送給伺服器，以下為表單範例：

```
<form method="GET" action="example/message.html">
  <p>Name: <input type="text" name="name"></p>
  <p>Message:<br><textarea name="message"></textarea></p>
  <p><button type="submit">Send</button></p>
</form>
```

上面的範例程式碼描述一個有兩個欄位的表單：小欄位要求使用者輸入姓名，大欄位是讓使用者寫訊息。使用者按下發送的按鈕後，客戶端提交表單，也就是欄位裡的內容會包裝在 HTTP 請求裡，再由瀏覽器導向請求的結果。

<form> 元素的 method 屬性為 GET 或省略時，表單裡的資訊會加在 action URL 的結尾，作為查詢字串，瀏覽器會向這個 URL 發出請求：

```
GET /example/message.html?name=Jean&message=Yes%3F HTTP/1.1
```

上面範例程式中的問號表示此處是 URL 路徑部分的結尾，查詢部分的起點。問號後面成對的名稱和值，分別對應表單欄位元素的 name 屬性和這些元素的內容，『&』字元用於隔開每一組名稱和值。

實際上要編碼在 URL 裡的訊息是『Yes?』，但問號部分現在卻被奇怪的代碼取代。原因在於查詢字串中的某些字元必須使用跳脫字元，問號就是其中一個字元，必須改以 %3F 表示。每種格式都有自己的跳脫字元，這似乎是一條不成文的規定。此處用的是 *URL 編碼*（URL encoding），使用百分號後面跟著兩個用於編碼字元的十六進位數字（基數為 16）。範例中的 3F 是問號字元的十六進位碼，以十進位表示是 63。JavaScript 提供 encodeURIComponent 和 decodeURIComponent 函式，分別針對這種格式進行編碼和解碼。

```
console.log(encodeURIComponent("Yes?"));
// → Yes%3F
console.log(decodeURIComponent("Yes%3F"));
// → Yes?
```

如果將之前範例看過的 HTML 表單裡面的 method 屬性改為 POST，提交表單時，HTTP 請求會使用 POST 方法，將查詢字串放進請求內容的主體，而非加在 URL 裡。

```
POST /example/message.html HTTP/1.1
Content-length: 24
Content-type: application/x-www-form-urlencoded

name=Jean&message=Yes%3F
```

GET 請求應該使用在沒有副作用、單純詢問資訊的請求上，像建立新帳號或發布訊息這類需要更改伺服器上某些內容的請求，則應採用其他方法，例如，POST。客戶端軟體（例如，瀏覽器）知道自己不應該盲目地發送 POST 請求，但通常會暗中發送 GET 請求，例如，瀏覽器認為使用者很快就會需要的資源，必須預先取得。

後續第 346 頁「表單欄位」一節裡，我們會再回頭討論表單，以及如何透過 JavaScript 與表單進行互動。

Fetch 介面

在瀏覽器環境下，JavaScript 發送 HTTP 請求的介面，稱為 fetch 介面。fetch 介面算是相對較新的技術，所以很容易結合 Promise 類別一起使用，是瀏覽器介面中很少見的做法。

```
fetch("example/data.txt").then(response => {
  console.log(response.status);
  // → 200
  console.log(response.headers.get("Content-Type"));
  // → text/plain
});
```

呼叫 fetch 會回傳 Promise，解析為 Response 物件，具有伺服器回應相關資訊，例如，伺服器狀態碼和標頭。標頭包裝在類似 Map 的物件裡，其 key 值（標頭名稱）不分大小寫，因為標頭名稱不需要區分大小寫。這表示不管你是寫 headers.get("Content-Type") 還是 headers.get("content-TYPE")，兩者都會回傳一樣的值。

請注意，即使伺服器回應錯誤碼，依舊可以成功解析 fetch 回傳的 Promise，但還是有可能發生拒絕的情況，像是網路發生錯誤，或是無法找到請求指定位址的伺服器。

fetch 的第一個參數是請求指定的 URL。URL 的開頭如果不是通訊協定的名稱（例如，*http:*），就會視為**相對路徑**，也就是看成相對於目前文件的路徑；如果是以斜線（/）開頭，會取代目前的路徑，也就是伺服器名稱後面的部分；否則，就將目前的路徑名稱中直到最後一個斜線的部分，放在相對 URL 的前面。

要獲得實際的回應內容，可以使用 Response 的 **text** 方法。只要收到回應的標頭就會解析第一個 Promise，再加上讀取回應內容的主體可能會花更長的時間，又會再回傳一個 Promise。

```
fetch("example/data.txt")
  .then(resp => resp.text())
  .then(text => console.log(text));
// → This is the content of data.txt
```

類似的方法還有呼叫 json，會回傳 Promise，解析的值是剖析回應主體為
JSON 格式時獲得的值，如果不是有效的 JSON 格式，則會拒絕。

在預設情況下，fetch 使用 GET 方法發出請求，而且不包含請求內容的主體。
如果要做不同的配置，可以將附有額外選項的物件作為第二個參數傳給介面。
以下這個範例中的請求是刪除 example/data.txt：

```
fetch("example/data.txt", {method: "DELETE"}).then(resp => {
  console.log(resp.status);
  // → 405
});
```

前面範例中回應的 405 狀態碼表示「不允許使用這個方法」，依照 HTTP 伺服
器的說法就是「我不能這樣做」。

要增加請求主體的內容，就要包含 body 選項；要設定標頭，就要有 headers
選項，例如，以下範例程式中的標頭 Range，指示伺服器只要回應設定範圍內
的部分內容。

```
fetch("example/data.txt", {headers: {Range: "bytes=8-19"}})
  .then(resp => resp.text())
  .then(console.log);
// → the content
```

瀏覽器會自動加入某些請求標頭，例如，Host 以及伺服器計算請求主體內容
大小時需要的標頭。你也可以自己加入一些實用的標頭，例如，認證資訊或者
是告訴伺服器你想接收哪種檔案格式。

HTTP 運行的沙盒環境

此處要再強調一次，在網頁腳本中發送 HTTP 請求會引發安全性上的隱憂。
控制腳本的人和在自身電腦上執行腳本的人，兩者的利益取向不同。舉一個更
具體的例子，如果我拜訪網站 *themafia.org*，當然不希望這個網站使用我的瀏覽

器中的識別資訊，向網站 *mybank.com* 發送請求，下指令將我所有的錢轉到某個隨機帳號。

基於這個理由，瀏覽器會保護我們，禁止腳本向其他網域名稱（domain，例如，*themafia.org* 和 *mybank.com*）發送 HTTP 請求。

因此，對於某些具有合法理由，想建立可以使用多個網域的系統來說，這個問題非常討厭。幸運的是，伺服器可以在回應中加入以下這樣的標頭，明確指示瀏覽器：允許來自其他網域的請求。

```
Access-Control-Allow-Origin: *
```

HTTP 的優勢

當你建立的系統需要在瀏覽器（客戶端）的 JavaScript 程式與伺服器（伺服器端）之間進行溝通，有幾種不同的方法可以建立通訊模式。

常用的模式為*遠端程序呼叫*（remote procedure call）。在這個模式裡，通訊方式依循正常呼叫函式的方式，只不過這個被呼叫的函式實際上是在另一台機器上執行。這種呼叫函式的做法需要向伺服器發送請求，請求裡要包含函式名稱和參數，針對這種請求的回應會包含函式的回傳值。

考慮遠端程序呼叫這種做法時，HTTP 只是通訊工具，所以有很高的機率會想寫抽象層，將這個部分完全隱藏起來。

另一種建立通訊的做法，是以資源和 HTTP 方法的概念為中心。不採用遠端程序呼叫 addUser，改以 PUT 方法向 /users/larry 發送請求；不對使用者的屬性進行編碼，再以函式參數傳送，而是改成定義 JSON 文件格式（或使用現有格式）來代表使用者，PUT 請求的主體內容會建立新資源，也就是這樣的文件。取得資源時，向存放資源的 URL（例如，/user/larry）發送 GET 請求，再回傳表示資源的文件。

第二種方法比較容易使用 HTTP 提供的一些功能，例如，支持暫存區資源（在客戶端上保留副本，以便於快速使用）。而且，HTTP 使用的概念經過精心設計，能提供一套實用的原則，幫助你設計伺服器介面。

HTTP 的安全性

透過網際網路旅行的資料往往要走上一段漫長又危險的道路。為了抵達目的地，資料會往前跳過許多地方，從咖啡店的 Wi-Fi 熱點到各家公司和州政府控制的網路，經過旅行路線上的任何一點，都有可能發生檢查或竄改資料的情況。

重點是如果某些資料必須保持機密，例如，電子郵件帳號的密碼；有些資料必須確保抵達目的地之前不能被竄改，例如，從銀行網站轉帳的帳號，在這些情況下，一般的 HTTP 不敷使用。

安全型 HTTP 通訊協定的 URL 是以 *https://* 開頭，使用更難以閱讀和竄改的方式來包裝 HTTP 流量。交換資料前，客戶端會先驗證伺服器的身分是否如它所宣稱的一樣；做法是要求伺服器提供加密憑證，這個憑證由瀏覽器認可的憑證頒發機構所發行。接著是加密所有要透過連線傳輸的資料，防止資料遭到竊聽和篡改。

因此，在正常運作下，HTTPS 防止其他人假冒網站和你通訊，以及偷窺你的通訊內容。HTTPS 雖不完美，也發生過各種失敗的意外事件，像是偽造憑證、憑證被盜和軟體毀損等等，但還是比一般的 HTTP 安全得多。

表單欄位

表單最初的設計是針對 JavaScript 出現以前的網頁，目的是讓網站以 HTTP 請求的方式，發送使用者提交的資訊，其設計概念是假設導向新的網頁時一定會與伺服器發生互動。

但表單跟網頁的其餘部分一樣，都是 DOM 的一部分，呈現表單欄位的 DOM 元素支援許多其他元素上不存在的屬性和事件。因此，可以使用 JavaScript 程式檢查與控制輸入類型的欄位，以及在 JavaScript 應用程式中進行一些操作，例如，為表單增加新功能、使用表單和欄位作為程式中的構建區塊。

網頁表單由輸入欄位組成，數量不限，以 <form> 標籤分組。HTML 支援多種不同風格的欄位，從簡單只有開 / 關的核取方塊，到下拉式選單和文字輸入欄位都有。本書不會全面討論所有欄位類型，但會給各位粗淺的入門簡介。

使用 <input> 標籤的欄位類型非常多，這個標籤的 type 屬性是用於選擇欄位風格，以下這些是常見的 <input> 類型：

text（文字）	只能輸入單行文字的欄位
password（密碼）	效果和 text 一樣，但是會將輸入文字顯示為隱藏符號
checkbox（核取方塊）	切換開關
radio（單選按鈕）	具有多個選項的欄位
file（檔案）	讓使用者選擇自身電腦裡的檔案

表單欄位不一定會出現在 <form> 標籤裡，可以放在網頁中的任何地方。只有完整的表單才能提交，這種無表單式的欄位不行，但是利用 JavaScript 回應輸入時，通常不會想以正常的方式提交欄位的內容。

```
<p><input type="text" value="abc"> (text)</p>
<p><input type="password" value="abc"> (password)</p>
<p><input type="checkbox" checked> (checkbox)</p>
<p><input type="radio" value="A" name="choice">
   <input type="radio" value="B" name="choice" checked>
   <input type="radio" value="C" name="choice"> (radio)</p>
<p><input type="file"> (file)</p>
```

以上面這個 HTML 程式碼建立的欄位如下所示：

這類元素的 JavaScript 介面會因元素類型而異。

輸入多行文字的欄位有自己專用的標籤 <textarea>，主要是因為很難使用屬性來指定多個起始值。<textarea> 標籤需要搭配一個封閉標籤 </textarea>，使用這兩個標籤之間的文字，而非以 value 屬性作為起始文字。

```
<textarea>
one
two
three
</textarea>
```

最後要介紹的是 `<select>` 標籤，這個標籤建立的欄位是讓使用者從多個事先定義的選項之中進行選擇。

```
<select>
  <option>Pancakes</option>
  <option>Pudding</option>
  <option>Ice cream</option>
</select>
```

範例欄位圖如下所示：

每當表單欄位的值改變時，就會觸發「change」事件。

焦點事件

和 HTML 文件中絕大部分的元素不同，表單欄位可以取得鍵盤焦點。以某些方式點擊或觸發時，表單欄位會成為目前使用中的元素，並且接收鍵盤輸入。

因此，只有獲得控制焦點的欄位才能輸入文字。其他欄位面對鍵盤事件的回應不同，例如，`<select>` 選單會移動到使用者輸入文字的那個選項，根據方向鍵的操作回應，在選項上面上下移動。

在以下範例程式中，使用 `focus` 和 `blur` 方法可以從 JavaScript 控制焦點。第一個方法是將控制焦點移動到呼叫方法的 DOM 元素，第二個方法則是移除控制焦點。`document.activeElement` 的值對應目前獲得控制焦點的元素。

```
<input type="text">
<script>
  document.querySelector("input").focus();
  console.log(document.activeElement.tagName);
  // → INPUT
  document.querySelector("input").blur();
  console.log(document.activeElement.tagName);
  // → BODY
</script>
```

使用者希望某些頁面的表單欄位能立即與他們互動。載入文件時，JavaScript 可以控制這類欄位的焦點，但是 HTML 提供的 **autofocus** 屬性也能產生相同的效果，同時又能讓瀏覽器知道我們嘗試達成的目的。此外，瀏覽器遇到不適用的情況，可以選擇禁用這個行為，例如，當使用者將控制焦點放在其他地方時。

傳統上，瀏覽器還允許使用者在按下 TAB 鍵時，可以在文件中移動控制焦點。使用 **tabindex** 屬性可以影響元素獲得控制焦點的順序，下面範例中的文件讓控制焦點從文字輸入跳到『OK』按鈕，而非先瀏覽『help』這個連結：

```
<input type="text" tabindex=1> <a href=".">(help)</a>
<button onclick="console.log('ok')" tabindex=2>OK</button>
```

在預設情況下，多數類型的 HTML 元素無法取得控制焦點，但是，所有元素都可以新增 **tabindex** 屬性，藉此取得控制焦點。即使元素在正常情況下可以取得控制焦點，但是當元素的 **tabindex** 屬性值為 **-1**，使用 TAB 鍵時會跳過這個元素。

欄位失效

所有表單欄位都有 **disabled** 屬性，設定這個屬性可以禁用欄位，這個屬性不需要指定值，事實上，元素只要具有這個屬性就完全沒有作用。

```
<button>I'm all right</button>
<button disabled>I'm out</button>
```

禁用的欄位無法取得焦點或更改，瀏覽器會讓這些欄位變灰、變淺。

當程式正在處理由某個按鈕或其他控制欄位引發的動作，而且因為需要與伺服器通訊，所以會花一段時間，此時最好先禁用控制欄位，直到動作結束。如此一來，當使用者等得不耐煩並且再次點擊時，就不會意外重複之前的動作。

將表單與其元素視為一體

當欄位包覆在 `<form>` 元素裡，欄位的 DOM 元素具有 form 屬性，連結回表單的 DOM 元素。反過來看，`<form>` 元素具有 elements 屬性，包含類似陣列的欄位集合。

提交表單時，表單欄位的 name 屬性決定欄位的辨識方法，使用表單的 elements 屬性時，name 屬性也能作為屬性名稱；elements 屬性能當作類似陣列的物件（以數字存取）和 map（以名稱存取）。

```
<form action="example/submit.html">
  Name: <input type="text" name="name"><br>
  Password: <input type="password" name="password"><br>
  <button type="submit">Log in</button>
</form>
<script>
  let form = document.querySelector("form");
  console.log(form.elements[1].type);
  // → password
  console.log(form.elements.password.type);
  // → password
  console.log(form.elements.name.form == form);
  // → true
</script>
```

當使用者按下一個按鈕，如果按鈕的 type 屬性為 submit，就會提交表單；當表單欄位擁有控制焦點時，按下 ENTER 鍵也具有相同的效果。

一般來說，提交表單的意思是瀏覽器使用 GET 或 POST 方法，請求導向表單 action 屬性指示的頁面。不過，在此之前，要先觸發「submit」事件。以下範例使用 JavaScript 處理這個事件，呼叫事件物件的 preventDefault，避免發生這個事件的預設行為。

```
<form action="example/submit.html">
  Value: <input type="text" name="value">
  <button type="submit">Save</button>
</form>
<script>
  let form = document.querySelector("form");
  form.addEventListener("submit", event => {
    console.log("Saving value", form.elements.value.value);
    event.preventDefault();
  });
</script>
```

JavaScript 攔截「submit」事件的用途各式各樣。我們可以寫程式驗證使用者輸入的值是否具有意義，萬一有問題，就能立即顯示錯誤訊息，先不提交表單；或是跟範例程式一樣，完全停用一般提交表單的方式，讓我們寫的程式處理輸入，可能在不重新載入頁面的情況下，以 fetch 將輸入的內容發送到伺服器。

文字欄位

由 <textarea> 標籤或 <input> 標籤建立、型態為 text 或 password 的欄位具有相同的介面。這些欄位的 DOM 元素擁有 value 屬性，負責將目前的內容儲存為字串值。將這個屬性設定為其他字串，會改變欄位的內容。

文字欄位的 selectionStart 和 selectionEnd 屬性提供的資訊，跟文字中插入游標的位置和選取文字有關。沒有選取任何文字時，這兩個屬性值具有相同的數字，表示游標的位置；例如，0 表示游標在文字的起頭，10 表示游標在第 10 個字元之後。欄位裡有部分文字被選取時，這兩個屬性值就會不同，分別提供選取文字的起始和結束的位置。跟 value 屬性一樣，這兩個屬性也可以寫入屬性值。

想像你正在寫一篇文章，內容跟古埃及法老王 Khasekhemwy 有關，但在拼寫他的名字時遇到問題。以下範例程式碼結合 <textarea> 標籤與事件處理器，當你按 F2 時，處理器會插入字串「Khasekhemwy」。

```
<textarea></textarea>
<script>
  let textarea = document.querySelector("textarea");
  textarea.addEventListener("keydown", event => {
    // The key code for F2 happens to be 113
    if (event.keyCode == 113) {
      replaceSelection(textarea, "Khasekhemwy");
      event.preventDefault();
    }
  });
  function replaceSelection(field, word) {
    let from = field.selectionStart, to = field.selectionEnd;
    field.value = field.value.slice(0, from) + word +
                  field.value.slice(to);
    // Put the cursor after the word
    field.selectionStart = from + word.length;
    field.selectionEnd = from + word.length;
  }
</script>
```

以上程式碼中的 replaceSelection 函式，會以指定的單字取代文字欄位中目前被選取的部分，然後將游標移到這個單字後，讓使用者可以繼續輸入。

在文字欄位中輸入某些內容時，不是每次都會觸發「change」事件，反而會等欄位內容改變而且失去控制焦點後，才會觸發這個事件。如果希望每次文字欄位變更時都要立即做出回應，應該改為「input」事件註冊處理器，之後使用者每次輸入一個字元、刪除文字或以其他方式操作欄位內容時，都會觸發事件。

以下為文字欄位的範例，說明如何使用計數器顯示欄位目前的文字長度：

```
<input type="text"> length: <span id="length">0</span>
<script>
  let text = document.querySelector("input");
  let output = document.querySelector("#length");
  text.addEventListener("input", () => {
    output.textContent = text.value.length;
  });
</script>
```

核取方塊與單選按鈕

核取方塊欄位具有兩個切換狀態，透過欄位的 checked 屬性，可以取得或修改欄位值，這個屬性具有一個布林值。

```
<label>
  <input type="checkbox" id="purple"> Make this page purple
</label>
<script>
  let checkbox = document.querySelector("#purple");
  checkbox.addEventListener("change", () => {
    document.body.style.background =
      checkbox.checked ? "mediumpurple" : "";
  });
</script>
```

<label> 標籤負責建立一段文件與一個輸入欄位之間的關係。不管欄位是核取方塊還是單選按鈕，點擊標籤的任何地方都會啟用這個欄位，欄位會取得控制焦點並且切換欄位值。

單選按鈕的做法類似核取方塊，不過單選按鈕是以同一個 name 屬性，間接將
單選按鈕串接在一起，因此，不管何時都只有一個按鈕可以處於使用狀態。

```
Color:
<label>
  <input type="radio" name="color" value="orange"> Orange
</label>
<label>
  <input type="radio" name="color" value="lightgreen"> Green
</label>
<label>
  <input type="radio" name="color" value="lightblue"> Blue
</label>
<script>
  let buttons = document.querySelectorAll("[name=color]");
  for (let button of Array.from(buttons)) {
    button.addEventListener("change", () => {
      document.body.style.background = button.value;
    });
  }
</script>
```

指定給 querySelectorAll 的 CSS 查詢，其中括號裡的內容是用來比對屬性，
意思是選擇 name 屬性為「color」的元素。

選項欄位

選項欄位的概念類似單選按鈕，允許使用者從一組選項中進行選擇。我們能控
制單選按鈕的配置，但 <select> 標籤的外觀是由瀏覽器決定。

選項欄位有另外一種變化，更類似一串核取方塊而非單選按鈕。指定
multiple 屬性，<select> 標籤可以讓使用者選擇任意數量的選項，而非只能
選擇一個選項。在大部分的瀏覽器中，其顯示方式會和一般的選項欄位不同，
通常繪製成下拉式控制選單，只有開啟欄位時才會顯示選項。

每一個 <option> 標籤都有自己的值，這個值是以 value 屬性定義；如果沒有
指定，會將選項裡的文字視為標籤的值。<select> 元素的 value 屬性反映使
用者目前選擇的選項。然而，對於多選欄位來說，這個屬性的意義不大，因為
只會指定目前選定的多個選項裡的其中一個。

`<select>` 欄位的 `<option>` 標籤透過欄位的 `options` 屬性，可以當作類似陣列的物件使用。每一個選項都有 `selected` 屬性，指出使用者目前選擇的選項；這個選項可以寫入，表示選擇或不選擇某一個選項。

以下這個範例是從 `multiple` 選項欄位裡，取出使用者選定的值，再以這些值組成一個二進位數字。按住 CTRL 鍵（或 Mac 上的 COMMAND 鍵）不放，可以一次選擇多個選項。

```
<select multiple>
  <option value="1">0001</option>
  <option value="2">0010</option>
  <option value="4">0100</option>
  <option value="8">1000</option>
</select> = <span id="output">0</span>
<script>
  let select = document.querySelector("select");
  let output = document.querySelector("#output");
  select.addEventListener("change", () => {
    let number = 0;
    for (let option of Array.from(select.options)) {
      if (option.selected) {
        number += Number(option.value);
      }
    }
    output.textContent = number;
  });
</script>
```

檔案欄位

檔案欄位最初設計的目的，是要透過表單從使用者的機器上傳檔案；現代瀏覽器還提供另外一種做法，是從 JavaScript 程式讀取這類的檔案。此處欄位扮演的是看守者的角色。腳本並不是隨便就能開始從使用者的電腦裡讀取私人檔案，如果使用者在這種欄位裡選擇檔案，瀏覽器才會將這個操作解釋成腳本可以讀取檔案。

檔案欄位的外觀看起來通常像按鈕，按鈕上會標示文字，例如，「選擇檔案」或「瀏覽」，旁邊會跟著和選擇檔案有關的資訊。

```
<input type="file">
<script>
  let input = document.querySelector("input");
```

```
  input.addEventListener("change", () => {
    if (input.files.length > 0) {
      let file = input.files[0];
      console.log("You chose", file.name);
      if (file.type) console.log("It has type", file.type);
    }
  });
</script>
```

檔案欄位元素的 `files` 屬性是類似陣列的物件（再次強調，這不是真的陣列），包含使用者在欄位中選擇的檔案，這個屬性一開始會是空的。之所以不是單純用 `file` 屬性，是因為檔案欄位還支援 `multiple` 屬性，讓使用者可以同時選擇多個檔案。

`files` 物件裡的物件屬性有 `name`（檔案名稱）、`size`（檔案大小，以位元組為單位，也就是八位元為一個區塊）和 `type`（檔案的媒體類型，例如，`text/plain` 或 `image/jpeg`）。

這個物件沒有屬性可以包含檔案的內容，因為這部分牽扯的範圍較廣。由於從硬碟讀取檔案需要時間，必須使用非同步介面才能避免文件出現暫時沒有回應的情況。

```
<input type="file" multiple>
<script>
  let input = document.querySelector("input");
  input.addEventListener("change", () => {
    for (let file of Array.from(input.files)) {
      let reader = new FileReader();
      reader.addEventListener("load", () => {
        console.log("File", file.name, "starts with",
                    reader.result.slice(0, 20));
      });
      reader.readAsText(file);
    }
  });
</script>
```

讀取檔案的做法是先建立 `FileReader` 物件，然後註冊「`load`」事件處理器，最後呼叫 `readAsText` 方法，指定我們想要讀取的檔案。檔案載入完成後，變數 `reader` 的 `result` 屬性就會包含檔案的內容。

不管是什麼原因，發生檔案讀取失敗的情況時，FileReaders 物件還會觸發「error」事件，error 物件本身最後會存在變數 reader 的 error 屬性裡。Promise 成為 JavaScript 這個語言的一部份之前，這個物件的介面就已經設計好了。因此，可以利用以下範例程式的做法，將物件包裝在 Promise 裡面：

```
function readFileText(file) {
  return new Promise((resolve, reject) => {
    let reader = new FileReader();
    reader.addEventListener(
      "load", () => resolve(reader.result));
    reader.addEventListener(
      "error", () => reject(reader.error));
    reader.readAsText(file);
  });
}
```

將資料儲存在客戶端

簡單的 HTML 網頁再加上一點 JavaScript 程式，可以成為「迷你應用程式」的絕佳格式，用以開發小型輔助程式，自動執行基本的工作任務。將幾個表單欄位與事件處理器結合在一起，你可以做任何事，從公分與英寸的單位轉換，到根據主要密碼和網站名稱來計算密碼等等。

這類應用程式需要記住連線之間的某些內容，此處不能使用 JavaScript 變數來儲存，因為每次網頁關閉後，就會丟棄這些變數。你可以設置一台伺服器，讓伺服器連上網際網路，將你開發的應用程式存放在這台伺服器上，後續第 20 章會討論做法。不過這需要投入大量額外的工作，而且複雜性高，有時只要將資料儲存在瀏覽器端就夠用了。

localStorage 物件用於儲存資料，即使頁面重新載入，資料依舊存在，這個物件允許你根據名稱分類字串值。

```
localStorage.setItem("username", "marijn");
console.log(localStorage.getItem("username"));
// → marijn
localStorage.removeItem("username");
```

localStorage 物件的值會一直存在，直到它被覆寫、以 removeItem 方法刪除，或是使用者清除本機資料。

來自不同網域的網站各自會有不同的儲存隔間，也就是說我們指定的網站儲存在 localStorage 物件的資料，原則上只能由同一個網站上的腳本讀取（和覆寫）。

瀏覽器會強制對網站儲存在 localStorage 物件裡的資料限制大小，這項限制再加上以垃圾資料填滿人們的硬碟不會獲得真正的利益，防止這項功能佔用太多硬碟空間。

以下範例程式實作一個功能簡單的筆記應用程式。這個應用程式會保留一組使用者自己命名的筆記，允許使用者編輯筆記和建立新的筆記。

```
Notes: <select></select> <button>Add</button><br>
<textarea style="width: 100%"></textarea>

<script>
  let list = document.querySelector("select");
  let note = document.querySelector("textarea");

  let state;
  function setState(newState) {
    list.textContent = "";
    for (let name of Object.keys(newState.notes)) {
      let option = document.createElement("option");
      option.textContent = name;
      if (newState.selected == name) option.selected = true;
      list.appendChild(option);
    }
    note.value = newState.notes[newState.selected];

    localStorage.setItem("Notes", JSON.stringify(newState));
    state = newState;
  }
  setState(JSON.parse(localStorage.getItem("Notes")) || {
    notes: {"shopping list": "Carrots\nRaisins"},
    selected: "shopping list"
  });

  list.addEventListener("change", () => {
    setState({notes: state.notes, selected: list.value});
  });
  note.addEventListener("change", () => {
    setState({
      notes: Object.assign({}, state.notes,
                           {[state.selected]: note.value}),
      selected: state.selected
    });
```

```
  });
  document.querySelector("button")
    .addEventListener("click", () => {
     let name = prompt("Note name");
     if (name) setState({
        notes: Object.assign({}, state.notes, {[name]: ""}),
        selected: name
     });
    });
</script>
```

腳本從儲存在 localStorage 的「Notes」值取得起始狀態，如果遺失，就建立一個只有購物清單的範例狀態。從 localStorage 物件讀取不存在的欄位，會產生 null。將 null 傳給 JSON.parse，會剖析出字串「null」並且回傳 null。所以，像這種情況可以使用『||』運算子，提供預設值。

setState 方法確保 DOM 只會顯示指定的狀態，並且將新狀態儲存到 localStorage 物件裡。事件處理器呼叫這個函式，移動到新狀態。

這個範例程式使用 Object.assign，其目的是建立新物件；新物件複製舊的 state.notes，但會新增屬性或是覆寫舊有的屬性。Object.assign 取第一個參數，將任何其他參數的所有屬性加進第一個參數裡。因此，我們指定它是一個空物件，好讓它可以填入新的物件。第三個參數裡的中括號符號是以某個動態值作為名稱，建立一個屬性。

類似 localStorage 的物件還有一個 —— sessionStorage。兩者之間的差異在於，每次連線結束時（對多數瀏覽器來說，就是每當關閉瀏覽器時），sessionStorage 的內容會被遺忘。

本章重點回顧

本章討論 HTTP 通訊協定的運作原理。客戶端發送的請求內容，包含方法（通常是 GET）和識別資源的路徑；伺服器會決定如何處理請求，然後回傳狀態碼和回應的主體內容。請求和回應兩者都可能包含標頭，負責提供額外資訊。

瀏覽器上的 JavaScript 程式可以透過 fetch 介面，產生 HTTP 請求，請求內容會像以下這樣：

```
fetch("/18_http.html").then(r => r.text()).then(text => {
  console.log(`The page starts with ${text.slice(0, 15)}`);
});
```

瀏覽器發送 GET 請求，取得顯示網頁所需的資源。網頁還可能包含表單，提交表單時，允許使用者輸入的資訊發送為新頁面的請求。

HTML 可以表示各種類型的表單欄位，例如，文字欄位、核取方塊、多選欄位和檔案選擇。

使用 JavaScript 可以檢查和操作這類的欄位。改變欄位內容時觸發「change」事件，輸入文字時觸發「input」事件；取得鍵盤控制焦點時，會收到鍵盤事件。像 value（用於文字和選像欄位）或 checked（用於核取方塊與單選按鈕）屬性則是用於讀取或設定欄位的內容。

提交表單時，會觸發表單的「submit」事件。JavaScript 事件處理器可以呼叫 preventDefault，停用瀏覽器的預設行為。表單欄位元素也能出現在表單標籤之外的地方。

使用者在檔案欄位裡，從本機的檔案系統選擇檔案後，FileReader 介面可以從 JavaScript 程式使用檔案的內容。

localStorage 和 sessionStorage 物件儲存資訊的做法，是頁面重新載入後資訊依舊存在。第一個物件的做法會永遠保存資料（或是直到使用者決定清除資料為止），第二個物件則是保存到瀏覽器關閉為止。

練習題

內容協商（Content Negotiation）

HTTP 的功能之一是內容協商（content negotiation）。Accept 請求標頭負責告訴伺服器，客戶端想要取得什麼類型的文件。雖然許多伺服器會忽略這個標頭，但是在伺服器知道各種資源編碼方法的情況下，伺服器就會檢視這個標頭，發送客戶端偏好的標頭。

URL *https://eloquentjavascript.net/author* 設定為可以根據客戶端的請求，回應純文字、HTML 或 JSON。由標準媒體類型來辨識這些格式，有 text/plain、text/html 和 application/json。

發送請求來取得這項資源的全部三種格式。利用傳給 fetch 介面的 option 物件的 headers 屬性，設定 Accept 標頭為想要的媒體類型。

最後，請嘗試請求 application/rainbows+unicorns 的媒體類型，看看會產生什麼狀態碼。

編寫 JavaScript 程式的工作環境（A JavaScript Workbench）

請建立一個介面，讓使用者可以輸入一段 JavaScript 程式碼，並且執行這段程式碼。

在 <textarea> 欄位旁邊設置一個按鈕，當使用者按下按鈕，就利用第 186 頁「將資料轉換為程式碼」一節裡介紹過的 Function 建構函式，包裝函式文字並且呼叫函式。請將函式回傳值或任何產生的錯誤轉換成一個字串，並且顯示在文字欄位下方。

康威生命遊戲（Conway's Game of Life）

康威生命遊戲是一個簡單的模擬遊戲，在網格上建立 AI「人生」，每一格裡面的細胞不是活著就是死去。

每一代要套用以下規則：

- 任何活細胞周圍的鄰居裡，如果活細胞數小於二或大於三，這個細胞就會死亡。

- 任何活細胞周圍的鄰居裡，如果活細胞數為二或三，這個細胞就能孕育出下一代。

- 任何死細胞周圍的鄰居裡，只要有三個活細胞，這個細胞就能再次復活成活細胞。

鄰居 的定義是任何相鄰的細胞，斜對角的細胞也算。

請注意，上述這些規則一次套用整個網格，而非只有其中一小個方格，也就是說計算鄰居的數量是由初代細胞決定，這一代鄰居細胞發生的改變不應該影響指定細胞的新狀態。

請使用你認為適合的任何資料結構，實作這個遊戲。利用 Math.random，以隨機模式自動將資料加進網格，產生初始狀態。以核取方塊欄位顯示網格，旁邊設置一個按鈕，用來產生下一代細胞。當使用者選取或不選某些核取方塊時，計算下一代細胞時，應該將這些變化考慮在內。

「我看著眼前五彩繽紛的顏色和空無一物的畫布，然後試著揮灑色彩，就像拼湊成詩詞的文字，組成音樂的音符。」

—超現實主義畫家 Joan Miró

19

實作專案：小畫家線上版

開發基本網頁應用程式需要的所有元素，前面幾章的內容都已經幫你準備好了，本章接下來要付諸行動。

我們要開發的應用程式是以像素繪圖的程式，你可以放大一張圖片，顯示為彩色方格組成的一大片網格，然後對其中一個個像素進行修改。使用這個程式開啟圖像檔案，以滑鼠或其他游標設備，在圖像上面亂塗鴉，然後儲存你的繪圖結果。以下就是我們準備要開發的應用程式：

電腦繪圖非常厲害，你不需要擔心自己有沒有繪圖材料、技能或天分，只要開始動手亂塗就好。

編輯器介面元件

這個應用程式介面的上方是一個大的 `<canvas>` 元素，下方放了幾個表單欄位。使用者從 `<select>` 欄位選擇繪圖工具，然後在畫布上點擊、觸碰或拖曳，即可在圖片上進行繪圖操作。工具支援繪製像素或矩形、填滿一個區域以及挑選圖片中的顏色。

我們會利用多個元件來建立這個編輯器介面的結構，這些物件負責組成 DOM 的一部分，其中還會再包含其他元件。

應用程式的狀態由目前處理的圖片、選定的工具和選定的顏色組成。接著會進行配置，讓一個值負責儲存狀態，介面元件永遠會是當下狀態看起來應該有的面貌。

本章採取這樣的做法，有其存在的重要性，為了讓大家了解，我們先來看另外一種做法——讓各個狀態散落在整個介面裡。某種程度上，這種想法更容易進行程式設計，只要放顏色欄位，需要知道目前使用的顏色，就讀取欄位值。

但是，我們卻加了顏色選擇器，讓使用者利用這項工具點擊圖片，以指定像素顏色的方式選擇想要的顏色。為了讓顏色欄位一直顯示正確的顏色，這個工具還必須知道顏色欄位的存在，每當使用者挑選了新的顏色，就要更新顏色欄位。如果你還增加其他顯示顏色的地方（可能是讓滑鼠游標顯示顏色），必須更新負責改變顏色的程式碼，保持同步。

這種做法其實會產生一個問題，介面中的每個部分都需要了解所有其他部分，非常缺乏模組化。對本章這種小型的應用程式來說，可能問題不大，但是，對更大型的專案，這會變成一場真正的惡夢。

原則上，為了避免發生這樣的惡夢，我們會嚴格處理資料流。設定一個狀態，根據這個狀態繪製介面。介面元件根據更新狀態，回應使用者的操作，元件利用這個時機，將自身狀態同步為新的狀態

實務上，每個元件都要配置，當新狀態指定給一個元件，這個元件還會根據需要更新的程度，通知子元件。配置元件比較麻煩，許多瀏覽器程式函式庫還會把這當成主要的賣點，讓配置更方便。就本章這種小型的應用程式來說，沒有建置這樣的基礎設施也能開發。

此處以物件表示狀態的更新，稱為動作。元件負責建立和分派這類的動作，提供給集中管理狀態的函式。這個函式會計算一個狀態，接著，介面元件會將自身更新為這個新狀態。

我們會取出執行使用者介面裡雜亂的工作任務，應用一些結構來處埋這個部分。雖然 DOM 相關部分仍然具有滿滿的副作用，但還是由一個簡單的概念作為主軸：狀態更新周期。狀態決定 DOM 的外觀，而 DOM 事件改變狀態的唯一方法，是將動作分派給狀態。

這種方法有許多變化，每一種變化都有其優點和問題，但主要想法都一樣：改變狀態應該透過定義完善的單一管道，而非隨處發生。

元件類別會與介面一致。狀態會指定給建構函式，可能是指定整個應用程式狀態，如果不需要使用所有內容，也可能是指定一些比較小的值，函式再使用狀態建立 dom 屬性，這個 DOM 元素是用於表示元件。絕大多數的建構函式還會採用一些不會隨時改變的值，例如，用於分派動作的函式。

每個元件都擁有 syncState 方法，負責將元件同步成新狀態的值；這個方法只有一個參數，就是狀態，其型態與建構函式的第一個參數相同。

應用程式狀態

應用程式狀態是一個物件，擁有 picture、tool 和 color 屬性。picture 本身也是一個物件，負責儲存圖片的寬度、高度和像素內容。像素儲存在陣列裡，跟第 6 章的矩陣類別一樣，從上到下，一行行儲存。

```
class Picture {
  constructor(width, height, pixels) {
    this.width = width;
    this.height = height;
    this.pixels = pixels;
  }
  static empty(width, height, color) {
    let pixels = new Array(width * height).fill(color);
    return new Picture(width, height, pixels);
  }
  pixel(x, y) {
    return this.pixels[x + y * this.width];
  }
  draw(pixels) {
    let copy = this.pixels.slice();
    for (let {x, y, color} of pixels) {
      copy[x + y * this.width] = color;
    }
    return new Picture(this.width, this.height, copy);
  }
}
```

我們將圖片視為不可變異值，本章後續會回過頭來討論原因。不過，有時我們也需要一次更新一大堆像素，為了達成這個目的，類別的 draw 方法具有一個陣列，負責儲存更新過的像素（這也是一個物件，具有 x、y 和 color 屬性），再以覆寫過的像素來建立新的圖片。draw 方法利用不帶參數的 slice 來複製整個像素陣列，slice 預設的起始值是 0，結尾預設為陣列長度。

empty 方法使用了兩個之前沒介紹過的陣列功能。Array 建構函式以數字呼叫，建立指定長度的空陣列；fill 方法是以指定值來填滿陣列。這兩個功能都是用於建立陣列，其中所有像素都具有相同的顏色。

將顏色儲存為字串，包含傳統的 CSS 色碼（井字號 # 後面跟著十六進位數字）；其中兩個數字用於紅色元件，兩個用於綠色元件，兩個用於藍色元件。這種表示顏色的寫法雖然有點神祕又不太方便，卻是 HTML 顏色輸入欄位使用的格式，而且 canvas 的 fillStyle 屬性也能用來繪製背景環境，因此，程式中使用這種方法表達顏色非常實用。

黑色的所有成分均為零，所以寫成「#000000」；亮粉色是「#ff00ff」，其中紅色和藍色成分均為最大值 255，寫成十六進位數字就是 ff（a 到 f 表示數字 10 到 15）。

我們還允許介面將動作分派為物件，其屬性會覆寫先前狀態的屬性。當使用者改變顏色欄位，介面會分派像 {color: field.value} 這樣的物件，這個更新函式會計算出一個新的狀態。

```
function updateState(state, action) {
  return Object.assign({}, state, action);
}
```

這是相當沒有效率的模式，使用 Object.assign 先將 state 的屬性加到空物件裡，再以動作提供的屬性覆寫其中一些屬性，JavaScript 程式碼處理不可變異物件時，經常能看見這樣的做法。更方便的表示法是使用運算子『...』，在物件表達式中包含來自另一個物件的所有屬性，這是標準化的最後一個階段。加入這個部分後，就可以改寫成 {...state, ...action}，本書付梓之際，這種寫法尚未適用於所有瀏覽器。

建立 DOM 結構

介面元件的主要工作之一是建立 DOM 結構。此處我們不想直接使用累贅的 DOM 方法，會採用 elt 函式稍微擴張出去的版本：

```
function elt(type, props, ...children) {
  let dom = document.createElement(type);
  if (props) Object.assign(dom, props);


  for (let child of children) {
    if (typeof child != "string") dom.appendChild(child);
    else dom.appendChild(document.createTextNode(child));
  }
  return dom;
}
```

比較本章和第 297 頁「繪製遊戲畫面」一節裡使用的版本，兩者的差異之處在於這個版本是將屬性指定給 DOM 節點，而非 DOM 屬性。意思是說我們不能用來設定任意屬性，但可以設定不是字串值的屬性，例如，onclick 可以設定成函式，用來註冊點擊事件處理器。

允許使用以下風格註冊事件處理器：

```
<body>
  <script>
    document.body.appendChild(elt("button", {
      onclick: () => console.log("click")
    }, "The button"));
  </script>
</body>
```

畫布

第一個要定義的元件是介面部分，將圖片顯示為由彩色方格組成的網格。這個元件負責的工作有二：顯示圖片，以及將圖片上的游標事件傳遞給應用程式的其他部分。

因此，我們定義這個元件只知道目前的圖片，不知道整個應用程式的狀態。由於元件不知道應用程式整體的運作方式，所以無法直接分派動作。當元件要回應游標事件時，則會呼叫回呼函式（由建立元件的程式碼提供），處理應用程式的特定部分。

```
const scale = 10;

class PictureCanvas {
  constructor(picture, pointerDown) {
    this.dom = elt("canvas", {
      onmousedown: event => this.mouse(event, pointerDown),
      ontouchstart: event => this.touch(event, pointerDown)
    });
    this.syncState(picture);
  }
  syncState(picture) {
    if (this.picture == picture) return;
    this.picture = picture;
    drawPicture(this.picture, this.dom, scale);
  }
}
```

每個像素繪製成 10×10 的正方形，由常數 **scale** 決定。為了避免不必要的工作，這個元件會持續追蹤目前的圖片，只有在新圖片指定給 **syncState** 方法時，才會重新繪製圖片。

真正處理繪圖的函式會根據比例和圖片大小，設定畫布的大小，再以一連串的正方形填滿，其中每個正方形就是一個像素。

```
function drawPicture(picture, canvas, scale) {
  canvas.width = picture.width * scale;
  canvas.height = picture.height * scale;
  let cx = canvas.getContext("2d");

  for (let y = 0; y < picture.height; y++) {
    for (let x = 0; x < picture.width; x++) {
      cx.fillStyle = picture.pixel(x, y);
      cx.fillRect(x * scale, y * scale, scale, scale);
    }
  }
}
```

當使用者按下滑鼠左鍵，同時滑鼠還停留在圖片畫布上時，元件會呼叫回呼函式 **pointerDown**，將滑鼠點擊的像素位置（位於圖片中的座標）傳給這個函式，用以實作滑鼠與圖片互動的功能。回呼函式可能會回傳另一個被通知的回呼函式，發生在滑鼠按鍵按住不放，同時滑鼠還移動到不同像素上時。

```javascript
PictureCanvas.prototype.mouse = function(downEvent, onDown) {
  if (downEvent.button != 0) return;
  let pos = pointerPosition(downEvent, this.dom);
  let onMove = onDown(pos);
  if (!onMove) return;
  let move = moveEvent => {
    if (moveEvent.buttons == 0) {
      this.dom.removeEventListener("mousemove", move);
    } else {
      let newPos = pointerPosition(moveEvent, this.dom);
      if (newPos.x == pos.x && newPos.y == pos.y) return;
      pos = newPos;
      onMove(newPos);
    }
  };
  this.dom.addEventListener("mousemove", move);
};

function pointerPosition(pos, domNode) {
  let rect = domNode.getBoundingClientRect();
  return {x: Math.floor((pos.clientX - rect.left) / scale),
          y: Math.floor((pos.clientY - rect.top) / scale)};
}
```

既然我們知道像素大小，就可以用 getBoundingClientRect 來找出畫布在螢幕上的位置，可以從滑鼠事件座標（clientX 和 clientY）轉換成圖片座標，這些座標一定要無條件捨去，才能引用特定像素。

觸碰事件也必須做一些類似的處理，但必須使用不同的事件，一定要呼叫「touchstart」事件的 preventDefault，避免發生平移的情況。

```javascript
PictureCanvas.prototype.touch = function(startEvent,
                                         onDown) {
  let pos = pointerPosition(startEvent.touches[0], this.dom);
  let onMove = onDown(pos);
  startEvent.preventDefault();
  if (!onMove) return;
  let move = moveEvent => {
    let newPos = pointerPosition(moveEvent.touches[0],
                                 this.dom);
    if (newPos.x == pos.x && newPos.y == pos.y) return;
    pos = newPos;
    onMove(newPos);
```

```
};
  let end = () => {
    this.dom.removeEventListener("touchmove", move);
    this.dom.removeEventListener("touchend", end);
  };
  this.dom.addEventListener("touchmove", move);
  this.dom.addEventListener("touchend", end);
};
```

處理觸碰事件時，事件物件無法直接獲得 clientX 和 clientY，但可以使用
touches 屬性裡第一個觸碰物件的座標。

應用程式

為了逐步建立應用程式，本章專案會以圖片畫布以及一組動態工具和控制介面
（傳給元件的建構函式）為中心，實作一個主要元件作為框架。

控制介面是出現在圖片下方的介面元素，目的是提供一個陣列，保存元件的
建構函式。

工具的功能是繪製像素或填滿一個區域。應用程式以 <select> 欄位顯示一套
可以使用的工具。使用者利用游標裝置與圖片互動時，當下選定的工具會決定
互動之後會發生什麼。這套可以使用的工具以物件型態提供，物件將出現在
下拉式欄位中的名稱映射到實作工具的函式。這些函式取得圖片位置、目前的
應用程式狀態以及 dispatch 函式作為參數。函式可能會回傳一個移動處理函
式，當游標移動到不同的像素時，以新位置和當下的狀態呼叫這個移動處理
函式。

```
class PixelEditor {
  constructor(state, config) {
    let {tools, controls, dispatch} = config;
    this.state = state;

    this.canvas = new PictureCanvas(state.picture, pos => {
      let tool = tools[this.state.tool];
      let onMove = tool(pos, this.state, dispatch);
      if (onMove) return pos => onMove(pos, this.state);
    });
    this.controls = controls.map(
      Control => new Control(state, config));
    this.dom = elt("div", {}, this.canvas.dom, elt("br"),
                   ...this.controls.reduce(
                     (a, c) => a.concat(" ", c.dom), []));
```

```
  }
  syncState(state) {
    this.state = state;
    this.canvas.syncState(state.picture);
    for (let ctrl of this.controls) ctrl.syncState(state);
  }
}
```

提供給 PictureCanvas 使用的游標處理程式，會以適當的參數呼叫目前選定的工具，如果回傳移動處理程式，則調整這個處理程式，讓它也能接收狀態。

this.controls 負責建構與儲存所有的控制介面，以便於應用程式狀態發生變化時，可以更新所有的控制介面。呼叫 reduce，在各個控制介面的 DOM 元素之間加入空格。如此一來，各個控制介面看起來就不會擠在一起。

第一個控制介面是工具選擇選單。這個介面為每個工具建立 <select> 元素，每個工具都是一個選項；設定「change」事件處理器，當使用者選擇不同的工具時，事件處理器會更新應用程式的狀態。

```
class ToolSelect {
  constructor(state, {tools, dispatch}) {
    this.select = elt("select", {
      onchange: () => dispatch({tool: this.select.value})
    }, ...Object.keys(tools).map(name => elt("option", {
      selected: name == state.tool
    }, name)));
    this.dom = elt("label", null, "🖌 Tool: ", this.select);
  }
  syncState(state) { this.select.value = state.tool; }
}
```

將標籤文字和欄位包裝在 <label> 元素裡，讓瀏覽器知道哪個標籤屬於哪個欄位，例如，藉由這樣的做法，使用者點擊標籤時，欄位可以取得控制焦點。

這個應用程式還需要改變顏色，讓我們針對這項功能增加一個控制介面。HTML 的 <input> 元素有 type 屬性，指定為 color 時，會提供專門用於選擇顏色的表單欄位。這種欄位的值一定是 CSS 色碼「#RRGGBB」格式，每個顏色以兩個數字表示，分別代表紅色、綠色和藍色的成分多寡。當使用者與這個欄位互動時，瀏覽器會顯示顏色選擇器的介面。

以下是顏色選擇器的範例，根據不同的瀏覽器可能會有不同的外觀：

這項控制介面會建立以下這樣的欄位並且串接起來，跟應用程式狀態的 color 屬性保持同步。

```
class ColorSelect {
  constructor(state, {dispatch}) {
    this.input = elt("input", {
      type: "color",
      value: state.color,
      onchange: () => dispatch({color: this.input.value})
    });
    this.dom = elt("label", null, "🎨 Color: ", this.input);
  }
  syncState(state) { this.input.value = state.color; }
}
```

繪圖工具

在我們可以繪圖之前，需要先實作工具，才能在畫布上控制滑鼠或觸碰事件的功能。

最基本的工具是繪圖工具，將你點擊或觸碰的任何像素改成目前選定的顏色。以下這個函式分派一個動作，更新圖片版本，將目前選定的顏色指定給動作指向的像素。

```
function draw(pos, state, dispatch) {
  function drawPixel({x, y}, state) {
    let drawn = {x, y, color: state.color};
    dispatch({picture: state.picture.draw([drawn])});
  }
```

```
  drawPixel(pos, state);
  return drawPixel;
}
```

上面的範例程式會立刻呼叫 drawPixel 函式，但函式隨後還會再回傳一次 drawPixel，以便於使用者拖曳或滑動圖片時，可以為觸碰到的新像素再次呼叫這個函式。

繪製更大的形狀時，快速建立矩形是很實用的做法。rectangle 工具可以在拖曳動作的起點和終點之間，繪製一個矩形。

```
function rectangle(start, state, dispatch) {
  function drawRectangle(pos) {
    let xStart = Math.min(start.x, pos.x);
    let yStart = Math.min(start.y, pos.y);
    let xEnd = Math.max(start.x, pos.x);
    let yEnd = Math.max(start.y, pos.y);
    let drawn = [];
    for (let y = yStart; y <= yEnd; y++) {
      for (let x = xStart; x <= xEnd; x++) {
        drawn.push({x, y, color: state.color});
      }
    }
    dispatch({picture: state.picture.draw(drawn)});
  }
  drawRectangle(start);
  return drawRectangle;
}
```

此處實作的程式裡有一個重要的細節，就是在拖曳時，圖片上的矩形會從原始狀態開始重新繪製。利用這種做法，可以在建立矩形的同時，再次讓矩形變大和變小，而且不會在最後一張圖片裡留下拖曳過程中產生的矩形。這就是不可變異圖片物件在此處派上用場的原因，後續內容會再探討另外一個使用這種物件的理由。

某種程度來說，實作 flood fill 方法牽涉的範圍更廣。這項工具的功能是填滿游標底下的像素，連同相鄰區域具有相同顏色的像素；「相鄰」的意思是指水平或垂直相鄰，對角線不算。我們以 flood fill 方法實作工具，使用在標記的像素上，以下列這兩張圖說明著色像素的集合範圍：

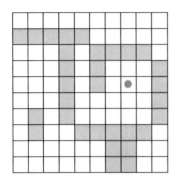 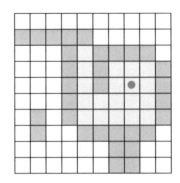

有趣的是，這個方法看起來跟第 7 章的路徑搜尋程式碼有點像。只不過，前者
程式碼是透過圖形尋找路徑，後者則是透過網格搜尋所有「連在一起」的像
素。這裡的情況類似之前持續追蹤路線分支集合的問題。

```
const around = [{dx: -1, dy: 0}, {dx: 1, dy: 0},
                {dx: 0, dy: -1}, {dx: 0, dy: 1}];

function fill({x, y}, state, dispatch) {
  let targetColor = state.picture.pixel(x, y);
  let drawn = [{x, y, color: state.color}];
  for (let done = 0; done < drawn.length; done++) {
    for (let {dx, dy} of around) {
      let x = drawn[done].x + dx, y = drawn[done].y + dy;
      if (x >= 0 && x < state.picture.width &&
          y >= 0 && y < state.picture.height &&
          state.picture.pixel(x, y) == targetColor &&
          !drawn.some(p => p.x == x && p.y == y)) {
        drawn.push({x, y, color: state.color});
      }
    }
  }
  dispatch({picture: state.picture.draw(drawn)});
}
```

繪製完成的像素保存在陣列之後，還可兼做函式的工作列表。每抵達一個像素
就要檢查看看，是否有任何相鄰像素顏色一樣，而且尚未以指定顏色覆蓋。隨
著新像素變多，迴圈計數器會跟不上 drawn 陣列的長度，但前方的任何像素還
是需要探索。等迴圈計數器跟上陣列長度，而且沒有剩下未探索的像素時，函
式的工作就完成了。

最後一個工具是顏色選擇器，允許使用者指出圖片裡的某一個顏色，使用這個
顏色作為目前的繪圖顏色。

```
function pick(pos, state, dispatch) {
  dispatch({color: state.picture.pixel(pos.x, pos.y)});
}
```

儲存與載入圖檔

當我們畫完一幅傑作之後，就會想儲存起來，留待日後使用，所以，我們應該
增加一顆按鈕，負責下載目前的圖片，儲存為圖像檔案。以下這個控制介面的
程式碼可以提供這種按鈕：

```
class SaveButton {
  constructor(state) {
    this.picture = state.picture;
    this.dom = elt("button", {
      onclick: () => this.save()
    }, "💾 Save");
  }
  save() {
    let canvas = elt("canvas");
    drawPicture(this.picture, canvas, 1);
    let link = elt("a", {
      href: canvas.toDataURL(),
      download: "pixelart.png"
    });
    document.body.appendChild(link);
    link.click();
    link.remove();
  }
  syncState(state) { this.picture = state.picture; }
}
```

這個元件會持續追蹤目前的圖片，等使用者儲存時就可以使用圖片。為了建立
圖像檔案，程式碼使用 <canvas> 元素在畫布上繪製圖片，以一比一的像素比
例繪製。

canvas 元素的 toDataURL 方法負責建立 URL，其網址開頭為 *data:*。跟 *http:* 和
https: URL 不一樣，資料 URL 包含整個 URL 的資源。這種 URL 的長度通常很
長，但是允許我們直接在瀏覽器中建立指向任意圖片的工作連結。

為了讓瀏覽器能實際下載圖片，此處的程式碼還建立一個連結元素，指向這個
URL 而且具有 download 屬性。點擊這種連結時，瀏覽器會顯示檔案儲存對話
框。此處我們將連結加到文件裡，模擬點擊連結的情況，然後再刪除連結。

雖然我們可以利用瀏覽器技術做很多事，但有時候是這樣做看起來很奇怪。

更糟的是，我們還想在應用程式中載入現有的圖像檔案，為了達成這個目的，要再定義一個按鈕元件。

```
\begin{Code}
class LoadButton {
  constructor(_, {dispatch}) {
    this.dom = elt("button", {
      onclick: () => startLoad(dispatch)
    }, "📁 Load");
  }
  syncState() {}
}

function startLoad(dispatch) {
  let input = elt("input", {
    type: "file",
    onchange: () => finishLoad(input.files[0], dispatch)
  });
  document.body.appendChild(input);
  input.click();
  input.remove();
}
```

為了取用使用者電腦上的檔案，我們需要使用者透過檔案輸入欄位選擇檔案。然而，我們不希望載入檔案的按鈕看起來像檔案輸入欄位，所以我們在點擊按鈕時建立檔案輸入，然後假裝是這個檔案輸入本身被點擊。

當使用者選定一個檔案後，利用 FileReader 取用檔案內容，此處要再度使用資料 URL。這個 URL 可以用來建立 <img> 元素，但是因為我們無法直接取用這種圖像的像素，所以無法從中建立 Picture 物件。

```
function finishLoad(file, dispatch) {
  if (file == null) return;
  let reader = new FileReader();
  reader.addEventListener("load", () => {
    let image = elt("img", {
      onload: () => dispatch({
        picture: pictureFromImage(image)
      }),
      src: reader.result
    });
  });
```

```
    reader.readAsDataURL(file);
}
```

要取用圖片的像素，必須先將圖片繪製到 `<canvas>` 元素。`<canvas>` 元素的 context 物件擁有 **getImageData** 方法，允許腳本讀取圖片的像素。所以，只要圖片繪製到畫布上，就可以取用圖片的內容並且建構 Picture 物件。

```
function pictureFromImage(image) {
  let width = Math.min(100, image.width);
  let height = Math.min(100, image.height);
  let canvas = elt("canvas", {width, height});
  let cx = canvas.getContext("2d");
  cx.drawImage(image, 0, 0);
  let pixels = [];
  let {data} = cx.getImageData(0, 0, width, height);

  function hex(n) {
    return n.toString(16).padStart(2, "0");
  }
  for (let i = 0; i < data.length; i += 4) {
    let [r, g, b] = data.slice(i, i + 3);
    pixels.push("#" + hex(r) + hex(g) + hex(b));
  }
  return new Picture(width, height, pixels);
}
```

前面的程式將圖像的大小限制為 100 x 100 像素，因為尺寸太大的圖像在顯示器上不僅看起來會很巨大，而且會拖慢介面的速度。

getImageData 會回傳物件，物件的 **data** 屬性是保存顏色成分的陣列。矩形中的每個像素由四個參數指定，分別代表像素顏色中的紅色、綠色、藍色和 *alpha* 的成分多寡，數值介於 0 到 255 之間。alpha 代表不透明度，alpha 值為零時，像素完全透明；alpha 值為 255 時，則完全不透明。基於本章專案的目的，此處會忽略 alpha 值。

程式中使用的顏色表示法是以兩個十六進位數字代表每個顏色的成分，恰好對應 0 到 255 的範圍（兩個基數為 16 的數字可以表達 $16^2 = 256$ 個數字）。數字支援的 **toString** 方法可以指定一個基數作為參數，所以 **n.toString(16)** 會產生一個以 16 為基數的字串。必須確保代表顏色成分的每個數字都是兩位數，若有需要，輔助函式 hex 會呼叫 **padStart**，在數字前加零，使其成為兩位數。

現在我們可以使用載入和儲存的功能了！完成這個應用程式之前，還需要再實作一項功能。

復原歷史紀錄

編輯圖片過程中有一半的情況是需要更正我們發生的小錯誤，因此，繪圖程式必須支援一項很重要的功能——復原歷史紀錄。

為了復原我們所做的修改，需要儲存前一個版本的圖片，由於圖片設定為不可變異值，這點很容易達成。不過，確實還需要應用程式狀態中的其他欄位。

此處新增一個陣列 done，負責保存前一個版本的圖片。維護這個屬性需要更複雜的狀態更新函式，負責將圖片加進這個陣列裡。

但是我們不想將每次修改都保存下來，只希望每隔一段時間保留一次修改的結果。針對這個目的，我們需要第二個屬性 doneAt，追蹤歷史紀錄裡上一次儲存圖片的時間。

```javascript
function historyUpdateState(state, action) {
  if (action.undo == true) {
    if (state.done.length == 0) return state;
    return Object.assign({}, state, {
      picture: state.done[0],
      done: state.done.slice(1),
      doneAt: 0
    });
  } else if (action.picture &&
             state.doneAt < Date.now() - 1000) {
    return Object.assign({}, state, action, {
      done: [state.picture, ...state.done],
      doneAt: Date.now()
    });
  } else {
    return Object.assign({}, state, action);
  }
}
```

當發生的動作為復原歷史紀錄時，函式會從歷史記錄中取出最近一次的圖片，將其設定為目前的圖片。接著將 doneAt 設為零，確保將下一次修改的圖片版本儲存回歷史記錄裡，下次有需要復原時，才有可以恢復的版本。

不然就是，如果動作儲存新圖片，上次儲存某個版本的圖片是一秒（1,000 毫秒）前，則 done 和 doneAt 屬性都會更新為前一次儲存的圖片。

undo 按鈕元件沒有太多功能，只有在使用者點擊按鈕時，負責分派復原的動作；如果沒有版本可以復原時，會停用這個按鈕。

```
class UndoButton {
  constructor(state, {dispatch}) {
    this.dom = elt("button", {
      onclick: () => dispatch({undo: true}),
      disabled: state.done.length == 0
    }, "⮌ Undo");
  }
  syncState(state) {
    this.dom.disabled = state.done.length == 0;
  }
}
```

開始動手畫吧

設置應用程式需要建立一個狀態、一套工具、一組控制介面和一個分派動作的函式，然後將這些設置資料傳給 PixelEditor 建構函式，建立主要元件。由於後續的練習題需要建立幾個編輯器，因此我們先在此處定義一些變數。

```
const startState = {
  tool: "draw",
  color: "#000000",
  picture: Picture.empty(60, 30, "#f0f0f0"),
  done: [],
  doneAt: 0
};

const baseTools = {draw, fill, rectangle, pick};

const baseControls = [
  ToolSelect, ColorSelect, SaveButton, LoadButton, UndoButton
];

function startPixelEditor({state = startState,
                           tools = baseTools,
                           controls = baseControls}) {
  let app = new PixelEditor(state, {
    tools,
    controls,
```

```
  dispatch(action) {
    state = historyUpdateState(state, action);
    app.syncState(state);
  }
 });
 return app.dom;
}
```

解構物件或陣列時，在變數名稱後使用『=』，可以為變數指定預設值，當屬性遺失或是具有 undefined 值，就可以使用這個值。startPixelEditor 函式利用這個方法，就能接受一個具有多個選擇性參數的物件作為參數。以上面的程式碼為例，假設沒有提供 tools 屬性，tools 就會綁定為 baseTools。

讓編輯器實際出現在螢幕上的做法，如下所示：

```
<div></div>
<script>
  document.querySelector("div")
    .appendChild(startPixelEditor({}));
</script>
```

為何瀏覽器技術如此之難？

瀏覽器發展的技術非常驚人，提供一組強大的介面建構區塊、設定與處理風格的方法，以及檢查與偵錯應用程式的工具，為瀏覽器撰寫的軟體幾乎可以在地球上的每台電腦和手機上執行。

同時，瀏覽器的技術也很可笑。必須學習大量愚蠢的技巧和艱深的知識，才能掌握這項技術；此外，瀏覽器提供的預設程式模型問題很大，致使多數程式人員偏好以好幾個抽象層封裝，而非直接處理程式。

儘管這個情況確實獲得改善，但解決缺點的主要做法是增加更多的元素，甚至創造出更多的複雜性。這些元素無法真正取代一個被一百萬個網站使用的功能，即使可以，也很難決定應該以哪個元素來取代。

技術永遠不會憑空存在，會受到程式發展工具、社會、經濟和歷史等因素的限制。這個問題雖然惱人，但是與其對此感到憤怒或是堅持其他現實情況，不如試著好好理解現有技術的實際運作方式和原理，會更有成效。

利用新的抽象會有所幫助。本章使用的元件模型和資料流慣例屬於簡單的形式。如同先前所提到的，有些函式庫嘗試讓使用者介面的程式設計更加親切。本書付梓之際，時下主流方法是 React 和 Angular，但這類框架一整個就像是家庭手工業。如果你對網頁應用程式設計有興趣，建議你研究其中幾個技術，了解它們的運作原理以及它們提供的好處。

練習題

本章開發的程式仍然有改進的空間，讓我們利用以下練習題，增加更多功能。

快捷鍵（Keyboard Bindings）

請為應用程式增加快捷鍵。將工具名稱的第一個字母用於選擇工具，CTRL-Z 或 COMMAND-Z 則用於觸發復原功能。

修改 PixelEditor 元件可以達成這個目的。將 tabIndex 屬性設為零，包裝在 <div> 元素裡，以便於接收鍵盤控制焦點。請注意，跟 tabindex 屬性對應的屬性是 tabIndex（I 要大寫），elt 函式需要屬性名稱。直接在元素上註冊這些快捷鍵的事件處理器，也就是說，必須你你必須對應用程式點擊、觸碰或使用 Tab 鍵，才能透過鍵盤與應用程式互動。

請記住，鍵盤事件擁有 ctrlKey 和 metaKey 屬性，可以利用這兩個屬性檢查使用者是否按下快捷鍵；metaKey 是用於 Mac 上的 COMMAND 鍵。

繪圖效率（Efficient Drawing）

繪圖過程中，應用程式進行的大部分工作都發生在 drawPicture 裡。建立一個新狀態以及更新 DOM 的其他部分，雖然處理成本不高，但是在畫布上重新繪製所有像素相當費工。

請找出方法，只要重新繪製實際上有修改的像素，讓 PictureCanvas 的 syncState 方法加快速度。

請記住，儲存按鈕也會用到 drawPicture，所以，如果你有修改這個方法，請確保新的修改不會破壞按鈕原本的用途，也不會以不同名稱建立新的版本。

此外，還要注意一點，改變 <canvas> 元素的大小（設定 width 或 height 屬性）會清除畫布，讓畫布完全透明。

繪製圓形（Circles）

請定義一個工具 circle，拖曳時會畫出一個填滿顏色的實心圓；以拖曳或觸碰手勢開始的點為圓心，圓的半徑由拖曳的距離決定。

繪製直線（Proper Lines）

相較於前面兩個練習題，本題算是進階題，需要你針對一個複雜的問題設計解決方案。開始解這個練習題以前，請確保你有大量的時間和耐心，不要因為一開始的挫敗就氣餒。

在多數瀏覽器上，使用本章的繪圖工具在圖片上快速拖曳時，不會畫出一條封閉的線段。相反地，由於「mousemove」或「touchmove」事件觸發的速度不夠快速，無法擊中每個像素，所以會畫出一些獨立而且不相連的點。

請改良本章的繪圖工具，繪製出一條完整的線；意思是說你必須讓移動處理函式記住前一個位置，然後連結到目前的位置。由於像素之間可以相距任意距離，要達成這個目的，就必須撰寫一個通用的畫線函式。

兩個像素之間的線就是連接像素的鏈條，盡可能會是直線。對角線相鄰的像素也能連接，所以斜線看起來應該像左邊的圖，而非右邊的圖。

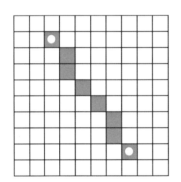 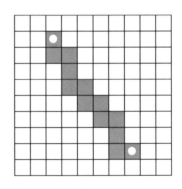

如果你已經寫出程式碼，可以在任意兩點間畫一條線，最後的課題是利用這份程式碼，定義一個**直線**工具，在拖曳起點和終點間繪製一條直線。

PART III

NODE 開發環境

「有學生問道：『過去的程式設計師只有簡單的機器，在沒有程式語言的情況下，他們依舊可以寫出漂亮的程式，為什麼現在的我們卻要用複雜的機器和程式語言呢？』夫子答道：『過去的建築師只用木頭和黏土，他們依舊蓋出了漂亮的小木屋。』」

— Yuan-Ma 大師，
《*The Book of Programming*》作者

20

伺服器端開發環境：NODE.JS 入門

截至目前為止，本章所介紹的 **JavaScript** 程式語言都是在單一環境下執行，也就是瀏覽器。本章和下一章會為各位簡短介紹「**Node.js**」，這套程式允許我們在瀏覽器以外的環境使用 JavaScript 技能。你可以使用 **Node.js** 建立各種程式，不管是小型命令列工具，還是支持動態網站的 **HTTP** 伺服器。

這幾章的目的是帶你看 Node.js 的主要觀念，告訴你如何使用這套程式，提供你足夠的資訊，讓你能利用這個環境寫出實用的程式，所以不會針對 Node.js 這個平台做完整、甚至是徹底的說明。

如果想繼續執行本章的程式碼，必須安裝 Node.js 10.1 或以上的版本。請前往網站 *https://nodejs.org*，選擇你的作業系統，依照安裝指示安裝適合的版本。此外，網站上還可以找到更多 Node.js 的文件。

發展背景

撰寫網路通訊系統時，比較困難的點在於管理輸入和輸出，也就是在網路與電腦硬碟之間來回讀取和寫入資料。移動資料需要時間，因此巧妙安排流程，對於系統回應使用者或網路要求的速度，會造成很大的差異。

在這種程式裡，非同步程式設計通常能派上用場，讓程式能同時向多個設備發
送和接收資料，不需要同時管理複雜的執行緒和同步性。

JavaScript 非常適合像 Node.js 這樣的系統，因為 JavaScript 是少數沒有內建輸入
和輸出方式的程式設計語言之一。因此，JavaScript 可以適應 Node 相當古怪的
輸入和輸出方法，卻不會導致兩者介面不一致的情況。Node 在 2009 年設計之
初，當時瀏覽器上已經有回呼程式設計，所以這個語言的社群很習慣使用非同
步風格的程式設計。

node 命令

在你的系統上安裝完 Node.js，會提供一個名稱為 node 的程式，讓你執行
JavaScript 檔案。假設現在有一個檔案 hello.js，其程式碼如下所示：

```
let message = "Hello world";
console.log(message);
```

在命令列輸入以下的指令，就能啟動 node 來執行這個程式：

```
$ node hello.js
Hello world
```

Node 提供的 console.log 方法，其作用跟在瀏覽器裡做的事情非常相似，都
是印出一段文字，只不過在 Node 環境下，文字是進入流程的標準輸入流，瀏
覽器則是進入 JavaScript 的 Console。從命令列執行 node，表示你會在終端設備
上看到程式記錄下來的值。

如果啟動 node 時沒有提供檔案，會跳出提示視窗，請你輸入 JavaScript 程式
碼，輸入之後就能立即看到執行結果。

```
$ node
> 1 + 1
2
> [-1, -2, -3].map(Math.abs)
[1, 2, 3]
> process.exit(0)
$
```

process 變數跟 console 變數一樣，是 Node 裡的全域變數，這個變數提供各種方法，幫助我們檢查和操作目前的程式。exit 方法結束流程後，會指定一個狀態碼，告知啟動 node 的程式是完全成功（代碼為 0），還是遇到錯誤（任何其他代碼）

閱讀 process.argv（為一字串陣列），可以找到腳本用的命令列參數。請注意，這個陣列還包含 node 命令名稱和腳本名稱，所以參數實際上是從索引 2 的位置開始。如果 showargv.js 只有一個陳述式 console.log(process.argv)，就可以用下列的方式執行：

```
$ node showargv.js one --and two
["node", "/tmp/showargv.js", "one", "--and", "two"]
```

JavaScript 裡所有標準全域變數（例如，Array、Math 和 JSON），一樣也存在於 Node 環境底下，但和瀏覽器有關的功能則不支援，例如 document、prompt。

node 模組

Node 增加的全域變數，除了之前提到過的變數（例如，console 和 process），實際上沒有幾個。如果需要使用內建的功能，必須請模組系統幫忙。

第 187 頁「模組規範 CommonJS」一節裡曾經提過，CommonJS 模組系統是以 require 函式為基礎。這套內建於 Node 底下的系統可以載入任何內容，從內建的模組到下載好的套件，還有開發程式的部分檔案都可以。

呼叫 require 函式時，Node 必須將指定字串解析為真正的檔案，才能載入。以 / 、./ 或 ../ 開頭的路徑名稱，會被解析為相當於目前模組的相對路徑，其中 ./ 代表目前所在的目錄，../ 代表上一層目錄，/ 則代表檔案系統的根目錄。因此，如果你從檔案 /tmp/robot/robot.js 請求 ./graph，則 Node 會載入檔案 /tmp/robot/graph.js。

檔案的副檔名『.js』可以省略，Node 發現這類的檔案存在時，會幫忙加上副檔名。如果需要的路徑指向一個目錄，Node 會試著從該目錄下載入名稱為 index.js 的檔案。

當一個指定給 require 函式的字串，看起來不像相對或絕對路徑時，就會假設路徑是指向內建的模組，或是安裝在目錄 node_modules 底下的模組。例如，require("fs") 提供 Node 內建的檔案系統模組、require("robot") 會載入在目錄 node_modules/robot/ 底下發現的函式庫。安裝這類函式庫的常見方法是使用 NPM，稍後會回過頭來討論。

讓我們建立一個小型專案，包含兩個檔案。第一個檔案是 main.js，定義一個腳本，可以從命令列呼叫，目的是反轉字串。

```
const {reverse} = require("./reverse");

// 索引位置 2 的值才是第一個真正的命令列參數
let argument = process.argv[2];

console.log(reverse(argument));
```

另一個檔案 reverse.js，定義反轉字串用的函式庫給命令列工具和其他腳本使用，讓它們直接讀取反轉字串函式。

```
exports.reverse = function(string) {
  return Array.from(string).reverse().join("");
};
```

請記住，將屬性新增到 exports，就是將屬性加到模組的介面裡。由於 Node.js 把檔案視為 CommonJS 模組，所以 main.js 可以從 reverse.js 獲得輸出的 reverse 函式。

```
$ node main.js JavaScript
tpircSavaJ
```

安裝 NPM

先前在第 10 章曾介紹過 NPM，是 JavaScript 模組的線上資料庫，儲存許多專門為 Node.js 撰寫的模組。在電腦上安裝 Node，還會順便獲得 npm 命令，讓你可以跟這個資料庫互動。

NPM 的主要用途是下載套件，本書第 10 章已經介紹過 ini 套件。我們可以利用 NPM 獲得套件，並且將其安裝在自己的電腦上。

```
$ npm install ini
npm WARN enoent ENOENT: no such file or directory,
        open '/tmp/package.json'
+ ini@1.3.5
added 1 package in 0.552s

$ node
> const {parse} = require("ini");
> parse("x = 1\ny = 2");
{ x: '1', y: '2' }
```

執行 npm install，NPM 會建立目錄 node_modules，該目錄下有 ini 目錄，
存放函式庫，你可以打開這個目錄，看看程式碼。呼叫 require("ini")，會
載入這個函式庫，就可以呼叫 parse 屬性來解析配置檔案。

在預設情況下，NPM 會將套件安裝在目前的目錄下，而非中央位置。如果你
習慣用其他的套件管理平台，NPM 對你來說可能不是那麼習慣，但這個平台
有其優點：每個應用程式對安裝的套件具有完全的掌控權，還有移除應用程式
時，更容易管理版本和清除檔案。

NPM 套件檔案

在 npm install 的範例中，有出現一個警告：檔案 package.json 不存在。建
議為每個專案建立這個檔案，手動建立或是執行 npm init 都可以，包含專案
的資訊，像是名稱和版本，還有列出專案的相依性。

本書第 7 章的機器人模擬和第 194 頁的練習題「模組化機器人」，都有用到像
以下這樣的 package.json 檔案：

```
{
  "author": "Marijn Haverbeke",
  "name": "eloquent-javascript-robot",
  "description": "Simulation of a package-delivery robot",
  "version": "1.0.0",
  "main": "run.js",
  "dependencies": {
    "dijkstrajs": "^1.0.1",
    "random-item": "^1.0.0"
  },
  "license": "ISC"
}
```

執行 `npm install` 時，如果沒有指定要安裝的套件名稱，NPM 就會安裝 `package.json` 列出的相依性套件；如果安裝的特定套件尚未列在相依性裡，NPM 會將其加到 `package.json`。

NPM 版本

`package.json` 檔案會列出程式自身的版本及其相依性檔案的版本。套件會各自發展，為某個時間點存在的套件而寫的程式碼，可能無法用在後續修改的套件版本上，版本就是用來處理這類的情況。

NPM 要求套件遵守語意化版本控制架構（semantic versioning），版本號碼包含哪些版本相容（不會破壞舊版的介面）的資訊。語意化版本號碼由三個數字組成，每個數字分別以句點隔開，例如，`2.3.0`。每當套件增加新功能，中間的數字就會跟著遞增；每當有相容性遭到破壞，表示使用現有程式碼的套件可能無法執行新版本的程式碼，此時，第一個數字就必須遞增。

`package.json` 列出的相依性裡，版本編號前面的插入字元（^）表示跟這個指定編號相容的所有版本都可以安裝，以「`^2.3.0`」為例，意思是說容許安裝 2.3.0 以上和 3.0.0 以下的版本。

`npm` 命令也能用在發布新套件或是現有套件的新版本上。如果你在檔案 `package.json` 所在的目錄下執行 `npm publish`，註冊套件時所發布的套件名稱會是 JSON 檔案所列的名稱與版本。任何人都可以將套件發布到 NPM 上，只要套件名稱尚未使用過即可，不然，要是隨便一個人就能更新現有的套件，未免有些可怕。

由於 `npm` 程式這套軟體屬於開放系統（註冊套件），功能上並沒有獨特之處可談。NPM 註冊平台上還可以安裝另一個程式 `yarn`，其扮演的角色和 `npm` 程式相同，只有介面與安裝策略稍有差異。

本書不會深入探討 NPM 的使用細節，請參閱網站 *https://npmjs.org*，官方有提供更多文件與搜尋套件的方法。

檔案系統模組

Node 內建模組裡最常用的一個就是 `fs` 模組，代表檔案系統，這個模組輸出的函式是用於處理檔案和目錄。

例如，readFile 函式的作用是讀取檔案，然後使用檔案內容呼叫回呼函式。

```
let {readFile} = require("fs");
readFile("file.txt", "utf8", (error, text) => {
  if (error) throw error;
  console.log("The file contains:", text);
});
```

readFile 函式的第二個參數表示**字元編碼**，這是用來將檔案解碼成字串。有很多方法能將文字編碼為二進位資料，現代系統大多使用 UTF-8，所以，除非你有理由確信檔案使用的是另一種編碼，否則一律傳入『**utf8**』。如果沒有傳入編碼格式，Node 會假設你需要二進位資料，就會回傳 Buffer 物件，而非字串；這個物件類似陣列，其中包含的數字代表檔案裡的位元組（8 位元的資料區塊）。

```
const {readFile} = require("fs");
readFile("file.txt", (error, buffer) => {
  if (error) throw error;
  console.log("The file contained", buffer.length, "bytes.",
              "The first byte is:", buffer[0]);
});
```

類似的函式還有 writeFile，這個函式是將檔案寫入硬碟裡。

```
const {writeFile} = require("fs");
writeFile("graffiti.txt", "Node was here", err => {
  if (err) console.log(`Failed to write file: ${err}`);
  else console.log("File written.");
});
```

這個函式不需要指定編碼。writeFile 函式假設傳入的參數是要寫入的字串，而非 Buffer 物件，所以會使用預設的字元編碼（UTF-8）輸出文字。

fs 模組還有其他許多有用的函式：readdir 函式是以字串陣列回傳目錄中的檔案，stat 函式可以檢索檔案資訊，rename 函式的作用是為檔案重新命名，unlink 函式則是移除檔案。更多詳細資訊，請參見網站 *https://nodejs.org* 上的規格文件。

大部分的函式會將回呼函式作為最後一個參數，以錯誤（第一個參數）或成功（第二個參數）的結果呼叫函式。如同第 11 章所提到的，這種程式設計風格最大的缺點是，錯誤處理變得冗長而且容易出錯。

雖然 Promise 類別已經成為 JavaScript 的一部分，但與 Node.js 整合的程式仍然持續進行。從 10.1 版開始，fs 套件已經能輸出 Promise 物件，其中大部分的函式幾乎跟 fs 套件一樣，只不過是使用 Promise 物件而非回呼函式。

```
const {readFile} = require("fs").promises;
readFile("file.txt", "utf8")
  .then(text => console.log("The file contains:", text));
```

有時我們不需要非同步性，因為只會造成妨礙。fs 套件中有許多函式是變化版的同步函式，而且名稱一樣，末尾都有加上 Sync，例如，readFile 函式的同步版本是 readFileSync 函式

```
const {readFileSync} = require("fs");
console.log("The file contains:",
            readFileSync("file.txt", "utf8"));
```

請注意，執行這種同步操作時，程式會完全停止。如果程式應該回應使用者或網路上的其他機器，卡在同步操作上可能會產生令人厭煩的延遲。

HTTP 模組

另一個主要模組為 http，其作用是運行 HTTP 伺服器和發出 HTTP 請求，以下是啟動 HTTP 伺服器需要的全部程式碼：

```
const {createServer} = require("http");
let server = createServer((request, response) => {
  response.writeHead(200, {"Content-Type": "text/html"});
  response.write(`
    <h1>Hello!</h1>
    <p>You asked for <code>${request.url}</code></p>`);
  response.end();
});
server.listen(8000);
console.log("Listening! (port 8000)");
```

如果你在自己的機器上執行這個腳本，可以將 Web 瀏覽器指向 *http://localhost:8000/hello*，就能向你自己的伺服器發出請求，其回應結果會是一個小小的 HTML 網頁。

每次客戶端連接到伺服器時，都會呼叫 createServer 函式，傳入函式作為參數。request 和 response 這兩個變數是物件，表示傳入和輸出的資料；第一個物件包含和請求相關的資訊，例如，url 屬性告訴我們發出請求的 URL。

所以，當你在瀏覽器中打開這個網頁時，網頁是向你自己的電腦發送請求，接著執行伺服器函式並且發送回應，然後就可以在瀏覽器中看到回應的內容。

呼叫 response 物件的方法，就能發送伺服器要回應的內容。首先，writeHead 函式輸出回應的標頭資訊（請參見第 18 章），然後提供狀態碼（在上面的範例中，200 代表「成功」）和一個包含標題值的物件。這個範例還設定了 Content-Type 標頭，通知客戶端我們將送回 HTML 文件。

接著，以 response.write 發送實際要回應的主體，也就是文件本身。如果想逐一發送回應，可以多次呼叫這個方法，例如，將可以使用的資料流傳送到客戶端。最後以 response.end 送出訊號，表示回應已經結束。

呼叫 server.listen，伺服器會開始等待，準備連接通訊埠 8000。這就是前面和伺服器對話時，要連接 *localhost:8000* 的原因，而不能只寫 *localhost，localhost* 本身使用的是預設的通訊埠 80。

執行這個腳本時，流程會停下來等待。當腳本正在監聽事件（在這個範例中是連接網路），在抵達腳本末尾前，node 不會自動退出，如果要關閉 node，請按 CTRL-C。

真正的網頁伺服器做的事比範例中還多，例如，查看請求的方法（method 屬性），確認客戶端想執行什麼操作；查看請求的 URL，找出這項操作正在處理哪些資源。後續在第 396 頁「檔案伺服器」一節裡，會介紹進階版的伺服器。

我們可以使用 http 模組中的 request 函式，作為 HTTP 客戶端。

```
const {request} = require("http");
let requestStream = request({
  hostname: "eloquentjavascript.net",
  path: "/20_node.html",
  method: "GET",
  headers: {Accept: "text/html"}
}, response => {
  console.log("Server responded with status code",
              response.statusCode);
});
requestStream.end();
```

request 函式的第一個參數是設定請求的配置，告訴 Node 要和哪個伺服器通訊、從伺服器的哪個路徑請求、使用哪種方法等等；第二個參數是當回應進來時，應該呼叫哪個函式來處理。這個函式會以一個物件作為參數，讓我們檢查回應，例如，找出伺服器的狀態碼。

request 函式回傳的物件跟伺服器的 response 物件一樣，讓我們可以使用 write 方法，把資料傳進 request，然後再使用 end 方法，通知 request 已經完成。不過，此處的範例沒有使用 write，因為 GET 請求的主體文件中不應該含有資料。

https 模組中也有一個類似 request 的函式，可用來向 *https:* URL 發出請求。

使用 Node 原始功能發出請求相當麻煩，NPM 上有更方便而且已經包裝好的套件可用，例如，node-fetch 提供以 Promise 物件為基礎的 fetch 介面。

Stream 介面

在 HTTP 範例中已經看到兩個寫入資料流的實體，就是伺服器能寫入資料到 response 物件，從請求端回傳 request 物件。

在 Node.js 中，寫入資料流是相當普遍的概念。這類的物件具有 write 方法，可以接受字串或 Buffer 物件作為參數，將內容寫入資料流；end 方法則是關閉資料流，可以選擇在關閉之前將參數值寫入資料流。這兩個方法也都可以接受回呼函式作為額外參數，在寫入或關閉資料流時呼叫回呼函式。

使用 fs 模組中的 createWriteStream 函式，建立資料流並且寫入指定的檔案裡，然後，使用 write 方法，一次只將一個產生的物件寫入檔案，而不是像 writeFile 那樣一次性將所有資料寫入檔案。

讀取資料流的做法則更複雜一點。傳給 HTTP 伺服器回呼的 request 變數和傳給 HTTP 客戶端回呼的 response 變數，兩者都是都是可讀取資料流。伺服器讀取請求，然後寫入回應；客戶端則是先寫入請求，再讀取回應。讀取資料流是使用事件處理完成，而不是方法。

Node 裡發出的事件物件都具有 on 方法，這個方法類似瀏覽器的 addEventListener 方法，只要指定事件名稱和函式，這個方法就會註冊指定的函式，以便於之後可以在指定的事件發生時呼叫這個函式。

讀取資料流具有「資料」和「結束」事件；每次有資料進來時會觸發第一個事件，每次結束資料流時則呼叫第二個事件。這個模型最適合可以立即處理的資料流，即使整個文件還不能使用。使用 fs 的 createReadStream 函式，可以將檔案視為可讀取的資料流。

以下範例程式碼是建立伺服器，讓伺服器讀取請求的主體內容，然後將內容全部轉成大寫，以資料流的方式回傳給客戶端：

```
const {createServer} = require("http");
createServer((request, response) => {
  response.writeHead(200, {"Content-Type": "text/plain"});
  request.on("data", chunk =>
    response.write(chunk.toString().toUpperCase()));
  request.on("end", () => response.end());
}).listen(8000);
```

傳給資料處理程式的區塊值是二進位 Buffer 物件，使用 toString 方法可以將其解碼為 UTF-8 編碼字元，轉換為字串。

以上範例程式中的伺服器處理大寫資料時，以下這段程式碼會向這個伺服器發送請求，並且輸出程式得到的回應內容：

```
const {request} = require("http");
request({
  hostname: "localhost",
  port: 8000,
  method: "POST"
}, response => {
  response.on("data", chunk =>
    process.stdout.write(chunk.toString()));
}).end("Hello server");
// → HELLO SERVER
```

這個範例是將資料寫入 process.stdout（標準輸出流程，屬於寫入資料流），而不是使用 console.log。不使用 console.log，是因為這個函式會在寫入的每段文字後多加上一個換行符號，所以不適合用在這種回應會以多個區塊出現的情況。

檔案伺服器

本節要結合我們剛學到的 HTTP 伺服器和檔案系統的知識,在兩者之間建立一座橋樑:讓我們能遠端存取 HTTP 伺服器上的檔案系統。這類伺服器的用途各式各樣,可以讓網頁應用程式儲存共享資料,也可以讓一個群組的人共享、存取一堆資料。

當我們將檔案視為 HTTP 的資源,HTTP 的 GET、PUT 和 DELETE 方法則分別用於讀取、寫入和刪除檔案,將請求的路徑看成是請求指向檔案的路徑。

我們可能不想共享整個檔案系統,所以將這些路徑看成是從伺服器工作目錄(也就是啟動伺服器的目錄)開始的相對路徑。假設從 /tmp/public/(或 Window 系統的 C:\tmp\public\)啟動伺服器,則 /file.txt 的請求應該指向 /tmp/public/file.txt(或 Window 系統的 C:\tmp\public\file.txt)。

在以下的程式碼中,我們建立一段段的程式,利用 methods 物件來儲存各種 HTTP 處理方法的函式。方法處理程式屬於非同步函式,以請求物件作為參數,然後回傳 Promise 物件(解析為描述回應的物件)。

```
const {createServer} = require("http");

const methods = Object.create(null);

createServer((request, response) => {
  let handler = methods[request.method] || notAllowed;
  handler(request)
    .catch(error => {
      if (error.status != null) return error;
      return {body: String(error), status: 500};
    })
    .then(({body, status = 200, type = "text/plain"}) => {
      response.writeHead(status, {"Content-Type": type});
      if (body && body.pipe) body.pipe(response);
      else response.end(body);
    });
}).listen(8000);

async function notAllowed(request) {
  return {
    status: 405,
    body: `Method ${request.method} not allowed.`
  };
}
```

這個範例程式將啟動一個伺服器，但只會回傳錯誤回應：405，這個錯誤代碼是指伺服器拒絕處理指定的方法。

當請求處理程式的 Promise 物件被拒絕時，如果它還不是回應物件，就呼叫 catch 將錯誤轉換為成回應物件，以便於伺服器可以發送錯誤回應，通知客戶端無法處理請求。

描述回應的 status 欄位可以省略，在這種情況下，預設值為 200（成功）；type 屬性的內容型態也可以省略，在這種情況下，會假定回應是純文字。

當 body 值為可讀取資料流時，則具有 pipe 方法，可用於將所有內容從可讀取資料流轉發到可寫入資料流；如果不是，會假定 body 值為 null（沒有主體內容）、字串或是 buffer 物件，然後將這個值直接回傳給 response 的 end 方法。

urlPath 函式使用 Node 內建的 url 模組來剖析 URL，以確定哪個檔案路徑對應於請求的 URL。接受的路徑名稱類似「/file.txt」，對其解碼以去除 %20 樣式的跳脫碼，然後相對於程式的工作目錄對其進行剖析：

```javascript
const {parse} = require("url");
const {resolve, sep} = require("path");

const baseDirectory = process.cwd();

function urlPath(url) {
  let {pathname} = parse(url);
  let path = resolve(decodeURIComponent(pathname).slice(1));
  if (path != baseDirectory &&
      !path.startsWith(baseDirectory + sep)) {
    throw {status: 403, body: "Forbidden"};
  }
  return path;
}
```

一旦設置接受網路請求的程式，就必須開始擔心安全性。在這種情況下，如果我們不戒慎恐懼，很有可能會讓整個檔案系統意外暴露於網路之中。

檔案路徑在 Node.js 裡是字串，要將這樣的字串對應到實際檔案，需要進行大量的直譯工作。例如，路徑可能包含 ../，指向上一層目錄，所以，很明顯會有一個問題來源是像 /../secret_file 這類路徑的請求。

為了避免這類問題，urlPath 使用 path 模組中的 resolve 函式來解析相對路徑。然後驗證結果是否在工作目錄下，可以使用 process.cwd 函式（其中 cwd 代表目前的工作目錄）來找出工作目錄。path 套件的 sep 變數是系統的路徑分隔符號──Windows 上是反斜線，其他多數系統上是斜線。當路徑不是基底目錄開頭時，函式會拋出錯誤回應物件（也就是 HTTP 狀態碼），表示禁止存取資源。

建立 GET 方法，在讀取目錄時回傳檔案列表，以及在讀取一般檔案時回傳檔案的內容。

然而，這裡出現一個棘手的問題，回傳檔案內容時，應該設定什麼樣的 Content-Type 標頭。既然這些檔案裡什麼內容都有可能出現，伺服器就不可能以同一種內容類型來回傳所有的檔案，這種情況就需要再請出 NPM 來幫我們。mime 套件（像文字／純文字這類的內容類型也稱為 *MIME* 型態）認識大量的檔案副檔名，知道檔案的正確型態。

以下的 npm 命令是在伺服器腳本所在的目錄下，安裝某個特定版本的 mime 套件：

```
$ npm install mime@2.2.0
```

當客戶端請求的檔案不存在，會回傳正確的 HTTP 狀態碼：404。我們可以利用 stat 函式查詢檔案資訊，找出檔案是否存在以及檔案是否為目錄。

```
const {createReadStream} = require("fs");
const {stat, readdir} = require("fs").promises;
const mime = require("mime");

methods.GET = async function(request) {
  let path = urlPath(request.url);
  let stats;
  try {
    stats = await stat(path);
  } catch (error) {
    if (error.code != "ENOENT") throw error;
    else return {status: 404, body: "File not found"};
  }
  if (stats.isDirectory()) {
    return {body: (await readdir(path)).join("\n")};
  } else {
    return {body: createReadStream(path),
```

```
          type: mime.getType(path)};
  }
};
```

stat 函式是非同步函式，執行時必須用到硬碟，所以會需要一點時間。由於我們採用 Promise 類別而非回呼風格，所以必須從 Promise 類別導入，而非直接從 fs 套件。

檔案不存在時，stat 函式會拋出錯誤物件，物件的 code 屬性值為「ENOENT」。這些受到 Unix 啟發而且有點難懂的程式碼，就是 Node 辨識錯誤型態的方式。

stat 函式回傳的 stats 物件能提供我們許多檔案相關的資訊，例如，檔案大小（size 屬性）和檔案修改日期（mtime 屬性）。現在我們有興趣的問題是，這是一個目錄還是一般檔案，而 isDirectory 方法可以告訴我們答案。

利用 readdir，可以讀取目錄下的檔案陣列，然後回傳給客戶端。對於一般檔案，我們使用 createReadStream 建立可讀取資料流，然後將資料流作為主體內容回傳，一起回傳的內容還有 mime 套件根據檔案名稱提供的內容型態。

處理 DELETE 請求時，需要的程式碼比較簡單。

```
const {rmdir, unlink} = require("fs").promises;

methods.DELETE = async function(request) {
  let path = urlPath(request.url);
  let stats;
  try {
    stats = await stat(path);
  } catch (error) {
    if (error.code != "ENOENT") throw error;
    else return {status: 204};
  }
  if (stats.isDirectory()) await rmdir(path);
  else await unlink(path);
  return {status: 204};
};
```

萬一 HTTP 回應時不包含任何資料，就會用狀態碼 204（「沒有內容」）來表示這個情況。由於「刪除」這項請求的回應，除了操作是否成功，不需要回傳任何資訊，所以利用狀態碼回傳是很合理的做法。

你可能會很好奇，為什麼嘗試刪除一個不存在的檔案，回傳的狀態碼是代表成功，而非錯誤。這是因為當檔案被刪除而且已經不存在時，也可以說請求的目標已經實現。HTTP 標準鼓勵使用者做出要求時要具有**冪等性**，意思是說同一個要求不管是做了一次還是很多次，產生的結果都要一樣。因此，某種程度來說，如果你想刪除某些已經消失的內容，你想要的效果早就已經達成，因為那些內容已經不存在。

以下是處理 PUT 這項請求的程式碼：

```
const {createWriteStream} = require("fs");

function pipeStream(from, to) {
  return new Promise((resolve, reject) => {
    from.on("error", reject);
    to.on("error", reject);
    to.on("finish", resolve);
    from.pipe(to);
  });
}

methods.PUT = async function(request) {
  let path = urlPath(request.url);
  await pipeStream(request, createWriteStream(path));
  return {status: 204};
};
```

在上面的範例程式中，我們不需要檢查檔案是否存在，如果存在，就覆寫檔案。然後，再次使用 pipe 方法，將資料從可讀取流移動到可寫入流，此處是從請求移動到檔案。然而，pipe 方法無法回傳 Promise 物件，因此，必須寫一個包裝器 pipeStream，幫助我們以呼叫 pipe 方法產生的結果來建立 Promise 物件。

開啟檔案時如果發生錯誤，createWriteStream 依舊會回傳一個資料流，只不過這個資料流是觸發「**錯誤**」事件。將資料流輸出給請求方時也可能發生失敗，例如，網路連線出現故障的情況。因此，我們將這兩個資料流的「**錯誤**」事件串起來，發生這兩個情況時不回傳 Promise 物件。pipe 方法執行完畢後會關閉輸出流，觸發「**完成**」事件。重點是我們成功解析了 Promise 物件（但不回傳任何內容）。

完整的伺服器腳本可以從此處下載：*https://eloquentjavascript.net/code/file_server.js*。
下載腳本並且安裝好相依性檔案後，執行 Node 就能啟動你自己的檔案伺服
器。你當然也可以修改和延伸這份腳本的內容來解決本章的練習題，或者實驗
自己的想法。

此處介紹一個常用於 Unix 這類系統（例如，macOS 和 Linux）上的命令列工
具 ——curl，可用來發送 HTTP 請求。以下範例建立一個連線，簡單測試
我們建立的伺服器，其中 -X 選項：設定請求的方法，-d：包含請求的主體
內容。

```
$ curl http://localhost:8000/file.txt
File not found
$ curl -X PUT -d hello http://localhost:8000/file.txt
$ curl http://localhost:8000/file.txt
hello



$ curl -X DELETE http://localhost:8000/file.txt
$ curl http://localhost:8000/file.txt
File not found
```

在上面的範例中，由於檔案不存在，所以一開始就發生請求 file.txt 檔案失
敗。於是，PUT 方法請求建立檔案，接著請求方成功獲取檔案，然後以 DELETE
方法請求刪除檔案後，檔案會再度遺失。

本章重點回顧

Node 是一個相當優秀的小型系統，讓我們能在非瀏覽器的背景環境下執行
JavaScript。Node 最初的設計目的是針對網路任務，期許自身在網路中扮演節
點這樣的角色，不過，Node 適用於各種需要腳本的工作任務，如果你很喜歡
拿 JavaScript 寫點東西，Node 非常適合將工作任務自動化。

NPM 是一個套件平台，只要你能想到的套件，這上面都可以找到，使用 npm
程式就能取得並且安裝平台上的套件。Node 還內建了大量的模組，包含處理
檔案系統的 fs 模組、執行 HTTP 伺服器和發送 HTTP 請求的 http 模組。

Node 環境下所有輸入與輸出都採非同步方式完成，除非使用變形版的同步函
式，例如，readFileSync。呼叫這種非同步函式時，Node 會以錯誤值和完成
結果（如果有），呼叫你所提供的回呼函式。

練習題

搜尋工具（Search Tool）

Unix 系統上有一個工具列程式 grep，可以快速搜尋檔案裡的規則運算式。

請撰寫一個 Node 腳本，從命令列執行這個腳本，產生像 grep 那樣的作用。腳本將命令列的第一個參數視為規則運算式，其他參數則當作是使用者要搜尋的檔案，只要檔案內容裡有比對到規則運算式，就輸出檔案名稱。

寫出第一個可行的腳本後，請延伸腳本功能。修改成當其中一個參數為目錄時，腳本會搜尋這個目錄及其子目錄下的所有檔案。

使用你認為適合的非同步或同步檔案系統。一切就緒後，當你同時請求多個同步操作，速度會稍微加快但不會大幅提升，因為大部分的檔案系統一次只能讀取一個檔案。

建立目錄（Directory Creation）

雖然我們的檔案伺服器已經有 DELETE 方法能刪除目錄（利用 rmdir），但目前尚未提供建立目錄的方法。

請新增支援 MKCOL 方法（「建立集合」），這個方法會呼叫 fs 模組的 mkdir 方法來建立目錄。在 HTTP 方法裡 MKCOL 方法雖然並不常用但確實存在，其目的跟 *WebDAV* 的標準方法一樣；*WebDAV* 是 HTTP 頂層的一組慣例，適合用於建立文件。

在網站上提供公用空間（A Public Space on the Web）

既然檔案伺服器可以提供任何類型的檔案，甚至包含正確的 Content-Type 標頭檔案，就可以拿來為網站提供服務。而且，因為這個檔案伺服器允許每個人刪除和更換檔案，可以用來建立一種有趣的網站：每個人只要花時間建立正確的 HTTP 請求，就可以修改、改良和破壞這個網站。

請撰寫一個簡單的 HTML 網頁，包含一個簡單的 JavaScript 檔案，然後將檔案放在檔案伺服器的目錄下，並且以瀏覽器開啟這些檔案。

接下來這個進階練習題甚至可能有可能會花上你一個週末的時間。請結合你在本書中獲得的所有知識，從網站內部開始修改，建立一個讓使用者覺得介面友善的網站。

利用 HTML 表單來編輯那些組成網站的檔案內容，讓使用者能使用 HTTP 請求來更新伺服器上的檔案，如同第 18 章所描述的做法。

從可以讓使用者編輯一個檔案開始著手，然後讓使用者選擇要編輯哪個檔案。讀取目錄時，檔案伺服器會回傳檔案清單。

請勿直接處理檔案伺服器上公開的程式碼，萬一你犯了什麼錯誤，有可能會損壞伺服器上的檔案，反而要將你的工作程式碼放在其他非公開存取的目錄，等你要測試程式碼時，再複製到公開目錄下。

「如果你擁有知識，請讓他人的蠟燭點燃你的知識。」

　　　　　　　—美國記者、女權主義者 Margaret Fuller

21

實作專案：技能交流網站

技能交流聚會是一種小型、非正式的活動，讓有共同興趣的人聚在一起發表自己所知道的事。在園藝技能交流聚會上，有人可能會解釋如何種植芹菜。你也可以在程式設計技能交流群組裡，和其他人分享 Node.js 的資訊。

這種聚會（在電腦領域裡稱為開發者社群）是擴展個人視野的好方法，可以了解新的發展或是結識具有相似興趣的人。許多大城市裡都有 JavaScript 聚會，通常可以免費參加，我發現我遇到的那些人都非常友善而且熱情。

本章是最後一個實作專案，我們的目標是建立一個網站，目的是管理技能交流聚會上的演講。請想像一下，現在有一小群人，他們會定期在其中一位成員的辦公室裡討論單輪腳踏車。後來前任的聚會組織人搬到另一個城鎮後，就沒有人出面接手這項任務。此處，我們想要一個系統，讓聚會的參與者可以在沒有主導者的情況下，彼此之間還能繼續提案與討論。

本章實作專案的完整程式碼請由本書的網站下載：*https://eloquentjavascript.net/code/skillsharing.zip*。

設計網站

這個專案的伺服器部分是以 Node.js 撰寫而成，以瀏覽器撰寫客戶端的部分。

伺服器負責儲存系統資料，以及將資料提供給客戶端，還有為實作客戶端系統提供檔案。伺服器保留下一次會議要提出的演講列表，客戶端會顯示這份列表。每次演講都有演講者姓名、演講題目、內容摘要以及一連串與演講相關的評論陣列。客戶端容許使用者提出新的演講（新增到演講列表裡）、刪除演講以及在現有的演講上增加評論，每當使用者修改列表時，客戶端都會發送 HTTP 請求，通知伺服器。

Skill Sharing

Your name:

Fatma

Unituning Delete
by **Jamal**

Modifying your cycle for extra style

Iman: *Will you talk about raising a cycle?*
Jamal: *Definitely*
Iman: *I'll be there*

Add comment

Submit a talk
Title:

Summary:

Submit

這個應用程式設定為**即時**顯示目前提出的演講及大家的評論。每當有人在某處提交新的演講或是增加評論時，正以瀏覽器開啟網頁的所有人都應該會立即看到修改過後的內容。這項做法帶來一些挑戰──網頁伺服器無法開啟對客戶端的連線，也沒有好方法可以知道哪些客戶端目前正在看指定的網站。

針對這個問題，常見的解決方案之一是長時輪詢（long polling），這恰巧是 Node 設計的動機之一。

長時輪詢

為了立即通知客戶端當下發生了某個變化，我們必須與客戶端連線。由於網頁瀏覽器傳統上不接受連線，客戶端也通常躲在路由器後，會完全阻擋這類的連線，因此，讓伺服器啟動這個連線在實務上並不可行。

我們可以選擇讓客戶端開啟連線並且暫時保留，讓伺服器在需要時可以用這個連線來發送資訊。

然而，HTTP 請求一次只容許傳一個簡單的資訊流：客戶端發送一個請求，伺服器也只能回傳一個回應，就這樣。現代瀏覽器支援另一種技術——*WebSocket*，開啟連線後可以任意進行資料交換，不過，想要正確使用這項技術沒那麼容易。

本章採用另一種更簡單的技術——長時輪詢，當客戶端利用一般 HTTP 請求，不斷向伺服器要求新訊息時，如果伺服器沒有新資訊可以回報，就停止回應。

只要確保客戶端持續打開輪詢請求，一旦有新的資訊，客戶端就能快速從伺服器接收訊息。例如，假設 Fatma 在瀏覽器打開我們開發的技能交流應用程式，瀏覽器將發出更新請求，並且等待伺服器回應這項請求。此時，Iman 提交一項演講「單輪腳踏車之極限下坡」，伺服器注意到 Fatma 的瀏覽器客戶端正在等待更新，便發送包含新演講資訊的回應來處理她等待的請求。Fatma 的瀏覽器將接收資料，並且更新螢幕上的內容來顯示演講資訊。

為了防止連線逾時，長時輪詢技巧通常會為每個請求設定最長時間，時間一到伺服器一定會有所回應，即使沒有資訊可以回報；然後客戶端會開始發送新的請求。這項技術還有一個特性是會定時重新發送請求，使其功能更為健全；這項特性容許客戶端發生臨時連線失敗或是伺服器問題時，可以恢復請求。

使用長時輪詢的伺服器發生忙碌的情況時，可能會有數千個請求正在等待，此時會打開 TCP 連線。Node 能輕鬆管理多個連接，但無須為每個連線單獨建立控制執行緒，因此十分適合這種系統。

HTTP 介面

開始設計伺服器或客戶端之前，先讓我們思考這兩者的接觸點：兩者之間進行通訊的 HTTP 介面。

在這個專案裡，我們使用 JSON 作為請求和回應主體內容的格式。跟第 20 章的檔案伺服器一樣，我們也會使用到 HTTP 方法和標頭。所有介面以 `/talks` 路徑為中心，不是 `/talks` 開頭的路徑則用於提供靜態檔案，也就是客戶端系統的 HTML 和 JavaScript 程式碼。

對 /talks 發送 GET 請求，會回傳以下格式的 JSON 文件：

```
[{"title": "Unituning",
  "presenter": "Jamal",
  "summary": "Modifying your cycle for extra style",
  "comments": []}]}
```

向 /talks/Unituning 這樣的位址發送 PUT 請求，建立一個新的演講，第二個斜線後的內容是演講標題。PUT 請求的主體內容應該是 JSON 物件，具有 presenter（演講者）和 summary（演講摘要）屬性。

由於演講標題可能會包含空格和其他字元，而這些字元通常不會出現在 URL 裡，所以建立 URL 時，演講標題字串必須以 encodeURIComponent 函式進行編碼。

```
console.log("/talks/" + encodeURIComponent("How to Idle"));
// → /talks/How%20to%20Idle
```

以下程式碼是建立一個閒置的演講請求：

```
PUT /talks/How%20to%20Idle HTTP/1.1
Content-Type: application/json
Content-Length: 92

{"presenter": "Maureen",
 "summary": "Standing still on a unicycle"}
```

這種 URL 也支援 GET 方法，讓我們可以取得 JSON 格式的演講資訊，以及使用 DELETE 要求來刪除一項演講資訊。

向 /talks/Unituning/comments 這種 URL 發送 POST 要求，可以為演講新增評論，JSON 格式的主題內容包含 author（作者）和 message（訊息）屬性。

```
POST /talks/Unituning/comments HTTP/1.1
Content-Type: application/json
Content-Length: 72

{"author": "Iman",
 "message": "Will you talk about raising a cycle?"}
```

為了支援長時輪詢，向 /talks 發送 GET 請求時會包含其他標頭，通知伺服器如果沒有新的資訊可以回應，就延遲回應。此處會使用一組成對的標頭，這兩個通常是用於管理暫存區：ETag 和 If-None-Match。

伺服器回應時會包含 ETag 標頭（「entity tag」，實體標籤），其標籤值是一個字串，用於標識資源目前的版本。之後客戶端再次請求這個資源時，會變成條件式請求；請求裡包含 If-None-Match 標頭，帶有跟標籤值相同的字串。如果資源沒有改變，伺服器會回應狀態碼 304，表示「未修改」，告訴客戶端目前暫存區裡的資料是最新版；如果標籤不符合，伺服器會正常回應。

我們需要某個功能，讓客戶端告訴伺服器目前有哪個版本的演講列表可以提供，而且伺服器只會在列表改變時回應，但伺服器不會立即以狀態碼 304 回應，而是先停止回應，等出現新資訊或是超過指定的時間長度才會回傳。為了區分長時輪詢請求和一般的條件式請求，我們指定另外一個標頭『Prefer: wait=90』，跟伺服器說客戶端願意等待回應的最長時間是 90 秒。

伺服器會保存一個版本號碼，每次改變演講資訊時就會更新版號，將這個值作為 ETag 標籤的值。在以下的範例程式碼中，客戶端提出請求，當演講資訊更新時才會通知客戶端：

```
GET /talks HTTP/1.1
If-None-Match: "4"
Prefer: wait=90

(time passes)

HTTP/1.1 200 OK
Content-Type: application/json
ETag: "5"
Content-Length: 295

[....]
```

上面說明的通訊協定不會做任何存取控制，所以每個人都可以對演講資訊增加評論、修改內容，甚至是刪除演講項目。（由於網路上到處都充斥著流氓惡棍，在沒有多做一層保護的情況下，就讓這樣的系統上線，多半不會有好結果。）

伺服器端

讓我們從建立伺服器端的程式開始寫起,本節的程式碼是在 Node.js 環境下執行。

路由機制

本專案利用 createServer 來啟動一個 HTTP 伺服器。用來處理新的請求的函式必須要能區分我們所要支援的各種請求(由方法和路徑決定),雖然可以透過一長串的 if 陳述式完成,但還有更好的做法。

路由器(router)是一個元件,其作用是將請求分派給可以處理它們的函式。例如,告訴路由器,如果遇到 PUT 請求的路徑符合規則運算式『/^\/talks\/([^\/]+)$/』(/talks/ 後面跟著演講標題),則由指定的函式處理。此外,還可以提取出路徑中具有意義的部分,也就是範例中包覆在規則運算式括號裡的部分,然後將這部分的內容傳給負責處理的函式。

NPM 平台上有非常多好用的路由器套件,不過,本章將說明自己寫一個路由器的原理。

以下範例程式碼為 router.js,後續伺服器模組會用到這個程式:

```
const {parse} = require("url");

module.exports = class Router {
  constructor() {
    this.routes = [];
  }
  add(method, url, handler) {
    this.routes.push({method, url, handler});
  }
  resolve(context, request) {
    let path = parse(request.url).pathname;

    for (let {method, url, handler} of this.routes) {
      let match = url.exec(path);
      if (!match || request.method != method) continue;
      let urlParts = match.slice(1).map(decodeURIComponent);
      return handler(context, ...urlParts, request);
    }
    return null;
  }
};
```

以上這個模組會輸出 Router 類別。路由器物件容許我們以 add 方法註冊新的處理程式，以及使用物件的 resolve 方法解析請求。

後者如果有找到處理程式時，會做出回應，否則就回傳 null。一次（依照定義的順序）只會嘗試一個路由，直到找出符合的路由為止。

路由器以 context 值呼叫處理函式，比對 request 物件裡的字串是否符合規則運算式裡任何群組的定義。由於原始 URL 可能包含『%20-』樣式的代碼，所以字串必須先經過 URL 解碼。

提供檔案服務

萬一有某個請求和我們路由器上定義的請求類型完全不合，伺服器必須解釋這項請求是要求 public 目錄下的檔案。使用第 20 章定義的檔案伺服器是有可能提供這種檔案，但此處我們不需要也不希望為檔案提供 PUT 和 DELETE 請求的支援，所以我們想要有進階的功能，例如，支援暫存區。因此，我們要使用 NPM 提供的靜態檔案伺服器，不僅可靠而且經過完善測試。

本專案選擇使用 ecstatic 套件，在 NPM 平台上，這類的伺服器不只一種，但這個套件的伺服器不僅穩定而且非常符合我們的目的。呼叫 ecstatic 套件輸出的函式，傳入配置物件作為參數，可以產生用來處理請求的函式。使用 root 選項告訴伺服器應該去哪裡尋找檔案。處理函式以 request 和 response 作為參數，然後直接傳給 createServer，用以建立只提供檔案的伺服器。不過，我們希望先檢查應該特別處理的請求，所以將這段程式包裝在另外一個函式裡。

```javascript
const {createServer} = require("http");
const Router = require("./router");
const ecstatic = require("ecstatic");

const router = new Router();
const defaultHeaders = {"Content-Type": "text/plain"};

class SkillShareServer {
  constructor(talks) {
    this.talks = talks;
    this.version = 0;
    this.waiting = [];

    let fileServer = ecstatic({root: "./public"});
    this.server = createServer((request, response) => {
```

```
    let resolved = router.resolve(this, request);
    if (resolved) {
      resolved.catch(error => {
        if (error.status != null) return error;
        return {body: String(error), status: 500};
      }).then(({body,
                status = 200,
                headers = defaultHeaders}) => {
        response.writeHead(status, headers);
        response.end(body);
      });
    } else {
      fileServer(request, response);
    }
  });
}
start(port) {
  this.server.listen(port);
}
stop() {
  this.server.close();
}
}
```

這段程式裡使用了一個前一章檔案伺服器也有用到的程式慣例——以處理程式回傳 Promise 物件,這個物件會解析成描述回應的物件。將伺服器包裝在一個物件裡,這個物件也負責儲存伺服器的狀態。

演講資源

伺服器的 talks 屬性負責儲存已經提出的演講,物件的屬性名稱就是演講的標題。這些公開的演講資訊會成為 /talks/[title] 底下的 HTTP 資源,所以需要為路由器新增處理程式,實作各種方法,讓客戶端使用這些方法來處理這些公開資源。

GET 請求想要某個演講的資訊,所以處理 GET 請求的程式必須查詢演講資料並且做出回應——回傳 JSON 格式的演講資料或是回應錯誤代碼 404。

```
const talkPath = /^\/talks\/([^\/]+)$/;

router.add("GET", talkPath, async (server, title) => {
  if (title in server.talks) {
    return {body: JSON.stringify(server.talks[title]),
            headers: {"Content-Type": "application/json"}};
  } else {
```

```
    return {status: 404, body: `No talk '${title}' found`};
  }
});
```

從 talks 物件移除一個演講，就能刪除掉這個演講。

```
router.add("DELETE", talkPath, async (server, title) => {
  if (title in server.talks) {
    delete server.talks[title];
    server.updated();
  }
  return {status: 204};
});
```

下一節裡定義的 updated 方法，會將修改資訊通知正在等待的長時輪詢請求。

為了取得請求的主體內容，我們還定義了 readStream 函式，從可讀取資料流中讀取所有的內容，然後解析成字串，以 Promise 物件回傳。

```
function readStream(stream) {
  return new Promise((resolve, reject) => {
    let data = "";
    stream.on("error", reject);
    stream.on("data", chunk => data += chunk.toString());
    stream.on("end", () => resolve(data));
  });
}
```

處理程式 PUT 是用來建立新的演講，這個程式需要讀取請求的主體內容。這個處理程式必須檢查傳過來的資料是否有 presenter（演講者）和 summary（演講摘要）屬性，而且要是字串。所有來自外部系統的資料有可能都不具意義，我們不希望因此破壞內部資料模型，或是因為接收錯誤的請求而導致系統當機。

如果發送過來的資料看起來是有效的，處理程式會將新的演講資訊儲存為 talks 物件；如果演講標題和現有的演講相同就覆寫資料，然後呼叫 updated 方法。

```
router.add("PUT", talkPath,
           async (server, title, request) => {
  let requestBody = await readStream(request);
  let talk;
```

```
try { talk = JSON.parse(requestBody); }
catch (_) { return {status: 400, body: "Invalid JSON"}; }

if (!talk ||
    typeof talk.presenter != "string" ||
    typeof talk.summary != "string") {
  return {status: 400, body: "Bad talk data"};
}
server.talks[title] = {title,
                       presenter: talk.presenter,
                       summary: talk.summary,
                       comments: []};
server.updated();
return {status: 204};
});
```

為演講增加評論的做法也很類似。利用 readStream 函式取得請求的內容，驗證產生的資料，確認資料有效後，儲存為評論資料。

```
router.add("POST", /^\/talks\/([^\/]+)\/comments$/,
           async (server, title, request) => {
  let requestBody = await readStream(request);
  let comment;
  try { comment = JSON.parse(requestBody); }
  catch (_) { return {status: 400, body: "Invalid JSON"}; }

  if (!comment ||
      typeof comment.author != "string" ||
      typeof comment.message != "string") {
    return {status: 400, body: "Bad comment data"};
  } else if (title in server.talks) {
    server.talks[title].comments.push(comment);
    server.updated();
    return {status: 204};
  } else {
    return {status: 404, body: `No talk '${title}' found`};
  }
});
```

為不存在的演講增加評論，會回傳錯誤代碼 404。

支援長時輪詢

伺服器裡最有趣的部分就是處理長時輪詢，/talks 接收到 GET 請求時，可能是一般請求也可能是長時輪詢請求。

有好幾個環節都必須將演講資料的陣列發送給客戶端，但首先要定義輔助函式，建立這樣的陣列，還有發送的回應裡要包含 **ETag** 標頭。

```
SkillShareServer.prototype.talkResponse = function() {
  let talks = [];
  for (let title of Object.keys(this.talks)) {
    talks.push(this.talks[title]);
  }
  return {
    body: JSON.stringify(talks),
    headers: {"Content-Type": "application/json",
              "ETag": `"${this.version}"`}
  };
};
```

處理程式本身必須檢查請求的標頭，確認 **If-None-Match** 和 **Prefer** 這兩個標頭是否存在。Node 儲存標題時並沒有區分大小寫，所有名稱一律存成小寫。

```
router.add("GET", /^\/talks$/, async (server, request) => {
  let tag = /"(.*)"/.exec(request.headers["if-none-match"]);
  let wait = /\bwait=(\d+)/.exec(request.headers["prefer"]);
  if (!tag || tag[1] != server.version) {
    return server.talkResponse();
  } else if (!wait) {
    return {status: 304};
  } else {
    return server.waitForChanges(Number(wait[1]));
  }
});
```

如果請求沒有指定標籤，或指定的標籤與伺服器目前的版本不合，處理程式會以演講列表回應；如果是條件式請求，而且演講資訊也沒有改變，伺服器會檢查 **Prefer** 標頭，確認是否要延遲回應還是立即回應。

伺服器的 **waiting** 陣列中會儲存延遲回應時呼叫的回呼函式，以便於在發生某些情況時可以進行通知。當請求已經超過等待時間，**waitForChanges** 方法還會立刻設定一個計時器，以狀態碼 304 回應。

```
SkillShareServer.prototype.waitForChanges = function(time) {
  return new Promise(resolve => {
    this.waiting.push(resolve);
    setTimeout(() => {
      if (!this.waiting.includes(resolve)) return;
      this.waiting = this.waiting.filter(r => r != resolve);
```

```
      resolve({status: 304});
    }, time * 1000);
  });
};
```

使用 updated 方法註冊一項更新時，version 屬性值會遞增，並且喚醒所有等待中的請求。

```
SkillShareServer.prototype.updated = function() {
  this.version++;
  let response = this.talkResponse();
  this.waiting.forEach(resolve => resolve(response));
  this.waiting = [];
};
```

伺服器部分的程式碼就到此結束。如果建立 SkillShareServer 的實體，並且在通訊埠 8000 啟動，產生的 HTTP 伺服器會提供其下子目錄 public 的檔案，以及 URL 位址 /talks 底下的演講資訊管理介面。

```
new SkillShareServer(Object.create(null)).start(8000);
```

客戶端

技能交流網站的客戶端是由三個檔案組成：一個小型 HTML 網頁、一個風格表單和一個 JavaScript 檔案。

HTML

當客戶端直接對一個目錄相關的路徑發送請求時，網頁伺服器普遍使用的慣例是提供檔案 index.html。本專案使用的伺服器模組——ecstatic 套件，就支援這樣的慣例，所以，向路徑 / 發送請求時，伺服器會尋找檔案 ./public/index.html（./public 是我們指定的根目錄），如果有找到就回傳這個檔案。

因此，當瀏覽器指向我們的伺服器時，如果想要顯示某個網頁，就要將網頁內容放在 public/index.html，以下為 index 檔案的內容：

```
<!doctype html>
<meta charset="utf-8">
<title>Skill Sharing</title>
<link rel="stylesheet" href="skillsharing.css">
```

```
<h1>Skill Sharing</h1>

<script src="skillsharing_client.js"></script>
```

在這個範例中定義了文件標題，還包含一個風格表單，負責定義幾個風格，確保演講資訊間存在一定的空間。

內容的末尾是增加網頁頂端的標題，以及載入有客戶端應用程式的腳本。

動作

應用程式狀態由演講列表和使用者名組成，我們將這兩個資料儲存在 {talks, user} 物件裡。此處不允許使用者介面直接處理應用程式狀態或是發送 HTTP 請求，反而是讓使用者介面發送動作（action），說明使用者正嘗試執行的操作。

handleAction 函式負責執行這樣的操作並且發送結果。由於本專案的狀態更新非常簡單，所以將在同一個函式中處理狀態變化的情況。

```
function handleAction(state, action) {
  if (action.type == "setUser") {
    localStorage.setItem("userName", action.user);
    return Object.assign({}, state, {user: action.user});
  } else if (action.type == "setTalks") {
    return Object.assign({}, state, {talks: action.talks});
  } else if (action.type == "newTalk") {
    fetchOK(talkURL(action.title), {
      method: "PUT",
      headers: {"Content-Type": "application/json"},
      body: JSON.stringify({
        presenter: state.user,
        summary: action.summary
      })
    }).catch(reportError);
  } else if (action.type == "deleteTalk") {
    fetchOK(talkURL(action.talk), {method: "DELETE"})
      .catch(reportError);
  } else if (action.type == "newComment") {
    fetchOK(talkURL(action.talk) + "/comments", {
      method: "POST",
      headers: {"Content-Type": "application/json"},
      body: JSON.stringify({
        author: state.user,
        message: action.message
      })
```

```
    }).catch(reportError);
  }
  return state;
}
```

將使用者名儲存在 `localStorage`，以便於網頁載入時能恢復內容。

一定會涉及伺服器的操作，就使用 `fetch` 介面將網路請求發送給之前提過的 HTTP 介面；使用包裝好的 `fetchOK` 函式，確保伺服器回傳錯誤代碼時，拒絕回傳的 Pomise 物件。

```
function fetchOK(url, options) {
  return fetch(url, options).then(response => {
    if (response.status < 400) return response;
    else throw new Error(response.statusText);
  });
}
```

下列輔助函式會根據指定的演講標題來建立 URL 位址。

```
function talkURL(title) {
  return "talks/" + encodeURIComponent(title);
}
```

請求失敗時，我們不希望網頁整個卡住不動，也不做任何解釋，所以我們定義 `reportError` 函式，至少要向使用者顯示對話框，告訴他們發生了什麼錯誤。

```
function reportError(error) {
  alert(String(error));
}
```

渲染元件

本節使用的方法類似第 19 章看過的做法，目的是將應用程式拆分為元件，但是，由於一些元件永遠不需要更新，或是一直在更新和完全重繪的狀態，所以我們不以類別定義，而是定義為直接回傳 DOM 節點的函式。例如，此處有一個元件是負責顯示欄位，讓使用者可以輸入他們的名字：

```
function renderUserField(name, dispatch) {
  return elt("label", {}, "Your name: ", elt("input", {
    type: "text",
```

```
    value: name,
    onchange(event) {
      dispatch({type: "setUser", user: event.target.value});
    }
  }));
}
```

在以下範例程式中，我們以第 19 章就用過的 elt 函式來建立 DOM 元素。

我們也用類似的函式來呈現演講資訊，包含評論列表和新增評論的表單。

```
function renderTalk(talk, dispatch) {
  return elt(
    "section", {className: "talk"},
    elt("h2", null, talk.title, " ", elt("button", {
      type: "button",
      onclick() {
        dispatch({type: "deleteTalk", talk: talk.title});
      }
    }, "Delete")),
    elt("div", null, "by ",
        elt("strong", null, talk.presenter)),
    elt("p", null, talk.summary),
    ...talk.comments.map(renderComment),
    elt("form", {
      onsubmit(event) {
        event.preventDefault();
        let form = event.target;
        dispatch({type: "newComment",
                  talk: talk.title,
                  message: form.elements.comment.value});
        form.reset();
      }
    }, elt("input", {type: "text", name: "comment"}), " ",
      elt("button", {type: "submit"}, "Add comment")));
}
```

建立「newComment」操作後，「submit」（提交）事件處理程式會呼叫 form.
reset，清除表單內容。

一旦建立 DOM 程式的複雜度提高到一定的程度時，這種程式設計風格就會開
始讓人覺得相當雜亂。JSX 是常見（但非標準的）JavaScript 擴充語法，允許我
們直接在腳本裡寫 HTML 的內容，讓這類程式碼看起來比較漂亮（取決於個
人所認為的美感）。實際執行這種程式碼之前，必須先執行腳本程式，將這種
偽 HTML 內容轉換成呼叫 JavaScript 函式，跟這裡的做法差不多。

以下做法更容易呈現評論。

```
function renderComment(comment) {
  return elt("p", {className: "comment"},
             elt("strong", null, comment.author),
             ": ", comment.message);
}
```

最後，使用者以表單建立新演講，程式碼如下所示：

```
function renderTalkForm(dispatch) {
  let title = elt("input", {type: "text"});
  let summary = elt("input", {type: "text"});
  return elt("form", {
    onsubmit(event) {
      event.preventDefault();
      dispatch({type: "newTalk",
                title: title.value,
                summary: summary.value});
      event.target.reset();
    }
  }, elt("h3", null, "Submit a Talk"),
     elt("label", null, "Title: ", title),
     elt("label", null, "Summary: ", summary),
     elt("button", {type: "submit"}, "Submit"));
}
```

輪詢

啟動應用程式時，需要目前的演講列表。由於一開始的負載跟長時輪詢的流程
有密切相關（輪詢時必須使用負載的 ETag 標籤），所以撰寫一個函式持續對伺
服器 /talks 進行輪詢，當有一組新的演講資訊可用時，就呼叫回呼函式。

```
async function pollTalks(update) {
  let tag = undefined;
  for (;;) {
    let response;

    try {
      response = await fetchOK("/talks", {
        headers: tag && {"If-None-Match": tag,
                         "Prefer": "wait=90"}
      });
    } catch (e) {
```

```
      console.log("Request failed: " + e);
      await new Promise(resolve => setTimeout(resolve, 500));
      continue;
    }
    if (response.status == 304) continue;
    tag = response.headers.get("ETag");
    update(await response.json());
  }
}
```

這是一個非同步函式,所以更容易重複處理請求和等待請求。執行一個無限迴圈,每次迭代取出包含標頭的演講列表,只要是一般請求或不是第一個請求,就進行長時輪詢請求。

請求失敗時,該函式會等待片刻,然後再次嘗試。如果網路斷線一段時間後又恢復連線,應用程式會恢復運作並且繼續更新,透過 setTimeout 解析 Promise 物件,強制非同步函式等待。

伺服器回應狀態碼 304 時,表示長時輪詢請求逾時,函式應該立即啟動下一個請求。如果回應是正常狀態碼 200,則以 JSON 格式讀取主體內容,並且傳給回呼函式,儲存 ETag 標頭值供下次迭代使用。

應用程式

以下這個元件會將整個使用者介面整合在一起:

```
class SkillShareApp {
  constructor(state, dispatch) {
    this.dispatch = dispatch;
    this.talkDOM = elt("div", {className: "talks"});
    this.dom = elt("div", null,
                   renderUserField(state.user, dispatch),
                   this.talkDOM,
                   renderTalkForm(dispatch));
    this.syncState(state);
  }

  syncState(state) {
    if (state.talks != this.talks) {
      this.talkDOM.textContent = "";
      for (let talk of state.talks) {
        this.talkDOM.appendChild(
          renderTalk(talk, this.dispatch));
      }
```

```
      this.talks = state.talks;
    }
  }
}
```

演講資訊發生變化時，這個元件會重新繪製所有介面，很簡單卻也很浪費，本
章結尾的練習題會再回過頭來討論這個問題。

啟動應用程式的做法如下所示：

```
function runApp() {
  let user = localStorage.getItem("userName") || "Anon";
  let state, app;
  function dispatch(action) {
    state = handleAction(state, action);
    app.syncState(state);
  }

  pollTalks(talks => {
    if (!app) {
      state = {user, talks};
      app = new SkillShareApp(state, dispatch);
      document.body.appendChild(app.dom);
    } else {
      dispatch({type: "setTalks", talks});
    }
  }).catch(reportError);
}

runApp();
```

如果你現在執行伺服器，為 *http://localhost:8000* 開啟兩個相鄰的瀏覽器視窗，
當你在其中一個視窗執行操作，會立即在另外一個視窗看到回應。

練習題

以下練習題會牽涉到修改本章定義的系統，要解本章的練習題，一定要先下
載本章的程式碼（*https://eloquentjavascript.net/code/skillsharing.zip*），安裝 Node
（*https://nodejs.org*），執行 `npm install` 安裝本專案的相依性檔案。

在硬碟裡留存資料（Disk Persistence）

技能交流伺服器只單純將資料儲存在記憶體中，表示任何原因造成伺服器當機或重新啟動時，所有演講和評論資訊都會跟著遺失。

擴展伺服器，將演講資訊儲存到硬碟，並且在重啟伺服器時自動載入資料。此處請做最簡單的事，不需要擔心效率。

重置評論欄位（Comment Field Resets）

由於我們通常無法分辨 DOM 節點和完全相同置換節點之間的差異，所以效果最好的做法是將演講相關內容整批重繪，但是也有例外。如果你在一個瀏覽器視窗裡，對演講的評論欄位開始輸入某些內容，然後在另外一個瀏覽器視窗，對同一個演講新增評論，則第一個視窗裡的欄位會重新繪製，移除欄位內容和作用焦點。

在熱烈的討論中，同時有好幾個人增加評論，這種情況會很擾人。你能想出解決辦法嗎？

「效益最大的最佳化來自於改善架構層級的設計，而非個別單一的例行程式。」

—軟體工程專家 Steve McConnell，

《*Code Complete*》作者

22

提升 JavaScript 效能的技巧

在一台機器上執行電腦程式，需要在程式語言和機器本身的指令格式間架起一座橋樑，跨越兩者之間的鴻溝。雖然可以像第 11 章那樣寫個程式來轉譯其他程式，但通常會將程式編譯（翻譯）成機器碼。

像 C 和 Rust 這種程式語言，其設計目的是精確地表達出那些機器擅長的事，所以很容易提高它們編譯的效率。然而，JavaScript 的設計方式非常不同，其設計焦點是放在程式語言的簡化和易於使用，因此，幾乎沒有直接針對機器設計的特性，造成 JavaScript 程式在編譯上較為困難。

不過，現代 JavaScript 引擎（也就是負責編譯和執行 JavaScript 的程式）確實設法以驚人的速度執行腳本。效果相同的程式以 JavaScript 撰寫，其速度是 C 或 Rust 程式的 10%，這聽起來或許還有一大段差距，但舊版的 JavaScript 引擎（同一年代類似設計的程式語言還有 Python 和 Ruby）往往只有 C 語言速度的 1%。和這些語言相比，現代 JavaScript 的執行速度明顯變快，快到你很少會因為效能問題，而被迫換到另一種程式語言。

不過，為了避免 JavaScript 在某些方面會拖慢速度，有時還是必須重寫程式碼。本章會以一個流程作為範例，說明如何讓急需提升速度的程式加快。在這個流程中，我們將探討 JavaScript 引擎編譯程式的方式。

分段式編譯

首先，必須了解 JavaScript 編譯器跟傳統的經典編譯器不一樣，不是每次都編譯一個完整的程式，而是在程式執行過程中，編譯和重新編譯需要的程式碼。

大部分的程式語言是編譯一個大程式，所以需要一段時間進行編譯。由於這些程式會提前編譯，並且是以編譯過後的形式散布程式，所以編譯時間通常在可以接受的範圍內。

JavaScript 的情況則有所不同，網站包含大量以文字形式取得的程式碼，而且每次開啟網站都必須進行編譯，如果要花上五分鐘的時間進行編譯，使用者會不高興。因此，JavaScript 編譯器幾乎是在編譯的同時就要立即開始執行程式，即使是面對一個巨大的程式也是一樣。

JavaScript 編譯器為了達成這個目標，實行了多種編譯策略。開啟網站時，腳本先以低成本的方式粗淺地編譯程式，此時程式的執行速度不快，但允許腳本快速啟動，許多函式在首次呼叫前有可能都不會被編譯。

在典型的程式裡，絕大多數的程式碼只會執行幾次，有些甚至沒有出場的機會，處理這些部分的程式碼，只要採取低成本的編譯策略就夠了，反正它們也不會花太多時間。然而面對那些經常呼叫或是要處理大量工作的迴圈程式碼，就要採取不同的編譯方式。執行程式時，JavaScript 引擎會觀察每段程式碼的執行頻率，當有些程式碼看起來會耗費大量時間（通常稱為「**熱門程式碼**」（hot code）），則超前以速度較慢的編譯器重新編譯。這種編譯器的效能更佳，可以產出更快的程式碼。有些編譯器甚至會採取兩種以上的編譯策略，對於非常熱門的程式碼，甚至會應用更昂貴的最佳化策略。

在執行和編譯程式碼之間交錯進行，意味著等到聰明的編譯器開始處理一段程式碼時，編譯器其實已經執行了很多次，有可能是**觀察**正在執行的程式碼，並且蒐集程式碼相關資訊。本章稍後會談這個部分，如何讓編譯器建立更有效率的程式碼。

圖形配置

本章舉的例子又是一個跟圖形有關的問題。圖形非常適合用來描述道路系統、網路、電腦程式的控制流方式等等，以下圖形表示中東地區的一些國家，兩個國家之間的連線代表他們有共享邊界：

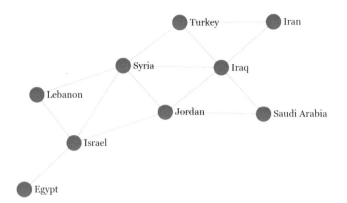

我們從圖形配置（graph layout）的定義推導出以上圖形。做法是為每個地方指定一個節點，鄰近節點會相互連結，但不會互相擠在一起，相同圖形採隨機配置，會大幅提升圖形闡述的難度。

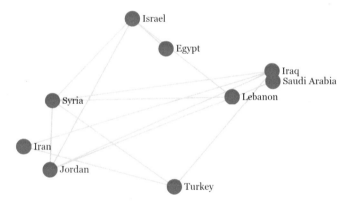

因此，為指定圖形找出漂亮的配置是出了名的難題，針對任意圖形目前還沒有可靠的解決方案，更何況是大型、節點連結密集的圖形會更為困難。不過，針對某些特定類型的圖形（例如，**平面圖**，繪製圖形時節點之間沒有連接線），目前存在有效的處理方式。

如果是小型、不太複雜的圖形（也就是 200 個節點以下），我們可以應用**力導向配置圖**（force-directed graph layout）。在圖形的節點上執行簡化過的物理模擬，把節點之間的連線當作是彈簧，讓節點本身互斥，就像是帶電的電荷。

本章將實作一個力導向配置圖系統，並且觀察這個系統的效能。這種模擬的運作方式是重複計算作用在每個節點上的施力，根據這些施力移動節點。效能對這種程式來說很重要，因為需要進行相當多次的迭代才能獲得漂亮的配置，而且每次迭代都要計算大量的施力。

定義圖形

本章以陣列物件 GraphNode 表示圖形配置，每個物件都具有目前的位置和節點陣列（包含節點間的連線），起點位置會隨機改變。

```
class GraphNode {
  constructor() {
    this.pos = new Vec(Math.random() * 1000,
                       Math.random() * 1000);
    this.edges = [];
  }
  connect(other) {
    this.edges.push(other);
    other.edges.push(this);
  }
  hasEdge(other) {
    return this.edges.includes(other);
  }
}
```

上面的範例程式中，有用到前幾章熟悉的 Vec 類別，表示位置和施力。

建立圖形時，使用 connect 方法來連接兩個節點；利用 hasEdge 方法，確認兩個節點之間是否具有連接關係。

為了建立圖形來測試我們的程式，還會用到 treeGraph 函式，這個函式需要兩個參數，分別是指定樹狀圖的深度以及建立每根樹枝時的分支數量，然後以指定的形狀遞迴建立樹狀圖。

```
function treeGraph(depth, branches) {
  let graph = [new GraphNode()];
  if (depth > 1) {
    for (let i = 0; i < branches; i++) {
      let subGraph = treeGraph(depth - 1, branches);
      graph[0].connect(subGraph[0]);
      graph = graph.concat(subGraph);
    }
  }
  return graph;
}
```

樹狀圖不包含圓形，所以配置上會相對容易，甚至能讓本章建立的簡單程式，可以產出漂亮的圖形。

以 `treeGraph(3, 5)` 建立的圖形是一棵深度為 3 的樹，有五個分支出去的樹枝。

為了檢查程式碼產生的圖形配置，此處還定義 `drawGraph` 函式，讓我們能在畫布上繪製圖形。在本書建置的測試環境下，可以找到定義這個函式的程式碼：*eloquentjavascript.net/code/draw_layout.js*。

力導向配置圖

我們每次只移動一個節點，計算目前作用節點上的受力，然後立刻沿著這些受力總和的方向來移動節點。

在理想情況下，彈簧的受力近似虎克定律（Hooke's law），也就是彈簧的受力與其靜止長度和目前長度之間的差成正比。變數 `springLength` 定義彈簧（節點之間的連線）靜止時的長度，變數 `springStrength` 則用於定義彈簧的剛度（rigidity），將其乘上彈簧長度差，用這個值來判斷產生的力。

```
const springLength = 40;
const springStrength = 0.1;
```

為了模擬節點之間的排斥力，我們使用了另一個物理公式 —— 庫侖定律（Coulomb's law），表示兩個帶電粒子之間的斥力會與兩者之間距離的平方成反比。當兩個節點幾乎互相重疊時，兩者之間的距離微乎其微，距離平方值非常微小，此時產生的力最為巨大；隨著節點之間的距離越遠，距離平方值也會快速增加，節點之間的斥力會快速減弱。

再乘上實驗決定出來的常數 `repulsionStrength`，這個常數是用來控制節點之間排斥的強度。

```
const repulsionStrength = 1500;
```

重複在所有其他節點上施加排斥力,然後計算指定節點上的受力。當另一個節點與目前的節點共享同一條連線時,也適用彈簧造成的力。

這兩種力都取決於兩個節點之間的距離。我們定義的函式會針對每一對節點計算向量 apart,這個向量表示從目前節點到另一個節點的路徑,函式利用向量的長度,找出真正的距離。當距離小於 1 時就設為 1,避免發生被除以零或是一個非常小的數字,不然可能會產生 NaN 值或是巨大的力,造成節點被投射到外太空去。

利用向量距離,可以計算作用在這兩個指定節點之間的力的量值(magnitude)。為了將力從量值化成向量,必須將力的量值乘以向量 apart,也就是正規化向量(normalized version)。正規化向量的意思是建立一個方向相同但長度為 1 的向量,其做法是將向量除以自身的向量長度。

```javascript
function forceDirected_simple(graph) {
  for (let node of graph) {
    for (let other of graph) {
      if (other == node) continue;
      let apart = other.pos.minus(node.pos);
      let distance = Math.max(1, apart.length);
      let forceSize = -repulsionStrength / (distance * distance);
      if (node.hasEdge(other)) {
        forceSize += (distance - springLength) * springStrength;
      }
      let normalized = apart.times(1 / distance);
      node.pos = node.pos.plus(normalized.times(forceSize));
    }
  }
}
```

接著,我們要利用以下函式進行測試,以指定方式實作我們的圖形配置系統。執行模型然後走 4,000 步,追蹤所需的時間。為了看到程式碼執行所產生的某些內容,每執行 100 步,程式就會繪製目前的圖形配置。

```javascript
function runLayout(implementation, graph) {
  function run(steps, time) {
    let startTime = Date.now();
    for (let i = 0; i < 100; i++) {
      implementation(graph);
    }
    time += Date.now() - startTime;
    drawGraph(graph);

    if (steps == 0) console.log(time);
```

```
      else requestAnimationFrame(() => run(steps - 100, time));
    }
    run(4000, 0);
}
```

現在讓我們執行第一個實作方法,看看總共會花多少時間。

```
<script>
  runLayout(forceDirected_simple, treeGraph(4, 4));
</script>
```

在我的機器上,使用瀏覽器 Firefox 58.0 版,4,000 次迭代花了兩秒多的時間,所以平均每毫秒迭代兩次。這時間好長啊,讓我們看看能否做什麼改善。

避免冗事

做一件事最快的方法就是完全不做,或者至少是避開執行其中的一部分。思考程式碼在做些什麼事,通常可以發現不必執行的冗事,或是加快完成工作的方式。

在我們的範例專案裡,就有一個可以降低工作量的機會。現有的做法是,每對節點之間的力會計算兩次,一次是在移動第一個節點時,另一次是是在移動第二個節點時。由於節點 X 施加在節點 Y 上的力正好跟 Y 施加在 X 上的力相反,所以不需要計算兩次。

我們會在下一版的函式裡修改內部迴圈,改成只對目前節點之後的節點進行迭代,所以每一對節點只會檢查一次。計算一對節點之間的力後,函式會一次更新兩邊節點的位置。

```
function forceDirected_noRepeat(graph) {
  for (let i = 0; i < graph.length; i++) {
    let node = graph[i];
    for (let j = i + 1; j < graph.length; j++) {
      let other = graph[j];
      let apart = other.pos.minus(node.pos);
      let distance = Math.max(1, apart.length);
      let forceSize = -repulsionStrength / (distance * distance);
      if (node.hasEdge(other)) {
        forceSize += (distance - springLength) * springStrength;
      }
      let applied = apart.times(forceSize / distance);
      node.pos = node.pos.plus(applied);
```

```
      other.pos = other.pos.minus(applied);
    }
  }
}
```

測量這一版的程式碼,發現執行速度明顯提升。在瀏覽器 Firefox 58.0 版上執行,速度會快兩倍,在 Chrome 63 版上約快 30%,Edge 則是快 75%。

Firefox 和 Edge 大幅提升執行速度,只是呈現實際最佳化的部分結果。由於我們需要內部迴圈進行迭代時,只處理一部份的陣列,因此,以一般 for 迴圈替換原本的 for/of 迴圈。在瀏覽器 Chrome 上執行,衡量不出對程式速度有什麼影響,但在 Firefox 上,光是不使用迭代器就可以程式碼的速度加快 20%,Edge 上則會差到 50%。

不同的 JavaScript 引擎採取的運作方式不同,執行程式的速度也不同。在某個引擎裡可以加快執行速度的修改,放到另外一個引擎上卻不見得有幫助(或甚至變得更糟),就算是同一個引擎的不同版本也不一定會有相同的效果。

瀏覽器 Chrome 使用的 JavaScript 引擎 V8(Node.js 也採用這套引擎)有一個有趣的地方,能對 for/of 迴圈寫的陣列程式碼進行最佳化,其速度不會比用索引值迭代來得慢。請記住一點,迭代器介面會呼叫某個方法,針對迭代器中的每個元素都回傳一個物件。Chrome 的 JavaScript 引擎 V8 在處理這類的程式時,不知為何,卻能對大部分的程式最佳化。

現在,請再次仔細看看我們的程式在做些什麼?呼叫 console.log 函式來輸出 forceSize。明顯可以看出,大部分成對節點之間產生的力都非常微小,以至於它們完全不會對配置造成真正的影響。具體來說,當節點之間沒有連接關係而且相距遙遠時,兩者之間的力也就微不足道了,然而,我們的程式還是為這些節點計算向量並且稍稍移動它們,如果我們省略這個部分不做呢?

在下一個版本的程式裡,我們會定義一個距離,一對(未連接)節點之間的距離如果超過我們定義的值,就不再計算和應用兩者之間產生的力。將這個距離設為 175 時,會忽略低於 0.05 的力。

```
const skipDistance - 175;

function forceDirected_skip(graph) {
  for (let i = 0; i < graph.length; i++) {
    let node = graph[i];
    for (let j = i + 1; j < graph.length; j++) {
      let other = graph[j];
```

```
      let apart = other.pos.minus(node.pos);
      let distance = Math.max(1, apart.length);
      let hasEdge = node.hasEdge(other);
      if (!hasEdge && distance > skipDistance) continue;
      let forceSize = -repulsionStrength / (distance * distance);
      if (hasEdge) {
        forceSize += (distance - springLength) * springStrength;
      }
      let applied = apart.times(forceSize / distance);
      node.pos = node.pos.plus(applied);
      other.pos = other.pos.minus(applied);
    }
  }
}
```

這項修改可以讓執行速度再提高 50%，對圖形配置也沒有明顯的損害。我們找到一條捷徑，從速度地獄中脫身。

剖析

僅僅透過推論，我們就能大幅提升程式的速度，但是牽涉到微觀最佳化（micro-optimization），也就是加快程式速度的方法差異微小時，通常很難預測哪些修改會有所幫助，而哪些不會。在這種情況下，就不能再依靠推論，必須深入觀察。

runLayout 函式會幫助我們測量程式執行當下所花費的時間。這是個好的開始，要改善某件事，就必須對它進行測量，不進行測量，根本無法知道你做的修改是否達到想要的效果。

現代瀏覽器內建的開發者工具甚至提供了更好的方法，幫助我們測量程式的速度，這項工具稱為剖析器（profiler），會在程式執行過程中，收集程式各個部分所耗費的時間相關資訊。

如果你的瀏覽器有支援剖析器，可以在開發者工具介面中找到，也可能是在 Performance Tab 上。讓 Chrome 為我們記錄目前的程式迭代 4,000 次的相關資訊，其剖析器會輸出以下的資料表：

```
Self time             Total time            Function
816.6 ms 75.4 %       1030.4 ms 95.2 %      forceDirected_skip
194.1 ms 17.9 %        199.8 ms 18.5 %      includes
 32.0 ms  3.0 %         32.0 ms  3.0 %      Minor GC
  2.1 ms  0.2 %       1043.6 ms 96.4 %      run
```

上面這份資料表列出佔用大量時間的函式或是其他工作任務。剖析器針對每個函式，回報執行函式所花費的時間，分別以毫秒為單位以及佔總執行時間的百分比。第一欄只列出真正用在控制函式上的時間，第二欄則包含這個函式呼叫其他函式所花費的時間。

就剖析檔案來說，這份表格非常簡單，因為這個程式沒有大量的函式。如果是更複雜的程式，各種剖析表的內容會變得非常、非常得長，可是，因為耗費最多時間的函式會顯示在資料表的最上層，所以通常很容易找到有趣的資訊。

從這張表可以看出，到目前為止，大部分時間都花在物理模擬的函式上，這一點算是在我們的意料之中，但是在第二列的資料裡，GraphNode.hasEdge 中用到的陣列方法 includes 竟然佔用了約 18% 的程式執行時間。

這樣的時間比例有點超出我們的預期。在一個有 85 個節點（treeGraph(4, 4)），3,570 對節點的圖形裡，這個函式的呼叫頻率非常高。經過 4,000 次迭代，呼叫 hasEdge 的次數超過 1,400 萬次。

讓我們看看是否可以進行什麼改善。我們修改 hasEdge 方法，將其加到 GraphNode 類別裡，然後建立新改版的模擬函式，呼叫新版的 hasEdge 方法取代原有的方法。

```
GraphNode.prototype.hasEdgeFast = function(other) {
  for (let i = 0; i < this.edges.length; i++) {
    if (this.edges[i] === other) return true;
  }
  return false;
};
```

新版本的程式在瀏覽器 Chrome 上執行後，計算圖形配置所需要的時間減少了約 17%，幾乎是剖析資料裡 includes 所佔的時間比例。在 Edge 上，新版程式的速度提高了 40%。然而在 Firefox 上，執行速度卻變慢了約 3%，在這個情況裡，Firefox 的引擎（SpiderMonkey）對舊版程式呼叫 includes 做了最佳化。

在剖析資料表裡，有一列標記為「Minor GC」，這部分的時間是耗費在清理程式不再使用的記憶體。有鑑於我們的程式建立了大量的向量物件，卻只花了 3% 的時間回收記憶體，算是非常低，JavaScript 引擎的垃圾回收機制往往非常有效率。

內聯函式

在剖析資料表裡，我們沒有看到向量方法出現（例如，`times`），即使程式大量使用這些方法。這是因為編譯器對它們進行內聯，而不是讓內部函式的程式碼呼叫實際的方法，對向量進行乘法運算。將向量乘法運算的程式碼直接放在函式內部，在編譯程式碼的過程中就不會發生實際呼叫方法的情況。

內聯可以透過多種方式加快程式碼速度。站在機器層級，呼叫函式和方法是使用通訊協定，需要將參數放在回傳位址（函式回傳時必須繼續執行的地方），讓函式可以找到。呼叫函式的做法是將控制權交給程式的其他部分，通常還需要儲存處理器的某些狀態，以便於被呼叫的函式在利用處理器的同時，不會對呼叫者仍然需要使用的資料造成干擾。變成內聯函式的做法時，這些都不需要了。

此外，優秀的編譯器會盡全力來簡化它產出的程式碼。如果我們把函式看成是什麼都可以做的黑盒子，編譯器就沒有太多工作要處理。另一方面，如果可以在編譯器的分析中看到並且包含函式主體，或許有其他機會可以發現程式碼最佳化的方法。

例如，JavaScript 引擎會完全避免在程式碼裡建立某些向量物件。以下列的表達式為例，如果能看懂這些方法，明顯可以看出產生的向量座標結果是將**力**的座標加上**正規化**座標與變數 `forceSize` 的乘積。因此，不需要使用 `times` 方法建立中間物件。

```
pos.plus(normalized.times(forceSize))
```

不過，JavaScript 同意我們隨時更換方法。那麼，編譯器要如何確定 `times` 方法實際上是哪個函式？如果儲存在 `Vec.prototype.times` 的值之後被其他人改掉了，又該怎麼辦？下次函式執行已經內聯的程式碼時，有可能會繼續使用舊的定義，因而違反程式人員對程式表現方式的假設。

這裡就是程式碼執行和編譯交錯進行，開始付出的代價。編譯熱門函式時，它其實已經執行過很多次。在函式執行的這段期間，如果一直呼叫同一個函式，合理的做法是嘗試將這個函式內聯。程式碼編譯的樂觀情況是，假設將來這裡還會呼叫相同的函式。

為了處理悲觀的情況，假設最後呼叫的是其他函式，編譯器會插入一個測試，比較呼叫的函式和已經內聯的函式。如果兩個函式的比較結果不合，表示編譯器採用的樂觀策略有誤，JavaScript 引擎必須解除目前的最佳化版本（deoptimize），回到上一個次佳化的版本。

減少產出垃圾

雖然我們建立的某些向量物件可能經由某些引擎完全最佳化，但建立這些物件可能還是需要成本。為了估計這項成本，我們寫了一個版本的程式碼，利用新舊程式的區域變數，「手動」計算向量。

```
function forceDirected_noVector(graph) {
  for (let i = 0; i < graph.length; i++) {
    let node = graph[i];
    for (let j = i + 1; j < graph.length; j++) {
      let other = graph[j];
      let apartX = other.pos.x - node.pos.x;
      let apartY = other.pos.y - node.pos.y;
      let distance = Math.max(1, Math.sqrt(apartX * apartX +
                                           apartY * apartY));
      let hasEdge = node.hasEdgeFast(other);
      if (!hasEdge && distance > skipDistance) continue;
      let forceSize = -repulsionStrength / (distance * distance);
      if (hasEdge) {
        forceSize += (distance - springLength) * springStrength;
      }
      let forceX = apartX * forceSize / distance;
      let forceY = apartY * forceSize / distance;
      node.pos.x += forceX; node.pos.y += forceY;
      other.pos.x -= forceX; other.pos.y -= forceY;
    }
  }
}
```

新版程式碼更冗長且重複性更高，但如果對其進行衡量，會發現效能改善的幅度很大，足以考慮在對效能敏感的程式碼裡，手動進行物件扁平化。在瀏覽器 Firefox 和 Chrome 上，新版本的速度約比前一個版本快 30%，在 Edge 上則提高約 60%。

將所有的改良步驟放在一起，然後在瀏覽器 Chrome 和 Firefox 上執行程式，其效能比一開始的版本快了大概五倍，在 Edge 上則快了 20 幾倍，這是相當大的改善。但是，請記住一點：只有真的會耗費大量時間的程式碼，才適合採取這些改良的措施。嘗試對所有程式碼最佳化只會拖慢程式執行的速度，留下大量不必要又過於複雜的程式碼。

垃圾回收機制

為什麼避免建立物件的程式碼速度更快呢？有幾個原因。引擎必須找到地方儲存物件，還要知道物件何時不再使用並且回收物件，引擎使用物件時，必須知道物件儲存在記憶體裡的位置。JavaScript 引擎在這些方面都很擅長，但通常也沒好到不需要建置成本。

請將記憶體想像成一排很長、很長的位元。啟動程式時，程式會收到一塊空的記憶體，開始把建立的物件一個接著一個放進記憶體裡，但是，到了某個點，記憶體空間會滿，其中的某些物件不再使用，JavaScript 引擎必須清楚知道哪些物件還在使用中，哪些沒有，才能再次利用沒有用到的記憶體。

現在程式的記憶體空間有點混亂，自由空間裡散佈著活躍物件，建立新物件時要為物件找到夠大的可用空間，所以需要進行搜尋。另一種替代方式是讓引擎將所有活躍物件移到記憶體空間的起始位置，這樣建立物件的成本（只要一個接一個放）會更低但移動現有物件需要投入更多工作量。

原則上要確認哪些物件仍在使用，因此，需要追蹤所有可以觸及到的物件，從全域物件開始檢查到使用中的區域物件，從這些作用範圍直接或間接引用的物件，都算是使用中的物件。萬一你的程式在記憶體中儲存了大量的資料，會耗費相當大的工作量。

「世代垃圾回收機制」（generational garbage collection）可以幫忙降低這些成本。這個方法是利用多數物件生命週期很短的事實，將 JavaScript 程式可以使用的記憶體分成兩個或兩個以上的世代（generation）。在為新生代保留的空間中建立新物件，當新生代的空間滿了，引擎會從中找出還在使用的物件，然後將其移至下個世代的空間裡。如果新生代空間裡只有一小部分的物件還在使用，發生這種情況時，只要耗費少少的工作量就能完成物件的移動。

為了知道哪些物件還在使用中，當然需要了解活躍世代裡所有物件的引用情況。每次對新生代空間進行回收時，垃圾回收器希望能避免檢查古生代空間裡的所有物件。因此，新物件在建立時如果有引用舊物件，必須記錄下引用資訊，下次回收空間時可以作為參考。這種做法會讓寫入舊物件的成本略微提高，但可從垃圾回收期間所節省下來的時間彌補增加的成本。

動態型態

JavaScript 裡像 `node.pos` 這種表達式，其目的是獲得物件屬性，要編譯這樣的程式碼並不容易。在許多程式語言裡，變數具有型態，因此，對變數值執行操作時，編譯器已經知道你需要哪種操作。在 JavaScript 裡，只有值才有形態，變數最終可以儲存不同型態的值。

這表示編譯器剛開始對屬性的了解少之又少，程式碼可能要嘗試自己讀取並且處理所有型態。如果 node 擁有的值未經定義，程式碼必須拋出錯誤；如果是字串值，一定要在 `String.prototype` 中查詢 pos；如果是物件，則根據物件形狀來取出 pos 屬性等等。

雖然 JavaScript 不需要，但幸運的是，絕大多數程式裡的變數**確實**都只有一種型態；只要編譯器認識這個型態，就可以利用這項資訊，產出更有效率的程式碼。到目前為止，如果 node 一直都是具有 pos 和 edges 屬性的物件，一切都簡單又快速，編譯器最佳化程式碼可以建立從這種物件中已知的位置取得屬性的程式碼。

但過去觀察到的事件，不保證將來也一定會發生。某一段還沒執行的程式碼仍舊可能把其他型態的值傳到我們的函式裡，例如，不同種類的 node 物件也會有 id 屬性。

所以編譯過後的程式碼還是必須**檢查**假設是否成立，如果不成立就要採取適當的行動。讓引擎完全解除目前的最佳化版本，退回尚未最佳化的版本，或是編譯新版本的函式，也可以處理最新觀察到的型態。

你可以故意把圖形配置函式的輸入物件弄亂，讓物件缺乏一致性，造成無法預測物件型態，觀察由此引發程式變慢的情況，如以下範例所示：

```
let mangledGraph = treeGraph(4, 4);
for (let node of mangledGraph) {
  node[`p${Math.floor(Math.random() * 999)}`] = true;
}

runLayout(forceDirected_noVector, mangledGraph);
```

在上面的範例程式中，每個節點會額外獲得一個屬性，但名稱隨機。如果我們在產生出來的圖形上，快速執行這個模擬程式碼，瀏覽器 Chrome 63 的執行速度會慢五倍，Firefox 58.0 版會慢十倍（！）。現在物件類型各不相同，程式碼必須在不認識物件形狀的前提下查詢物件屬性，這種做法的成本勢必會更昂貴。

有趣的是，執行這個程式碼後，`forceDirected_noVector` 變得非常慢，甚至連在一般正常的圖形上執行也是。混亂的型態「破壞」已經編譯好的程式碼，看來至少會持續一段時間。在某些時候，瀏覽器往往會丟棄已經編譯好的程式碼，然後從頭編譯，目的是移除這種的效果。

類似的技術也能用在存取屬性以外的情況，例如，運算子『+』應用在不同種類的值上會具有不同的意義。不同於永遠執行完整程式碼、處理所有這些意義的編譯器，睿智的 JavaScript 編譯器利用之前觀察的結果，建立某些預期的型態來應用運算子。如果只能應用在數字上，可以產生更簡單的機器碼來處理，但每次執行函式時，一樣必須檢查這些假設。

這個故事給我們的教訓是，如果一段程式碼需要加速，提供一致性的型態會有所助益。JavaScript 引擎相當適合處理出現好幾個不同型態的情況，引擎會產出程式碼來處理所有型態，當出現新的形態時會解除目前最佳化的版本。即使如此，這種情況下產生的程式碼，還是比單一型態的程式碼來得慢。

本章重點回顧

多虧有大量資金挹注在網路產業，以及各家瀏覽器之間的競爭，JavaScript 編譯器得以做它擅長的事：讓程式碼運行得更快。

但有時我們還是得提供一點協助，幫忙重寫內部迴圈，避免使用更昂貴的 JavaScript 功能。建立更少的物件（以及陣列和字串）通常會有幫助。

在你開始大肆破壞程式碼，認為這樣可以加快速度之前，請先考慮如何降低程式的工作量。從這個方向思考，通常最有機會找到最佳化的方式。

JavaScript 引擎遇到執行頻率高的熱門程式碼會編譯很多次，把上次執行程式時蒐集到的資訊，用來編譯更有效率的程式碼。此外，提供型態一致的變數也有助於提高效能。

練習題

路徑搜尋（Pathfinding）

請撰寫一個名為 findPath 的函式，其功能跟第 7 章的函式一樣，嘗試找出圖形中兩個節點之間的最短路徑。這個函式需要兩個本章用到的 GraphNode 物件作為參數，如果找不到路徑，就回傳 null，否則，回傳節點陣列，表示穿越圖形中的一條路徑。在這個陣列中，相鄰節點之間應該要有一條連線。

從圖形中搜尋路徑的好方法，如下所示：

1. 建立工作列表，包含一條只有起始節點的路徑。

2. 從工作列表中的第一條路徑開始。

3. 如果目前這條路徑末端的節點是目標節點，則回傳這條路徑。

4. 否則，針對路徑末端節點的所有相鄰節點進行檢查。如果該相鄰節點之前沒有看過，則以這個節點延伸目前的路徑，建立一條新路徑，並且加進工作列表。

5. 如果工作列表中有更多條路徑，則轉往下一條路徑，繼續進行步驟 3。

6. 否則，就是沒有找到路徑。

這個方法從起始節點「展開」路徑，確保一定能以最短路徑抵達指定的其他節點，因為只有在試過所有較短路徑後，才會考慮較長的路徑。

請實作這個程式，並且以某些簡單的樹狀圖測試這個程式。再建構一個包含圓的圖形（例如，使用 connect 方法在樹狀圖裡增加連接線），當存在多種可能性，測試看看你寫的函式能否找出最短路徑。

計時（Timing）

使用 Date.now() 測量 findPath 函式在更複雜的圖形中尋找路徑所需的時間。treeGraph 一定會把根節點放在圖形陣列的開頭，把葉子節點放在陣列尾端，請參考以下的範例，指派一個複雜的任務給你的函式：

```
let graph = treeGraph(6, 6);
console.log(findPath(graph[0], graph[graph.length - 1]).length);
// → 6
```

請建立一個執行時間約為 0.5 秒的測試案例。傳更大的數字給 treeGraph 時要特別小心。由於圖形大小呈指數增加，很容易就會建立出太大的圖形，如果要從中尋找路徑，會耗費大量的時間和記憶體。

最佳化（Optimizing）

現在你已經寫出一個測量過時間的測試案例，最後請想辦法提高 findPath 函式的執行速度。

請從宏觀最佳化（減少工作量）和微觀最佳化（降低執行指定工作的成本）這兩個方面思考。此外，請思考如何才能使用更少的記憶體，以及配置更少或更小型的資料結構。

解題提示

當你解本書的練習題時，如果遇到困難而且需要錦囊妙計，以下這些提示或許能助你一臂之力。這些提示的目的並非提供完整的解決方案，而是幫助你嘗試以自己的力量找出解決方案。

第 2 章：程式結構

迴圈三角形（Looping a Triangle）

你可以先寫一個程式，從列印數字 1 到 7 開始。請參考第 2 章內容裡「while & do 迴圈結構」那一節的範例程式——印出偶數的數字，有介紹 for 迴圈的寫法。

現在，請把 # 字元組成的字串當成跟數字一樣。從數字 1 到 2 是加 1（+= 1），所以從「#」變成「##」也可以是加一個 # 字元（+= "#"）。因此，這一題的解決方案幾乎跟列印數字的程式一樣。

經典題型 FizzBuzz

仔細檢查每個數字顯然是迴圈的工作，而選擇要印出其中那些數字就是條件控制的問題。請記住餘數運算子（%）的使用技巧，檢查某個數字是否能被另外一個數字整除（也就是餘數為零）。

在第一個版本裡，每個數字都有三種可能的結果，所以必須建立 if/else if/else 的判斷鏈。

第二個版本的程式有兩種解決方案，一個直覺，另一個聰明。簡單直覺的解決方案就是在原本的判斷鏈裡再多加一個「分支」條件，精確地測試問題指定的條件；聰明的解決方案則是建立一個字串包含要輸出的單字，然後印出單字或者是數字（在結果不是單字的情況下），可能要利用 || 運算子會比較方便。

西洋棋棋盤（Chessboard）

你可以從建立一個空字串（""）開始，然後重複加入字元。換行字源的寫法為「\n」。

因為有兩個部分要處理，所以需要在一個迴圈內再寫一個迴圈，兩個迴圈的主體都要用括號包起來，這樣才知道每一個迴圈的起點和終點，而且每個迴圈主體內的程式碼要做適當的縮排。迴圈執行的順序必須依照我們建立程式碼的順序（一行接著一行，由左到右，由上到下執行），所以外面的迴圈負責處理換行，裡面的迴圈則處理每一行要出現的字元。

需要建立兩個變數來追蹤進度，才能知道現在是要在指定的位置放空白還是 # 符號，判斷的方法是測試兩個計數器的總和是否為偶數（% 2）。

加入換行符號就能結束那一行，但必須先建立那一行，因此，換行這個動作會在裡面這個迴圈結束之後才執行，但還在外面那個迴圈的主體範圍內。

第 3 章：函式

最小值（Minimum）

只要把大括號和括號放在正確的位置，就能定義一個有效的函式。如果你不知道從何開始下手，請先複製本章的某個範例程式，從修改現有的程式碼著手。

一個函式可以包含多個 return 陳述式。

遞迴（Recursion）

這一題的函式看起來會有點像第 3 章遞迴範例程式「findSolution」裡的 find 函式，利用 if/else if/else 判斷鏈，測試函式要套用三個情況之中的哪一個。最後一個 else 會對應第三種情況，進行遞迴呼叫。每一個判斷分支都會包含一個 return 陳述式，或是設計某種方式回傳一個特定值。

給定一個負數時，函式會不斷進行遞迴，把越來越小的負數傳給自己，因而變成離回傳結果越來越遠，最終用光堆疊空間，導致程式中止。

計算字元數（Bean Counting）

函式需要一個迴圈來檢查字串裡的每一個字元，從索引值 0 開始執行，直到小於字串的長度為止（`< string.length`）。如果當前位置的字元和函式要找的字元相同，則計數器變數值加 1。迴圈執行完畢後，回傳計數器的值。

請注意，利用關鍵字 let 或 const 正確宣告變數，讓函式裡用到的所有變數都是區域變數。

第 4 章：資料結構：物件與陣列

範圍內的數字總和（The Sum of a Range）

最容易綁定一個陣列的方法是，首先對陣列變數 `[]` 進行初始化（一個完全空的陣列），重複呼叫 push 方法，將值新增到陣列裡，最後請不要忘記在函式程式碼的末尾回傳陣列。

由於計算範圍包含終點邊界，檢查迴圈是否結束時，運算子需要使用『`<=`』而非『`<`』。

step 參數為選擇性參數，所以將預設值設為 1（使用運算子『`=`』）。

為了讓 range 也能處理負的 step 值，最好的做法是，寫兩個單獨的迴圈：一個負責累加，另一個負責累減。這是因為在累減的情況下，檢查迴圈是否結束時，運算子需要改用『`>=`』而非『`<=`』。

當範圍的終點值小於起點值時，step 值可能有需要使用不同的預設值 -1。依照這樣的做法，`range(5, 2)` 才能回傳有意義的結果，而非陷入無線迴圈，也可以引用之前的參數作為參數的預設值。

反轉陣列（Reversing an Array）

很明顯有兩種方法可以用來實作 reverseArray 函式。第一種是簡單地把輸入的陣列從頭到尾檢查一遍，然後使用 unshift 方法，從新陣列的起點開始插入每一個元素。第二種方法則是反過來從輸入陣列的尾端開始執行迴圈，並且使用 push 方法；從陣列尾端反過來進行迭代，需要特殊的寫法（雖然有點麻煩），例如，(let i = array.length - 1; i >= 0; i-)。

如果是原地反轉陣列更難，必須很小心才不會覆蓋以後需要用到的元素。你可以用 reverseArray 函式或其他方法複製整個陣列（`array.slice(0)` 方法非常適合用於複製陣列），雖然可行但算是有點取巧的做法。

訣竅是交換第一個和最後一個元素，再交換第二個和倒數第二個元素，依此類推。做法是寫個迴圈檢查半個長度的陣列（使用 Math.floor 函式，將長度值四捨五入），把位置『i』和位置『array.length - 1 - i』的兩個元素互相交換。你可以使用一個區域變數暫時存放其中一個位置的元素，再以其映射位置的值覆蓋掉這個位置原本的值，然後把存在區域變數裡的值放到映射位置。

資料結構——List（A List）

從後面往前建立 list 會比較容易，所以 arrayToList 是在整個陣列裡反向迭代（請參考前面的練習題），將物件新增為 list 的每個元素。把目前為止建立的部分 list 儲存在區域變數裡，使用參數新增每個元素，例如，list = {value: X, rest: list}。

以 for 迴圈檢查整個清單（listToArray 和 nth），如以下程式所示：

```
for (let node = list; node; node = node.rest) {}
```

上面的範例程式碼是如何運作的，你看出來了嗎？迴圈進行每一次迭代時，node 會指向目前的子列表，迴圈本體會讀取 value 屬性，取出目前的元素。迭代結束時，node 會移動到下一個子列表，當子列表為 null 時，表示已經到達列表的末尾，迴圈隨即結束。

nth 的遞迴版本一樣會看列表「末尾」更小的部分，同時遞減索引值，直到索引值為零，此時會回傳當下檢查到的 node 的 value 屬性。要取出列表裡第 0 個位置的元素，只要讀取第一個 node 的 value 屬性；取出第 $N + 1$ 個位置的元素，就要讀取列表裡第 N 個元素的 rest 屬性。

深入比較（Deep Comparison）

你是否正在測試如何處理真實物件？你的方法看起來是否有點像『typeof x == "object" && x != null』。只有當兩個參數都是物件，比較屬性時才需要小心，在其他情況下，只要立刻回傳應用『===』的結果。

使用 Object.keys 來檢查屬性，需要測試兩個物件的屬性名稱是否為同一組，以及這些屬性的值是否一致。其中一種做法是確定兩個物件的屬性數量相同，然後，以迴圈重複檢查物件的每一個屬性，藉此比較兩邊的屬性，不過首先一定要確定另一個物件裡真的有同樣名稱的屬性。如果兩個物件的屬性數量都一樣，而且其中一個物件的所有屬性也存在另一個物件裡，就可以說這兩個物件的屬性名稱是同一組。

要回傳正確的函式值，最好的做法是發現條件不合時，立刻回傳 false，在函式結束時回傳 true。

第 5 章：高階函式

實作 every 函式（Everything）

every 方法跟『&&』運算子一樣，只要發現有一個元素不符合條件，就會停止繼續判斷其他元素。在迴圈架構的版本裡，只要有一個元素因為沒有通過判斷函式而回傳 false，程式就會跳出迴圈——利用 break 或 return。如果執行到迴圈末尾，都沒有遇到這種不符合條件的元素，就可以知道所有的元素都符合，而且應該回傳 true。

改以 some 方法為基礎來建立 every 函式，可以應用 *De Morgan 法則*——a && b 等於 !(!a || !b)。從這個法則可以推論出，如果陣列中沒有不符合條件的元素，則表示陣列中的所有元素都符合。

主要書寫方向（Dominant Writing Direction）

這個練習題的解法看起來和範例程式 textScripts 的前半部非常相像，你必須再次根據 characterScript 的準則來計算字母個數，然後將結果裡，我們不感興趣的字母過濾掉。

使用 reduce 方法，找出最多字母所具有的方向，如果不清楚該怎麼做，請回頭看第 5 章的範例，參考如何使用 reduce 方法來找出具有最多字母的字元集。

第 6 章：物件的秘密

Vector 型態（A Vector Type）

如果你不確定類別宣告的方式，請回到前面的章節，複習範例程式的 Rabbit 類別。

在方法名稱前面加上 get，可以為建構函式新增 getter 屬性。計算（0, 0）到（x, y）的距離需要使用畢氏定理，也就是我們尋求的距離平方等於 x 座標的平方加上 y 座標的平方。所以，$\sqrt{x^2 + y^2}$ 就是你要的數字，JavaScript 使用 Math.sqrt 計算平方根。

群組（Groups）

最簡單的做法是將群組成員組成的陣列儲存在 instance 屬性，然後使用 include 或 indexOf 方法檢查指定值是否存在陣列之中。

類別建構函式將群組成員的集合設為空陣列。呼叫 add 方法，必須檢查指定的值是否已經在陣列裡，沒有就新增（例如，使用 push）。

delete 方法從陣列中刪除元素的做法並不是那麼直覺，但可以用 filter 方法建立沒有值的新陣列。對於過濾後的新版本陣列，別忘記覆寫陣列成員的屬性。

from 方法使用 for/of 迴圈，從可迭代物件中取出值，然後呼叫 add 方法，將取出的值放進新建立的群組裡。

迭代群組（Iterable Groups）

這個情況可能值得定義新的類別 GroupIterator。迭代器實體應該要有屬性負責追蹤群組裡現在迭代的位置。每次呼叫 next 方法，會檢查是否已到達矩陣的底部，如果還沒，就移動到目前這個值的下一個位置，然後回傳目前的值。

Group 類別本身會取得由 Symbol.iterator 命名的方法，呼叫 Symbol.iterator 時，會回傳群組的 iterator 類別的新實體。

借用其他物件的方法（Borrowing a Method）

請記住，原始物件上存在的方法來自 Object.prototype。

還要再記住一點，可以使用函式的 call 方法，以特定變數 this 為參數呼叫函式。

第 7 章：實作專案：宅配機器人

衡量機器人的能力（Measuring a Robot）

必須撰寫 runRobot 函式的變形版，不使用 console 記錄事件，而是回傳機器人完成任務所花的步數。

然後，你所撰寫的衡量函式會利用迴圈，重複產生新的狀態並且計算每個機器人所花的步數。函式產生足夠的衡量結果後，使用 console.log 輸出每個機器人的平均值，也就是總步數除以衡量次數。

改善機器人效率（Robot Efficiency）

goalOrientedRobot 函式的主要限制在於函式每次只考慮一個包裹。機器人會經常在村子裡來回走動，因為碰巧看到的包裹剛好在地圖的另外一邊，即使明明有其他包裹更近。

可能的解決方案是計算所有包裹的路線，然後取最短路徑。如果有多個最短路徑，優先選擇去拿包裹而不是送包裹的路線，甚至能獲得更好的結果。

持久化群組（Persistent Group）

最方便的方法還是以陣列表示一組成員的值，因為陣列很容易複製。

在群組裡新增一個值後，以包含這個新值的原始陣列的副本，建立新的群組（例如，使用 concat 方法建立新陣列）。刪掉一個值之後，就從陣列中過濾掉。

類別的建構函式可以將這種陣列作為參數，並且儲存為實體唯一的屬性，這個陣列永遠不會更新。

為不是方法的建構函式新增一個屬性「empty」，必須在類別定義為一般屬性之後，才能將其加到建構函式裡。

因為所有空的群組都一樣，而且類別的實體不會改變，所以只需要一個 empty 的實體。從這一個空的群組去建立許多不同的群組，不會對這個空的群組造成任何影響。

第 8 章：臭蟲與錯誤

再接再厲（Retry）

呼叫 primitiveMultiply 一定會發生在 try 區塊裡。當它不是 MultiplicatorUnitFailure 的實體，而且確定要重新呼叫時，相對應的 catch 區塊會重新丟出例外處理。

重新呼叫函式時，可以使用只會在呼叫成功時停止的迴圈（如同第 148 頁「例外情況」一節裡的 look 範例）；或是使用遞迴，暗自希望不會發生一連串的失敗，而導致堆疊溢位（這是相當安全的賭注）。

上鎖的箱子（The Locked Box）

這個練習需要一個 `finally` 區塊。函式應該先解鎖盒子，再從 `try` 區塊的主體內部呼叫參數函式，之後再以 `finally` 區塊再次鎖定盒子。

為了確保我們不會在盒子早已經打開的情況下卻沒有鎖上盒子，請在函式一開始檢查盒子，如果盒子鎖著就打開，只有在最初是上鎖的狀態時才鎖上盒子。

第 9 章：規則運算式

更換引號風格（Quoting Style）

最明顯的解決方案是只有引號是至少一側以非單字字元取代，例如，`/\ W'|'\ W/`。但還必須考慮每一行的起點和結尾。

此外，必須確定替換的部分包含符合 `\W` 模式的字元，才不會漏掉這些字元。做法是將它們放在括號裡，在取代字串中包含比對的群組（`$1, $2`），不符合比對條件的群組則不會替換。

比對數字（Numbers Again）

首先，請不要忘記句點之前的反斜線。

接著，使用 `[+\-]?` 或 `(\+|-|)`（加、減或無），比對數字和指數前可供選擇的符號。

練習中較為複雜的地方是「5.」和「.5」這兩種情況裡尚未比對『.』的部分。針對這個問題，有一個好的解決方案是使用『|』運算子，將這兩種情況分開：不是一個或一個以上的數字，後面可以有也可以沒有小數點或是接更多數字；不然就是小數點後跟著一個或一個以上的數字。

最後是 *e* 不需要區分大小寫，不論是在規則運算式加選項 `i` 或使用 `[eE]` 的情況都是。

第 10 章：模組

模組化機器人（A Modular Robot）

我會採取以下的做法，但必須再強調一次，設計指定模組時沒有一體適用的正確方法。

建立道路圖的程式碼放在 graph 模組裡。此處不會使用我們之前自己寫的路徑搜尋程式碼，而是改用 NPM 平台上下載的 dijkstrajs 套件，所以我們要根據 dijkstrajs 套件需要類型建立圖形資料。這個模組提供 buildGraph 函式，我們的做法是讓 buildGraph 函式接受一個由兩個元素組成的陣列作為參數，而非包含連字號的字串，用意是降低模組對輸入格式的依賴。

roads 模組包含原始道路資料（roads 陣列）和 roadGraph 變數，這個模組根據 ./graph 輸出路網圖。

VillageState 類別放在 state 模組裡，依賴 ./roads 模組，因為需要驗證指定的道路是否存在。還需要 randomPick 函式，由於這個函式只有三行，可以只將這個函式放進 state 模組，作為內部輔助函式，但是 randomRobot 也需要用到這個函式，所以我們不是再複製一份程式碼，不然就是放進函式自己的模組裡。由於 NPM 平台上的 random-item 套件剛好有這個函式，一個不錯的解決方案是讓這兩個模組都依賴這個套件。我們可以將 runRobot 函式也加到這個模組裡，因為這個函式很小而且和狀態管理有密切關係。這個模組輸出 VillageState 類別和 runRobot 函式。

最後的部分是將機器人以及他們所需要的值（例如，mailRoute）放在 example-robots 模組，依賴 ./roads 並且輸出機器人函式。為了讓 goalOrientedRobot 能進行路徑搜尋，這個模組還需要 dijkstrajs 套件。

將某些工作轉移給 NPM 模組處理，程式碼會變得更小。每個獨立模組的功能都相當簡單，而且可以各自讀取。將程式碼劃分為模組，通常也意味著對程式的設計做進一步的改善。此處，VillageState 和機器人依賴特定路網圖，似乎有點奇怪。因此，更好的想法是讓圖形作為 state 建構函式的參數，讓機器人從 state 物件讀取圖形，進而降低相依性（這點一定會有好處），儘可能在不同地圖上執行模擬程式（能支援這點甚至更好）。

使用 NPM 模組取代我們自己已經寫好的程式，這樣好嗎？原則上是，對於路徑搜尋函式這種複雜的程式，自己寫不僅容易出錯而且浪費時間。至於像 random-item 這種迷你的函式，雖然自己很容易就能寫出來，但是，把這些函式加到你需要的地方，確實常常會讓模組變得雜亂。

然而，要找到適合的 NPM 套件，你也不應該低估這部分所涉及的工作。就算找到可以用的套件，不一定能運作良好，也可能缺少你需要的某個功能。最重要的是，依賴 NPM 套件表示你一定要安裝好套件，套件要跟著程式一起發送，而且必須定期更新套件。

所以，再說一次，請自己權衡要使用哪種做法，一切取決於套件對你有用的程度。

道路模組（Roads Module）

既然有 CommonJS 模組，你必須使用 require 匯入圖形模組，也就是匯出 buildGraph 函式；以解構常數宣告的方式，讓你挑選函式的介面物件。

在 exports 物件加入屬性，可以匯出 roadGraph。由於 buildGraph 採用的資料結構，不會精準比對道路，所以道路字串的拆分工作必須在模組中進行。

循環相依性（Circular Dependencies）

訣竅是 require 在開始載入模組之前將模組增加到其緩存中。如此一來，如果任何已經呼叫的 require 函式，嘗試於執行中載入模組，會回傳目前的介面，而非開始載入更多模組（最終會造成堆疊溢位）。

如果一個模組覆寫 module.exports 的值，模組載入完成前，任何其他模組只要有接收到這個模組的介面值，會取得保存的預設介面物件（可能為空物件），而非安排好的介面值。

第 11 章：非同步程式設計

手術刀追蹤程式（Tracking the Scalpel）

可以利用一個迴圈在各個鳥巢之間進行搜尋，如果找到的值不符合目前的鳥巢名稱，就移動到下一個鳥巢；比對到符合條件的值，則回傳鳥巢名稱。在同步函式裡，可以使用一般的 for 或 while 迴圈。

要在純函式裡套用相同的做法，必須以遞迴函式建立迴圈。最簡單的方法是 Promise 取出儲存值後，再呼叫 then，讓函式回傳一個 Promise。比對儲存值是否為目前的鳥巢名稱，根據比對結果，處理器會回傳這個值，或是重新呼叫迴圈函式來建立 Promise。

別忘了要從主函式再呼叫一次遞迴函式，開始執行迴圈。

在同步函式裡，await 將被拒絕的 Promise 轉換成例外情況。當同步函式丟出例外情況，Promise 就會被拒絕，所以這個做法可行。

如果你實作之前簡單提過的非同步函式，then 的運作方式會自動引發失敗，最終會回傳 Promise。如果請求失敗，則不會呼叫傳給 then 的處理程式，回傳的 Promise 會以相同的理由拒絕。

建立 Promise.all 函式（Building Promise.all）

函式傳給 Promise 建構函式後，必須對指定陣列中的每個 Promise 呼叫 then；只要其中一個 Promise 成功，有兩件事一定會發生。產生的結果值要儲存在結果陣列中的正確位置，而且必須檢查這個 Promise 是否為最後一個待處理的項目，如果是，就完成這個 Promise。

後者可以借助計數器達成目標，計數器初始化為輸入陣列的長度，每次有 Promise 成功就從計數器減掉 1，當計數器的值到達零，工作就完成了。請確定你有考慮輸入陣列為空的情況（沒有解決任何 Promise）。

處理失敗需要某些想法，但事實證明，其實極為簡單。你只要將包裝 Promise 的 reject 函式，傳給陣列裡的每一個 Promise，作為處理程式 catch 或是傳給 then 作為第二個參數，只要其中一個發生失敗，就會觸發整個 Promise 包裝器的拒絕函式。

第 12 章：實作專案：自創一個小型的程式語言

陣列（Arrays）

最簡單的做法是以 JavaScript 陣列來表示 Egg 陣列。

在最上層的作用範圍裡增加的值一定是函式，使用剩餘參數（使用『...』符號）來定義 array 會非常簡單。

閉包（Closure）

此處，我們要再次利用 JavaScript 的機制，在 Egg 環境中提供效果一致的功能。將特殊表單傳給引用它的區域作用範圍，則它們的子表單也可以在這個作用範圍內引用。以 Egg 語言定義的 fun 形式回傳的函式可以使用的參數，包含指定給其閉包函式的 scope 參數，呼叫函式時，會以這個參數建立函式的區域作用範圍。

表示區域作用範圍的原型會是建立函式的作用範圍，也就是說可以使用函式作用範圍內的變數。雖然要以真正有效的方式編譯，還需要輔助更多其他的工作，但這些就是實作閉包需要的全部內容。

註解（Comments）

請確定你的解決方案可以連續處理多個註解，註解之間或之後有包含空格。

規則運算式可能是最簡單的解決方法，請寫一些運算式比對「零個或多個空格或註解」。使用 exec 或 match 方法，檢查回傳陣列（所有符合比對的元素）的第一個元素的長度，找出要切掉幾個字元。

修正作用範圍（Fixing Scope）

必須利用迴圈重複檢查，一次處理一個作用範圍，再使用 Object.getPrototypeOf 移動到下一層的外部作用範圍。針對每個作用範圍，使用 hasOwnProperty 判斷變數是否存在於這個作用範圍裡，此處的變數是由 set 第一個參數的 name 屬性指示。如果變數存在，將變數設定給 set 第二個參數的判斷結果，然後回傳變數值。

如果直到最外部的作用範圍都還沒找到這個變數（Object.getPrototypeOf 會回傳 null），就表示變數不存在，應該丟出錯誤訊息。

第 14 章：文件物件模型

建立表格（Build a Table）

使用 document.createElement 可以建立新的元素節點，以 document.createTextNode 建立文字節點，appendChild 方法則可以將節點放入其他節點裡。

以迴圈重複檢查 key 的名稱，填入第一列，然後為陣列裡的每個物件建立資料行。要從第一個物件取得 key 名稱的陣列，Object.keys 是非常好用的方法。

在正確的父節點新增表格，可以使用 document.getElementById 或 document.querySelector，找出具有正確 id 屬性的節點。

從標籤查詢名稱（Elements by Tag Name）

最容易表達本題解決方案的做法是遞迴函式，類似本章之前定義的 talksAbout 函式。

byTagname 方法遞迴呼叫自身，結合最後產生的陣列，輸出結果；或是建立可遞迴呼叫自身的內部函式，讓這個函式使用外部函式定義的陣列變數，內部函式找到符合條件的元素後，會加到外部函式裡。請別忘記從外部函式呼叫一次內部函式，以啟動這個流程。

遞迴函式必須檢查節點類型，此處我們有興趣的只有節點類型 1（Node. ELEMENT_NODE）。針對這類節點，必須利用迴圈重複處理它們的子節點，檢查底下每個子節點是否符合查詢條件，同時還要遞迴呼叫每個子節點去檢查其自身的子節點。

貓與帽子（The Cat's Hat）

Math.cos 和 Math.sin 以弧度測量角度，其中一個完整的圓是 2π。對指定角度加上 2π 的一半（也就是 Math.PI），可以獲得該角度的反向角。這個做法非常適合處理要將帽子放在軌道另一側的情況。

第 15 章：事件處理

氣球（Balloon）

此處需要為「keydown」事件註冊處理程式，檢查 event.key，用以判斷是否按下方向鍵的上或下。

將氣球目前的大小儲存在變數裡，之後才能根據這個變數設定氣球新的大小。定義一個函式負責更新氣球大小會很有幫助，包括 DOM 裡面氣球的變數和風格，如此一來就可以從事件處理器呼叫這個函式，設定氣球最初的大小，也能在程式啟動時呼叫這個函式。

要讓氣球變成爆炸的狀態，做法是使用 replaceChild，將文字節點替換成另一個文字節點；或是將文字節點的父節點的 textContent 屬性設定為新字串。

滑鼠的拖曳軌跡（Mouse Trail）

建立元素時最好的做法是使用迴圈。將元素加到文件裡，就能顯示這些元素。把元素儲存在陣列裡，日後要改變元素位置時可以使用。

循環處理所有元素的做法，是維持一個計數器變數，每次觸發「mousemove」事件，變數值就會加 1。使用餘數運算子（% elements.length），取得有效的陣列索引值，挑出你想在指定事件發生期間定位的元素。

我們可以建立一個簡單的物理系統模型，達到另一個有趣的效果。使用「mousemove」事件，但只更新追蹤滑鼠位置的一對變數，然後使用 requestAnimationFrame，模擬軌跡元素受到滑鼠游標位置吸引的效果。動畫裡的每個步驟更新元素位置時，是根據元素相對於滑鼠游標的位置，也可以根據每個元素儲存的速度。至於哪個方法適合，取決於你的判斷。

分頁式介面（Tabs）

這個練習題可能落入的陷阱，是你不能直接使用節點的 childNodes 屬性作為分頁節點的集合。一方面，當你增加按鈕時，按鈕也會變成子節點，最後會出現在物件裡，因為它是富有生命力的資料結構；另一方面，為節點之間的空白而建立的文字節點，也會存在 childNodes 屬性裡，但不應該有自己的分頁。使用 children 而非 childNodes，就能忽略文字節點。

一開始先建立分頁陣列，之後就可以輕鬆使用。為了實作按鈕風格，需要儲存包含分頁面板及其按鈕的物件。

此處建議你單獨寫一個函式來改變分頁。可以儲存之前選定的分頁，只修改隱藏分頁與顯示新分頁需要的風格；或者只在每次選定新分頁時，才更新所有分頁的風格。

你可能希望立即呼叫這個函式，讓介面一開始顯示第一個分頁。

第 16 章：專案：2D 平面遊戲

暫停遊戲（Pausing the Game）

指定給 runAnimation 的函式回傳 false 時，會中斷動畫；呼叫 runAnimation 可以繼續執行動畫。

所以，我們需要讓指定給 runAnimation 的函式，知道遊戲暫停這個事實。基於這個目的，需要使用事件處理器和這個函式都能用的變數。

請記住，要取消 trackKeys 已經註冊的處理器，必須將跟傳給 addEventListener 完全相同的函式值傳給 removeEventListener，才能成功刪除處理器。因此，在 trackKeys 裡建立的處理器的函式值必須可以用在負責取消處理器的程式碼。

為 trackKey 回傳的物件增加屬性，其中包含的函式值或方法負責直接處理取消註冊。

怪物（A Monster）

如果你想實作的移動類型具有狀態，例如，彈跳，請確定 actor 物件有儲存必要的狀態；將此狀態作為建構函式的參數，並且增加為屬性。

請記住 update 是回傳新物件，而非修改舊物件。

處理碰撞時，在 state.actors 裡找出玩家，然後比較玩家和怪物的位置。為了取得玩家底部的位置，必須將玩家的垂直大小增加到其垂直位置。建立更新狀態時的方法類似金幣的 collide 方法（移除角色）或岩漿的方法（將狀態改為「lost」），取決於玩家的位置而定。

第 17 章：繪圖：Canvas 元素

形狀（Shapes）

使用路徑最容易畫出第一題：梯形。選擇適當的中心座標，圍繞中心座標增加四個角落裡的每一個點

第二題：鑽石形可以使用路徑直接畫，或是採用有趣的方式，以旋轉變形來畫。使用旋轉必須應用類似 flipHorizontally 函式用過的技巧。因為我們希望圍繞矩形中心旋轉，而非（0,0）這個點，所以必須先使用 translate 方法平移，再旋轉，最後再平移回來。

任何建立的形狀繪製完成後，一定要將變形狀態重置。

第三題：鋸齒線如果寫一個新的函式呼叫 lineTo 來畫每一部分的線段，並不是很實用，反而應該使用迴圈。可以每次迭代畫兩條（先向右再向左）或一條線段，在這種情況下，必須使用迴圈索引的均勻度（evenness，也就是 % 2），判斷線段要往左還是往右畫。

我們還需要一個迴圈來畫第四題的螺旋形。如果畫出一連串的點，每一個點都圍繞螺旋形的中心，沿著圓前進，得到的圖形就是一個圓形。如果在迴圈過程中改變目前這個點所在圓的半徑，然後多繞幾次，得到的結果就會是螺旋形。

第五題所描繪的星形是以 quadraticCurveTo 方法建立曲線，這個方法也可以畫直線。將一個圓分成八塊，會得到有八個頂點的星星，或是你想分幾塊都可以。在這些頂點之間畫線，朝星星的中心彎曲。quadraticCurveTo 方法使用星星的中心作為控制點。

圓餅圖（The Pie Chart）

此處需要呼叫 fillText，設定背景環境的 textAlign 和 textBaseline 屬性，依據這樣的方式，文字會出現在你希望的地方。

要定出標籤的位置，合理的做法是將文字放在從圓餅圖中心往切片中間延伸的線上。我們不希望將文字直接放在圓餅圖旁邊，而是離圓餅圖一側有段距離（以像素數量指定距離）

這條線的角度是『currentAngle + 0.5 * sliceAngle』，以下程式碼是在這條線上找到距離中心 120 像素的一個點：

```
let middleAngle = currentAngle + 0.5 * sliceAngle;
let textX = Math.cos(middleAngle) * 120 + centerX;
let textY = Math.sin(middleAngle) * 120 + centerY;
```

使用這個方法時，textBaseline 的屬性值設為「middle」或許比較適合；至於 textAlign 的屬性值要使用什麼，取決於文字在圓的哪一側。如果文字在圓的左側，設為「right」；在右側的話，則設為「left」，所以文字的位置會遠離圓餅圖。

如果不確定要怎麼找出指定角度在圓的哪一側，請參見第 262 頁「定位與動畫」一節裡有關 Math.cos 的說明。根據角度的餘弦值可以知道角度對應的 x 座標，反過來告訴我們角度在圓的哪一側。

彈跳球（A Bouncing Ball）

使用 strokeRect 方法，輕鬆就能畫出一個盒子。定義一個變數負責保存盒子的大小，如果盒子的寬度和高度有所差異，則定義兩個變數。建立圓球的做法是從路徑開始，然後呼叫『arc(x, y, radius, 0, 7)』，就能從弧度零開始建立一個超過一整個圓的弧。最後再填滿路徑。

利用第 293 頁「角色物件」一節裡的 Vec 類別，為圓球的位置和速度建立模型。指定圓球的起始速度，但最好不要只單純設定垂直或水平速度；針對每個畫面，將速度乘以經過的時間量。當圓球離垂直牆面太近時，反轉 x 方向的速度；同樣地，圓球撞到水平牆面時，則反轉 y 方向的速度。

找到圓球的新位置和速度後，請使用 clearRect 方法刪除場景，並且以新位置重新繪製圓球。

預先計算鏡像圖（Precomputed Mirroring）

解決方案的關鍵是使用 drawImage 時，以畫布元素作為圖像來源；再建立另外一個 <canvas> 元素，但不加入文件裡，將反轉過後的角色繪製在這個元素上。實際繪製畫面時，只要將已經反轉過的角色複製到主要畫布上。

需要特別注意的一點是圖像不會立即載入，再加上反轉角色只會畫一次；因此，如果是在圖像載入之前執行，則不會畫出任何內容。圖像的「load」處理器負責將反轉過的圖像繪製到其他畫布上，這個畫布可立即作為繪圖來源（畫布會一直呈現空白，直到我們將角色繪製到畫布上）。

第 18 章：HTTP 與表單

內容協商（Content Negotiation）

以第 343 頁「Fetch 介面」一節裡的 Fetch 範例程式碼為修改基礎。

請求偽造的媒體類型時，回傳時會以狀態碼 406（「不可接受」）回應，伺服器無法滿足 Accept 標頭時就會回傳這個狀態碼。

編寫 JavaScript 程式的工作環境（A JavaScript Workbench）

利用 document.querySelector 或 document.getElementById，取得 HTML 裡定義的元素。按鈕的「click」或「mousedown」事件處理器，可以取得文字欄位的 value 屬性以及呼叫 Function 建構函式。

Function 建構函式的呼叫以及其呼叫結果一定要包裝在 try 區塊裡，才能攔截到 Function 產生的例外情況。在這種情況下，我們其實不知道要找什麼類型的例外情況，所以會攔截所有例外情況。

輸出元素的 textContent 屬性是用字串訊息填滿元素；如果想保留舊的內容，請使用 document.createTextNode，建立文字節點後，再附加到元素裡。請記得在每一行文字的結尾加上換行字元，才不會發生所有輸出文字都出現在同一行的情況。

康威生命遊戲（Conway's Game of Life）

就概念上來看，各個細胞的改變是有可能同時發生，為了解決這個問題，我們試著將每一代的計算當作純函式，函式會拿一個現有的網格去產生下一代的新網格。

第 120 頁「迭代器介面」一節裡介紹的方法可用於表示矩陣。利用兩個巢狀迴圈，循環檢查兩個軸上的相鄰座標，計算出活著的鄰居。請注意不要計算範圍之外的細胞，並且忽略中心點的細胞，因為我們正在計算這些細胞的鄰居。

確保改變核取方塊時，一定會產生下一代細胞，有兩種有效的做法。事件處理器會注意到這些改變，然後更新目前的網格，以反映當下的變化；或是在計算下一代之前，以核取方塊提供的值產生新的網格。

繪製核取方塊以顯示網格，可以使用 `<table>` 元素（請參見第 265 頁「建立表格」），也可以簡單將所有核取方塊都放在相同的元素裡，在行與行之間放 `<br>` 元素（換行符號）。

第 19 章：實作專案：小畫家線上版

快捷鍵（Keyboard Bindings）

如果沒有按住 SHIFT 鍵，字母按鍵事件的 key 屬性會是小寫字母本身，此處對 SHIFT 鍵的按鍵事件沒有興趣。

「keydown」事件處理器會檢查自身的事件物件，判斷是否與任何快捷鍵符合。自動從 tools 物件中取得工具名稱的第一個字母，組成字母列表，就不必再將這些字母寫出來。

當按鍵事件符合快捷鍵時，呼叫事件物件的 preventDefault 方法，並且分派適合的動作。

繪圖效率（Efficient Drawing）

如果想了解不可變異資料結構如何加快程式碼速度，這個練習題是很好的例子。因為我們手上有新、舊圖片，所以可以比較兩者的情況；如果只重畫顏色改變的像素，在多數情況下，可以節省 99% 以上的繪圖工作量。

你可以寫新函式 updatePicture，或是讓 drawPicture 多接收一個參數（可能是未定義或前一張圖片）。函式會針對每一個像素，檢查現在這個位置的像素顏色和前一張圖片是否相同，如果相同，就跳過這個像素。

由於改變畫布大小時，會清除畫布上的內容，所以當新舊圖片的大小相同時，還應該避免動到 width 和 height 屬性。如果載入新圖片時，發現兩者大小不同，可以在改變畫布大小之後，將保存舊圖片的變數設為 null，因為改變畫布大小後，不應該跳過任何像素。

繪製圓形（Circles）

矩形工具可以帶給我們一些解題靈感。當滑鼠游標移動時，跟矩形工具的做法一樣，我們希望繼續在一開始的圖片上繪圖，而非目前的圖片。

使用畢氏定理來判斷需要著色的像素。將 x 座標差的平方（`Math.pow(x, 2)`）與 y 座標差的平方加總，然後計算平方根（`Math.sqrt`），求出游標目前的位置與起始位置之間的距離。然後以起始位置為中心，利用迴圈重複處理一塊正方形內的像素（正方形邊長至少是半徑的兩倍），然後為圓半徑內的像素著色，此處要再次使用畢氏定理，求出像素與圓心的距離。

為像素著色時，請確定不要畫到超出圖片邊界的像素。

繪製直線（Proper Lines）

畫出由像素組成的直線，實際上會碰到四個類似但略微不同的問題。從左到右畫一條水平線很容易，只要重複為 x 座標上的每一步像素著色。如果直線略微傾斜（小於 45 度或 $1/4\pi$ 弧度），可以沿著斜率插入 y 座標。每個 x 座標位置還是需要一個像素，這些像素的 y 座標位置由斜率決定。

不過，只要斜率超過 45 度，就必須改變處理座標的方式。因為直線現在往上移動的機會比往左移動高，所以每個 y 座標位置都需要一個像素。如果斜率超過 135 度，還必須回到 x 座標位置重複處理每個像素，但方向是從右到左。

實際上不需要寫四個迴圈。因為從 A 到 B 畫一條線，跟從 B 到 A 是一樣的，所以一條從右到左的直線，只要將起始位置和結束位置交換，就可以當作是從左到右的直線。

因此，你需要寫兩個不同的迴圈。畫線函式應該做的第一件事，是檢查 x 座標之間的差是否大於 y 座標之間的差。如果大於，表示這是一條水平線，小於則是垂直線。

請確定你是比較 x 座標差和 y 座標差的絕對值（可以使用 `Math.abs` 方法）。只要知道是沿著哪個軸重複處理像素，就可以檢查那個座標軸上的起始點是否高於結束點，如有必要則交換這兩點。在 JavaScript 裡，如果想交換兩個變數的值，比較簡單的方法是利用解構賦值（destructuring assignment），如下所示：

```
[start, end] = [end, start];
```

然後計算直線的斜率，斜率的作用是當你沿著主要座標軸前進，每走一步，另一個座標軸的變化量就是由斜率決定。因此，你可以沿著主要座標軸進行迴圈，同時追蹤另一個座標軸上對應的位置，在每次迭代時繪製像素。非主要座標軸的座標值一定要四捨五入，因為有可能是小數，而 draw 方法無法適當處理帶有小數的座標值。

第 20 章：伺服器端開發環境：NODE.JS 入門

搜尋工具（Search Tool）

process.argv[2] 裡面可以找到命令列的第一個參數——規則運算式，下一個參數是輸入的檔案。利用 RegExp 建構函式，將字串轉換成規則運算式物件。

利用 readFileSync 函式，採取同步處理的做法會更直覺；可是，如果是使用 fs.promises，取得會回傳 Promise 的函式並且撰寫非同步函式，則程式碼看起來會很像。

判斷某個內容是否為目錄，可以再次使用 stat（或 statSync）和 stats 物件的 isDirectory 方法。

瀏覽目錄是一個分支過程。使用遞迴函式或是保存工作陣列（仍然需要瀏覽的檔案），這兩種做法都能達到目的。要找出目錄下的檔案，可以呼叫 readdir 或 readdirSync；此處出現一個奇怪的大寫，這是 Node 檔案系統的函式命名方式，基本上是根據標準 Unix 函式，在我們舉的例子裡，readdir 全都是小寫，但後面的 Sync 卻用了一個大寫字母。

如果要將使用 readdir 讀取的檔案名稱，轉換為完整路徑名稱，必須將檔案名稱與目錄名稱結合在一起，在兩個名稱之間加上斜線字元（/）。

建立目錄（Directory Creation）

使用實作 DELETE 方法的函式作為 MKCOL 方法的設計圖。找不到檔案時，函式會嘗試以 mkdir 方法來建立目錄。如果路徑存在目錄，以 204 回應，則建立目錄的請求為　等方法（idempotent）。如果此處存在的檔案沒有目錄，則回傳錯誤碼，適合回應的錯誤碼是 400，表示錯誤的請求。

在網站上提供公用空間（A Public Space on the Web）

如果要將編輯過的檔案內容保存起來，可以建立 `<textarea>` 元素。GET 請求利用 fetch 介面，取得檔案目前的內容。若要引用跟執行腳本同一個伺服器的檔案，要使用相對 URL（例如，*index.html*），而非 *http://localhost:8000/index.html*。

使用者點擊按鈕時（使用 `<form>` 元素和「`submit`」事件），向同一個 URL 發送 PUT 請求，以 `<textarea>` 的內容作為請求主體，用以儲存檔案。

增加 `<option>` 元素，存放向 URL / 發送 GET 請求時回傳的內容行數，讓我們增加的 `<select>` 元素存放伺服器最上層目錄下的所有檔案。當使用者選擇另一個檔案（欄位的「`change`」事件），腳本必須取得和顯示這個檔案。儲存檔案時，使用目前選定的檔案名稱。

第 21 章：實作專案：技能交流網站

在硬碟裡留存資料（Disk Persistence）

在我能提出的方法裡，最簡單的解決方案是將整個 talks 物件編碼為 JSON 格式，再以 writeFile 方法，將物件內容寫入檔案裡。每當伺服器上的資料改變（updated 方法）時，呼叫我們已經寫好的方法。還可延伸功能，將新資料寫入硬碟。

選擇一個檔案名稱，例如，`./talks.json`。伺服器啟動時會以 readFile 方法，嘗試讀取我們選擇的檔案，如果讀取成功，伺服器會使用檔案內容作為起始資料。

不過，請注意一點。talks 物件一開始是不具原型的物件，所以確實可以使用『in』運算子。JSON.parse 回傳一般物件，以 Object.prototype 作為物件的原型。使用 JSON 作為檔案格式時，必須將 JSON.parse 回傳的物件屬性，複製到一個新的、不具原型的物件裡。

重置評論欄位（Comment Field Resets）

最好的做法可能是讓演講內容的物件支援 syncState 方法，這樣在更新物件時，就能顯示演講內容的修改版本。在正常操作過程中，改變演講內容的唯一方式是增加更多評論，這能讓 syncState 方法變得相對簡單。

困難的部分在於，當一份演講內容的修改列表進來了，我們必須讓目前存在 DOM 元件裡的列表與新的列表裡的演講內容一致；也就是把演講內容被刪除的部分刪掉，更新被改變過的演講內容。

為了達成這個目的，保存一個資料結構可能會有所幫助，在這個資料結構下儲存每個演講標題底下的演講內容，如此一來，就能輕鬆判斷某個指定的演講內容是否存在。然後，利用迴圈重複處理新的演講陣列，將陣列裡的每個元素與現有的演講元件同步或是建立新的演講元件。如果要將已經刪除的演講元件刪掉，還必須利用迴圈重複處理這些演講元件，並且檢查相對應的演講元件是否仍舊存在。

第 22 章：提升 JavaScript 效能的技巧

路徑搜尋（Pathfinding）

可以用陣列表示工作列表，使用 `push` 方法增加路徑。如果使用陣列表示路徑，可以使用 `concat` 方法擴展路徑，例如，`path.concat([node])` ，舊的值會保持不變。

要確認節點是否已經看過，可以利用迴圈重複處理現有的工作列表或使用 `some` 方法。

最佳化（Optimizing）

宏觀最佳化的主要改善機會是擺脫內部迴圈，也就是負責判斷節點是否已經檢查過的迴圈。相較於利用迴圈在工作列表中重複搜尋節點，利用 map 結構查詢會快得多。由於我們的 key 值是節點物件，所以儲存已經抵達的節點集合時，必須使用 `Set` 或 `Map` 實體，而非原始物件。

另一個改善做法是改變路徑的儲存方式。在不修改現有陣列的情況下，使用新元素擴展陣列需要複製整個陣列。不過，像第 4 章介紹過的資料結構 *list* 就沒有這個問題，因為它可以讓擴展出去的 list 全都共享相同的資料。

讓函式內部將路徑儲存為物件，並且擁有 `at` 和 `via` 屬性；其中 `at` 是路徑的最後一個節點，`via` 為 `null` 或是另一個像這樣的物件（用於保存其餘部分的路徑）。因此，以這種方法擴展路徑只需要建立一個具有兩個屬性的物件，不需要複製整個陣列。回傳之前，請確認有將 list 轉換回真正的陣列。

索引

※ 提醒您：由於翻譯書排版的關係，部份索引名詞的對應頁碼會和實際頁碼有一頁之差。

D

M

精通 JavaScript 第三版

作　　者：Marijn Haverbeke
譯　　者：黃詩涵
企劃編輯：蔡彤孟
文字編輯：江雅鈴
設計裝幀：張寶莉
發 行 人：廖文良

發 行 所：碁峰資訊股份有限公司
地　　址：台北市南港區三重路 66 號 7 樓之 6
電　　話：(02)2788-2408
傳　　真：(02)8192-4433
網　　站：www.gotop.com.tw
書　　號：ACL061300
版　　次：2021 年 11 月初版
　　　　　2024 年 08 月初版八刷
建議售價：NT$580

國家圖書館出版品預行編目資料

精通 JavaScript / Marijn Haverbeke 原著；黃詩涵譯. -- 初版. --
　臺北市：碁峰資訊, 2021.11
　　面 ； 公分
　譯自：Eloquent JavaScript, 3rd Edition
　ISBN 978-986-502-989-0(平裝)
　1.Java Script(電腦程式語言)
312.32J36　　　　　　　　　　　　　110016926